园林植物栽培养护与
园林工程施工应用

严 鹰 王 艳 胡晋燕 著

吉林科学技术出版社

图书在版编目（CIP）数据

园林植物栽培养护与园林工程施工应用 / 严鹰，王艳，胡晋燕著． -- 长春 : 吉林科学技术出版社，2023.3
ISBN 978-7-5744-0212-6

Ⅰ．①园… Ⅱ．①严… ②王… ③胡… Ⅲ．①园林植物－观赏园艺－研究②园林－工程施工－研究 Ⅳ．
① S688 ② TU986.3

中国国家版本馆 CIP 数据核字（2023）第 064542 号

园林植物栽培养护与园林工程施工应用

著　　者	严鹰　王艳　胡晋燕
出 版 人	宛　霞
责任编辑	李　超
封面设计	树人教育
制　　版	树人教育
幅面尺寸	185mm×260mm
开　　本	16
字　　数	330 千字
印　　张	14.75
版　　次	2023 年 3 月第 1 版
印　　次	2023 年 3 月第 1 次印刷
出　　版	吉林科学技术出版社
发　　行	吉林科学技术出版社
地　　址	长春市南关区福祉大路 5788 号出版大厦 A 座
邮　　编	130118

发行部电话／传真　0431—81629529　　　81629530　　　81629531
　　　　　　　　　　81629532　　　81629533　　　81629534

储运部电话　0431—86059116

编辑部电话　0431—81629520

印　　刷	廊坊市广阳区九洲印刷厂
书　　号	ISBN 978-7-5744-0212-6
定　　价	90.00 元

编委会

主　编

严　鹰　北京市天坛公园管理处

王　艳　北京市天坛公园管理处

胡晋燕　北京市天坛公园管理处

副主编

曹　晨　北京市天坛公园管理处

蔡　斌　北京市天坛公园管理处

陈　飞　北京市天坛公园管理处

靳文彬　北京市天坛公园管理处

刘　舜　北京市天坛公园管理处

屈剑锋　北京市天坛公园管理处

张燕芳　北京市天坛公园管理处

前　言

　　随着城市的发展，园林建设受到社会各界的重视，一方面园林植物具有较高的观赏价值，另一方面园林植物能够改善环境生态，起到美化环境、保护生态、净化空气的作用。园林植物的打造具有一定的艺术性，有的城市园林景观已成为当地的城市名片。园林的打造自然离不开各种植物，故需要正确选择和栽种园林植物，并对其进行养护，相关部门需要采用正确的栽培技术，做好园林植物的养护管理工作。

　　在城市化建设中，园林工程施工是城市建设的关键一环。园林工程是否能顺利进行和政府的支持和帮助是紧密相连的，当前在园林工程施工中涉及很多新技术，符合可持续发展要求。本次研究中以园林工程施工中新技术的应用原则为基础，对如何合理地进行技术应用进行分析探讨。

　　近些年来随着社会经济的不断发展，人们对居住环境有了更高的要求，在当前的施工管理中需要注意的是明确园林建设的具体类型，合理应用新技术。园林工程有明显的社会效益，改善城市环境效应，为了保证城市化的发展进程，在园林施工中要强化对新技术的引进，不断提升园林工程的建设能力。

　　城市园林建设是最能够直观体现人民生活的一项工程，它不仅可以改善人们的居住环境，还可以为人们提供休闲娱乐的场所。园林工程是一个与人们生活紧密联系的惠民工程，所以园林工程施工管理和提高施工效率就成了两个非常重要的课题。因此，园林工程在施工前期要制定一套科学、合理的施工管理方案，保证园林工程施工的有效完成。

　　虽然园林工程就是一个修建山水风景、院景凉亭、种花铺草的绿化修建过程，但是由于其自身具有复杂性、生命性和艺术性等特点，无形中增加了园林工程的施工难度。要想充分发挥园林工程的作用，就要保证工程施工质量，提升施工效率。

目录

第一章　园林植物的生长发育规律

第一节　园林植物的生命周期

植物生长指的是植物在同化外界物质的过程中,通过细胞的分裂和个体体积的增大,所形成的植物体积和重量的增加。由于季节和昼夜的变化,其生长表现为一定的间歇性,即随着季节和昼夜的变化而具有周期性的变化,这就是植物生长发育的周期性。植物从繁殖开始到个体生命结束为止的全部生活史称为生命周期。根据生命周期的长短,将植物分为一年生植物、二年生植物和多年生植物三类。

一、一年生园林植物的生命周期

一年生园林植物是指在一个生长季内完成全部生活史的园林植物,即从种子萌发到开花、结实、枯死的生育周期在当年完成。这类植物主要包括一些一年生花卉植物,如金鸡菊、鸡冠花、马齿苋、凤仙花、蓝花鼠尾草、万寿菊、百日草等。其生长发育过程可分为发芽期、幼苗期、营养生长期和开花结果期四个阶段。

(一) 发芽期

从种子萌动至长出真叶为发芽期。播种后,种子先吸水膨胀,酶活性变强,并将种子内贮藏物质分解成能被利用的简单有机物。随后胚根伸长形成幼根,胚芽出土,进入幼苗期。这一时期生长需要的营养物质全部来自种子,种子完整、饱满与否直接影响发芽能力。同时,水分、温度、土壤通透性、覆土厚度等都是此期能否实现苗齐苗壮的影响因子。

(二) 幼苗期

种子发芽以后,能够利用自己的根系吸收营养并利用真叶进行光合作用即进入幼苗期。园林植物幼苗生长的好坏,对成株有很大影响。这一时期幼苗生长迅速,代谢旺盛,虽然由于苗体较小,对水分及养分需求的总量不多,但抗性较弱,管理要求严格,要注意水分、光照等合理供给。

（三）营养生长期

幼苗期后，有一个根系、茎叶等器官加速生长的营养生长期，为以后植物的开花、结实奠定营养基础。不同植物营养生长期的长短、出现时间均有较大差异。生产上既要保证水肥、病虫、光照等的合理管理，使其健壮而旺盛地进行营养生长，也要有针对性地利用生长调节剂、控制水肥等措施，防止植株徒长，以利于植物顺利进入下一时期。

（四）开花结果期

开花结果期是指从植株现蕾到开花结果的时期。这一时期存在着营养生长和生殖生长并行的情况，前期根、茎、叶等营养器官继续迅速生长，同时不断开花结果。因此，存在着营养生长和生殖生长的矛盾。这一时期的管理要点是要保证营养生长与生殖生长协调、平衡发展。

二、二年生园林植物的生命周期

二年生园林植物通常在秋季播种，当年主要进行营养生长，越冬后第二年春夏季开花、结实，如二月兰、羽衣甘蓝、紫罗兰、三色堇、石竹等。二年生园林植物需要一段低温过程，通过春化阶段后才能由营养生长过渡到生殖生长。生命过程可分为营养生长和生殖生长两个阶段。

（一）营养生长阶段

营养生长阶段包括发芽期、幼苗期、旺盛生长期及其后的休眠期。在旺盛生长初期，叶片数不断增加，叶面积持续扩大。后期同化产物迅速向贮藏器官转移，使之膨大充实，形成叶球、肉质根、鳞茎，为以后开花结实奠定营养基础，随后进行短暂的休眠期。也有一些植物无生理休眠期，但由于低温、水分等环境条件限制，进入被动休眠的状态，一旦温度、水分、光照等条件变得适宜，它们即可生长发芽开花。

（二）生殖生长阶段

花芽分化是植物由营养生长过渡到生殖生长的形态标志。一些植物在秋季营养生长后期已经开始进行花芽分化，之所以没有马上抽薹，是因为它们需要等到来年春季的高温和长日照条件才能抽薹。从现蕾开花到传粉、授精，是生殖生长的重要时期。此时期对温度、水分、光照都较为敏感，一旦不适就可能造成落花。

三、多年生园林植物的生命周期

多年生园林植物可分为多年生木本植物和多年生草本植物两大类，以下分别介绍它们的生命周期。

（一）多年生木本植物

多年生木本植物根据其来源又可分为实生树和营养繁殖树两种类型。

1. 实生树

实生树是指由种子萌发而长成的个体，其一生的生长发育是阶段性的。学者认为分为三个阶段。第一阶段为童年期，也称为幼年期，指从种子播种后萌发开始，到实生苗具有分化花芽潜力和开花结实能力为止所经历的时期。实生树在童年期主要进行营养生长，这是其个体发育过程中必须经过的一个阶段。在此阶段，人为的措施无法诱导其开花。不同树木种类甚至同一种类的不同品种，其童年期的长短差异也很大。少数童年期极短的树种，在播种当年即开始开花结实，如紫薇、矮石榴等。大多数树种都需要一定的年限才能开花。桃、杏、枣、葡萄等的童年期较短，为 3 ~ 4 年，松和桦要 5 ~ 10 年，银杏则需要 15 ~ 20 年才能结果。第二阶段为成年期，指从植株获得形成花芽的能力到开始出现衰老特征时为止的一段时期。开花是进入这一时期最明显的特征。第三阶段为衰老期，指从树势明显衰退开始到树体最终死亡为止。

2. 营养繁殖树

营养繁殖获得的木本植物是利用母体上已具备开花结果能力的营养器官再生培养而成，因此，一般都通过了幼年阶段，不需度过较长的童年期，没有性成熟过程。只要生长正常，随时可以成花。但在生产中为了保证树木质量，延长寿命，在生长初期往往会控制开花，保持一段时期的旺盛营养生长，以积累足够的养分，促进植株生长。多年生营养繁殖木本植物的营养生长期一般是指从营养繁殖苗木定植后到开花结果前的一段生长时间。其时间长短因树种或品种而异，枣、桃、杏等需要 2 ~ 3 年，苹果、梨等则要 3 ~ 5 年。营养生长期结束后，即进入结果期和衰老期，与实生苗基本类同。

（二）多年生草本植物

多年生草本植物是指经过一次播种或栽植以后，可以生活两年及以上的草本植物。

根据地上部分干枯与否可以将多年生草本植物分为两类。一类多年生草本植物的地下部分为多年生，形成宿根、鳞茎等变态器官，而地上部分在冬季来临时会枯萎死亡，如大丽花、玉簪、火炬花、蜀葵、鸢尾等。这类植物的年生长周期与一年生植物相似，一般要经历营养生长阶段和生殖生长阶段。第二年春季宿存的根重新发芽生长，进入下一个周期，不断年复一年，周而复始。另一类植物的地上部分和地下部分均为多年生，冬季时地上部分仍不枯死，并能多次开花、多次结实，如万年青、麦冬等。

园林植物的生命周期并非一成不变，生存环境条件发生变化，植物的生命周期也可能会发生较大变化。生产上利用一些栽培技术，人为地改变植物生存环境，可以改变植物的生命周期，以期更好地为园林绿化工作服务。如金鱼草、瓜叶菊、一串红、石竹等植物本身是多年生植物，而在北方地区为了使其具有较好的园林绿化效果，常作一年生植物栽培。

第二节　园林植物的生长周期

　　园林植物在生长发育过程中，其外界生长条件大都会呈现出一年四季和昼夜更替等周期性的变化，故而植物在进化中适应了这种周期性变化，形成与之相适应的形态、生理等的周期性变化。环境条件会改变或影响植物物候期，生产上常常会通过改变园林植物的环境来改变植物的物候期，使其更适合园林观赏和应用。

　　一年生园林植物的年生长周期与其生命周期一致，以下主要对树木的年生长周期进行介绍。

一、树木年生长周期中的个体发育阶段

　　园林植物发育阶段是指植物正常生长发育和器官形成所必需的阶段，如果没有通过正常的发育阶段，植物不能正常地生长、开花和结果，不能完成其生命周期。不同植物的发育阶段与其原产地的生态条件相适应，与年气候节奏变化同步，是对原产地生态环境的一种适应。

　　在亚热带、温带和亚寒带地区，季节性气候变化非常明显，因而木本植物都具有伴随着气候的变化而变化的生长和休眠交替的时期，而且这种生理的变化也形成了植物形态特征的交替变化。因此，一般将某些形态特征作为通过阶段发育变化的标志。与年发育阶段有关的主要有休眠期的春化阶段和生长期的光照阶段。

（一）春化阶段

　　树木的春化阶段是芽原始体在黑暗状态下通过的，所以又称为黑暗阶段。在春化阶段，树木主要进行一些芽的分化、缓慢生长等不太明显的生理和形态变化。树木通过春化阶段的主要环境因素是温度，故而引用了一、二年生植物的春化阶段的概念。不同类型的树种，通过春化阶段所需要的温度不一样，冬型树木小于10℃能够通过春化阶段，而春型树木在10℃以上的条件即可通过春化阶段。当然，即使是同种类型的树种，因其树种、起源地不同，通过春化阶段所需要的温度的高低、时间的长短也有一定的差异。不同树木通过春化阶段所需要的时间与树木的休眠深度一致，一般冬性强的树种，休眠程度较深，通过春化阶段所要求的温度就较低，需要经历的时间也较长。桃等落叶树的种子经过低温层积处理后，能够促进种子萌发和加速幼苗生长，并能够在后期正常生长和发育，其幼苗嫁接到成年砧木上，当年就可形成花芽。如果未经过低温处理，桃树种子经过人工催芽后，会形成莲座状丛生的短枝，在长时期内保持矮生状态。只有再次满足低温要求才能通过春化而恢复生长。由此可见，种子的低温层积过程实际上就是通过

春化阶段的过程。

（二）光照阶段

在通过春化阶段后，园林树木还必须满足其对光照条件的要求，通过光照阶段，才能正常生长发育，进入休眠。否则可能会出现生长期缩短、延迟，组织不充实，不能开花结果等现象。如桃实生苗在缩短日照时，生长期会缩短，提前进入休眠，而如果延长日照时，则会有相反的表现。故而在桃的引种中，南方树种引往北方时，由于日照时间的加长，经常会表现营养生长期延长，容易受冻害。而在缩短其日照后，就可使嫩枝及时成熟木质化，免受冻害。北方树种引入南方时，由于日照时数的减少，虽然能够正常生长，但发育延迟，甚至不能开花结实，需要进行长日照处理才可以。这些实验都说明，植物的正常生长和花芽分化、发育都要通过光照阶段。

（三）其他阶段

除了春化阶段和光照阶段必须通过外，也有人提出了第三阶段和第四阶段，即需水临界期阶段和嫩枝成熟阶段。

需水临界期阶段处于嫩枝快速生长的时期。这一时期植物水分消耗最大，叶内含水量最高，呼吸强度大，生长量也最大。这一时期如果水分不足，会引起生长衰弱，这已经在苹果和油橄榄的研究中获得证实。

嫩枝成熟阶段内进行嫩枝的木质化过程，为增强植物越冬耐寒性做好准备。如果此阶段进行不充分，则容易出现冻害。

二、物候形成与变化规律

（一）物候的形成与应用

植物不能像动物一样迁移觅食，只能过定居生活。用根从地下土壤中吸收水分和矿质营养，从空气中吸收二氧化碳，在阳光下合成有机物质。植物的生长发育完全受环境条件的约束，只能在环境长期作用下，形态与生理产生一些变化以适应环境。树木在一年中，随着气候的季节性变化而发生的萌芽、抽枝、展叶、开花、结果、落叶、休眠等规律性的变化现象，称为物候或物候现象。与各树木器官相对应的动态时期称为生物气候学时期，简称物候期。不同物候期中，树木器官表现出的外部形态特征称为物候相。通过对植物物候的研究，能够认识树木形态和生理的节律性变化与自然季节变化的关系，从而指导园林植物的栽培与养护。

物候在园林植物的栽培养护和应用中，起着非常重要的作用。利用物候可以更加准确地预报农时。节令、温度和积温等虽然可准确地测量，但是对于季节预报性远不如从活的植物上获得的数据，后者更能反映农时的变化。掌握各种园林树木在不同物候期中的习性、姿态、色泽等景观效果特点，通过合理的配置，可以使树种间的花期相互衔接，提高园林风景的质量。物候可以为制订园林树木的栽培、管理、育种等计划提供科学、准确的依据，还能为树木的栽培区划提供依据。

（二）树木物候变化的一般规律

每年都有春夏秋冬四季，树木长期适应这种节律性的气候变化，就形成了与此相应的物候特征与生育节律。树木的物候期主要与温度有关，每一个物候期都需要一定的温度量。

起源于温带的树种，春季结束休眠开始生长，秋冬季则结束生长进入休眠，与温度的变化趋势大体一致。树木由叶芽开始萌动到落叶为止，在一年中生长的天数为生长期。一个地区适合其生长的时期叫生长季。在季节性气候明显的地区，生长季大致与无霜期一致。但不同树种的生长期也有很大差异，多数落叶树种在早霜之前结束生长，晚霜后恢复生长。但有些树种，如柳树则发芽早、落叶晚，其生长季超出了无霜期。而有些树种如黄檀，则立夏后才萌动，生长期短于无霜期，休眠期较长。常绿树与落叶树的差异更大，落叶树有很长的落叶裸枝休眠期，而常绿树则没有明显的休眠期。同一树种的不同品种，或不同年龄阶段，其物候进程有时也存在较大差异。

树木的物候阶段主要受当地温度的影响，而温度又受纬度、经度、海拔等因素的影响，因而物候期也就受纬度、经度和海拔等因素的影响。

我国气候类型复杂，物候期变化也很大。在东部，冬冷夏热，冬季南北温度相差很大，而夏季相差较小。故而造成同种植物的南北的物候期在冬季相差大而在夏季相差小。如在北京和南京，三四月间桃李始花时期相差 19 天，到四五月间，刺槐盛花期则只相差 9 ~ 10 天。

在我国，物候东西的差异，主要受气候大陆性强弱的影响。西部大陆性强的地区，冬季严寒，夏季酷热，冬夏温差大。东部海洋性强的地区，则冬春较冷，夏秋较热，冬夏温差小。因此我国各种树木的始花期，内陆地区较早，而近海地区较迟，物候相差的天数由春季到夏季逐渐减少。

随着海拔高度的变化，物候也会有所差异。海拔每上升 100m，在春季物候约推迟 4 天，夏季约推迟 1 ~ 2 天。物候还受栽培措施的影响，如施肥、浇水、防寒、修剪等都会引起树木内部机理的变化，进而影响树木的物候期。树干涂白、浇水会使树体和土壤在春季升温变缓，推迟萌芽和开花；夏季的强度修剪和氮肥的大量施用，也会推迟落叶和进入休眠。

每一个物候期的出现都是外界综合条件和植物内部物质基础协调与统一的结果。其性状的表现，既可以表现为量的增长，也可能表现为质态的变化。

三、树木的主要物候期

树木都具有随外界条件的季节变化而发生与之相适应的形态和生理机能变化的能力，不同植物对环境的反应不同，因而在物候进程上就存在较大的差异。

（一）落叶树的主要物候期

落叶树可分为萌芽期、生长期、落叶期和休眠期四个物候期。其中生长期和休眠期是两大物候期，萌芽期是从休眠期转入生长期的过渡期，落叶期是从生长期转入休眠期的过渡期。

1. 萌芽期

萌芽期是从芽开始萌动膨大到芽开放，叶展出为止的一段时期。它是休眠期进入生长期的过渡阶段，也是树木由休眠期进入生长期的标志。植物休眠的解除，通常以芽的萌动为准。其实，生理活动进入活跃的时期要比芽膨大的时间早。

树木萌芽时，首先是树液开始流动，根系出现明显活动，有些树木如葡萄树、核桃树等会出现伤流，树体开始生长。树木的萌芽需要一定的温度、水分和营养条件。其中，温度起着决定性的作用。北方树种，当气温稳定在3℃以上时，经一定积温后芽开始膨大萌发。南方树种，要求的积温较高。空气湿度、土壤水分等也是萌动的重要条件，但一般都能够满足，通常不会成为限制条件。

树木的栽植最好在这一物候期结束之前进行。因为在这一物候期，树液已经开始流动，叶初展，芽膨大，抗寒性已经大大降低，容易遭受晚霜危害。园林栽植中，有时会通过早春灌水、涂白，施用生长调节剂等来延缓芽的开放。或者对已经萌发的植物根外喷洒磷酸二氢钾等来提高花、叶细胞液浓度，从而增强植物抗寒力。

2. 生长期

生长期是指植物从春季萌芽，开始生长，至秋季开始落叶为止，各部分器官表现出显著形态特征和生理功能的时期。

这一时期时间较长，树木在外形上发生非常显著的变化，体积增大，同时会形成许多新的器官。成年树的生长期主要包括营养生长、生殖生长两个时期。

由于不同树种的遗传性和生态适应性不同，其生长期的长短，各器官生长发育的顺序，生长期各种器官生长开始的早晚与持续时间的长短都会有所不同。即使是同一树种，受自身营养和环境影响，其生长期也会表现出一些差异。

每种树木在生长期中，都会按照其固定的顺序进行一系列的生命活动。大多数植物发根比萌芽早，如梅、桃、杏、梨、葡萄等。也有发根与萌芽同时进行甚至发根迟于萌芽的，如柿、栗、柑橘、枇杷等。有些园林植物是叶芽先萌发，植株生长，而后再形成花芽并开花。有些则是花芽先萌发，而后叶芽萌发，植株生长。一般在每次新梢生长停止时有一次花芽分化的高峰期。新梢的生长和果实的发育往往会相互抑制，管理中可以用摘心、环剥、喷抑制剂等抑制新梢的生长，从而提高坐果率和促进果实生长。

生长期是落叶树的光合生产时期，也是发挥其生态效益和观赏功能的最重要时期，这一时期的环境条件和管理养护措施对树木的生长发育和园林效益都有着极为重要的影响。人们必须根据树木生长期中各个不同时期的生长发育特点进行栽培和管理，才能取得良好的效果。为了促进枝叶生长和开花结果，在树木萌发前就应该进行松土、施肥、浇水，提高土壤肥力，以形成较多的吸收根。生长前期追肥应以氮肥为主，而枝梢生长趋于停止时，施肥则应以磷肥为主，以利于花芽分化。在枝梢生长过旺时，对新梢进行摘心，则可以增加分枝，以达到整形要求。

3. 落叶期

落叶期从叶柄开始形成离层至叶片落尽或完全失绿为止。枝条成熟后的落叶是生长期结束并将进入休眠期的标志。过早落叶缩短了生长期，影响了树体营养物质的积累和组织的成熟。落叶过晚，则会造成树体营养物质不能及时转化贮藏，枝条木质化程度差，容易遭受冬季低温的危害，并对翌年的生长和开花结果产生不利影响。

春季发芽早的树种，秋季往往落叶也早；同一树种的幼龄植株一般比壮龄和老龄植株落叶晚，新移栽的树木一般落叶较早。

树木的正常落叶主要是叶片衰老引起的。叶片衰老包括自然衰老和刺激衰老两种。自然衰老是叶片随着叶龄的增长，生理代谢能力减弱、代谢物质发生变化等原因所致。刺激衰老则是环境条件的恶化引起的加速自然衰老而导致的提前落叶。温度和光照的变化，是落叶的重要原因。生长素、乙烯、细胞分裂素、赤霉素等在树木叶片的衰老与脱落控制中也起着非常重要的作用。

针对树木在落叶期的生理特征，在园林植物的养护过程中，在落叶期之前就应该停止施用氮肥，少浇水，使落叶期正常落叶，提高植物的抗寒性。在落叶期可以进行树木移栽，使伤口在年前愈合，第二年早发根、早生长。

园林树木还会因为某些病害及恶劣环境条件、栽培管理不当等造成树体内部生长发育不协调，从而引起生理性早期落叶。一般果树的第一次生理性早期落叶多发生在5月底6月初的植株旺盛生长阶段，此时如果营养供应不充足，则营养被优先供给了代谢旺盛的新梢、花芽和幼果等部位，内膛叶片营养供应不足发生早期落叶。第二次生理早期落叶发生在盛果期植株的秋季采果后。此时果实的成熟衰老会连带包括叶片在内的所有器官，部分叶片会发生早期落叶。早期落叶会减少树木的营养积累，影响翌年的生长发育。常用的防治措施包括：一是注意水肥管理，使树体营养充足平衡，冬季进行合理修剪，防止树体旺长，注意通风透光；二是控花控果，注意树体的合理负荷。果实成熟后及时分批采收，缓和因果实成熟采收导致的衰老，防止早期落叶。

4. 休眠期

休眠是树木在进化中为适应低温、高温和干旱等不良环境而表现出来的一种适应性。休眠有冬季休眠、旱季休眠和夏季休眠等几种类型。夏季休眠一般只是部分器官的活动停止，而不是表现为落叶。落叶树的休眠一般是指冬季休眠，是植物对冬季低温所形成的适应性。树木地上部的叶片脱落，枝条成熟木质化，冬芽成熟，生长发育基本停止；地下部的根系也基本停止或仅有微小的生长。从外部看，树木在休眠期处于生长发育的停止状态。但在树体内部，仍然进行着各种生理活动，如呼吸作用、蒸腾作用，根的吸收合成，芽的进一步分化，养分的转化等。当然这些活动比生长期要微弱得多。

根据休眠期的生态表现和生理活动特性，休眠期可分为自然休眠和被迫休眠两个阶段。自然休眠是由树木器官本身的生理特性所决定的休眠，它必须经过一定的低温条件才能顺利通过，否则即使环境条件已经适合，也不能正常萌发生长。被迫休眠则是指通过自然休眠后，已经完成了生长所需要的准备，但外界条件仍然不适宜，芽不能萌发而呈休眠状态。自然休眠和被迫休眠的界限，从外观上并不易区分。

自然休眠期的长短，与树木的原产地有关。不同树木适应冬季低温的能力也不一样。苹果的休眠期要求温度低于 5P 的天数在 50 ～ 60 天，于 1 月下旬结束。核桃和葡萄则要在 2 月中旬左右才能结束。原产温带寒冷地区的树种，其早春发芽的迟早与被迫休眠期的长短有关，即低温时期长短有关。不同树龄的树木进入休眠的早晚也不同。由于幼年树的生活力较强，活跃的分生组织多，生长势较强，一般幼年树比成年树晚进入休眠，而解除休眠则早于成年树。

同一树木的不同器官进入休眠期的早晚也不完全一致，一般小枝、弱枝和芽进入休眠期早，主枝、根颈部进入休眠期晚，解除休眠的顺序则相反。花芽比叶芽休眠早，萌发也早。顶部花芽比腋部花芽萌发早。同一器官的不同组织进入休眠期的时间也有差异。皮层和木质部进入休眠期较早，形成层进入休眠期较晚。所以，如果在初冬遭遇严寒，最容易受冻害的是形成层。但形成层一旦进入休眠期，其抗寒能力又强于木质部，所以隆冬的冻害多发生于树体木质部而不是形成层。

落叶树木在秋冬季节能够按时成熟，及时停止生长，减弱生理活动，正常落叶并进入休眠，做好越冬准备，则能顺利进入并通过自然休眠期，翌年顺利萌发和生长。凡是能够影响枝条正常停止生长、正常落叶的因素都会影响休眠期的顺利与否。光周期，尤其是暗期长度是影响休眠的重要因素。一般长日照能促进生长，短日照则可抑制枝的生长，促进休眠芽的形成。但也有一些园林植物如梨、苹果等对日照长度不敏感。此外，温度也是影响休眠的重要因素，有的植物受高温诱导进入休眠，有的植物则受低温诱导进入休眠。另外，营养状况、水分状况等都会影响植物休眠期的进入和长短。

有些落叶树木进入自然休眠后，低温时间需要达到一定的时长，才能解除休眠。否则花芽会发育不良，第二年萌发延迟，甚至开花不正常，或结果不正常。引种工作中，尤其是低温地区的树种引进到温暖地区时，要注意到低温时间的限制。

落叶树对低温的要求，一般在 12 月至次年 2 月间，平均温度在 0.6℃ ~ 4.4℃，次年可正常发芽生长。不同树木对低温量的要求不同，通常在 0℃ ~ 7.2℃的范围内，达到 200 ~ 1500h 可以通过休眠。同一树种的不同品种也会因起源地不同，对冬季低温的要求也不同。同一品种的叶芽和花芽对低温的要求也不同，通常情况下叶芽对低温的要求更严格一些。通常冬季的气温会比植物器官周围的温度略高，因而日平均温度并不能准确地反映植物所受低温量。在群植条件下，遮阴的部分温度较低，往往能较快地满足其低温要求。风、云、雾等也会降低气温，有利于植物通过休眠期。

了解树木通过生理休眠期所需要的低温量和时间长短，对于园林植物的引种和品种区域化都具有重要的参考价值。

树木在被迫休眠期间如遇回暖天气，可能会开始活动，抗寒性降低，再遇寒潮则很容易受害。故栽培管理中有些地区会采取延迟萌芽的措施，如树干涂白、灌水等可以避免树体增温过快，防止萌芽过早。

（二）常绿树的年生长周期

常绿树并不是终年不落叶，只不过是叶的寿命较长，每年仅有部分失去正常生理机能的老化叶片脱落，同时又增生新叶，故而树能终年常绿。常绿树的不同树种，甚至同一树种在不同年龄或处于不同地区，其物候进程也常有很大的差异。常绿针叶树的老叶多在冬春间脱落，常绿阔叶树老叶多在萌芽展叶前后脱落。幼龄油茶一年中可抽春梢、夏梢和秋梢，而成年油茶则一般只抽春梢。

热带、亚热带的常绿阔叶树木，其年生长周期差别很大，难以归纳。有的全年生长无休眠期，有的一年中多次抽梢，有的多次开花结实。

第三节　园林植物的营养生长

一、根的生长

根是植物重要的营养器官。根对植物能起到固定作用，同时还有吸收水分、无机营养元素以及贮藏部分营养的作用。根还具有合成作用，如可以合成蛋白质、氨基酸、激素等。根在代谢过程中，会产生一些特殊物质，溶解土壤养分，创造环境，引诱有利土壤微生物往根系分布区集中，以将复杂有机化合物转化为根系更容易吸收的物质。许多植物的根还会形成菌根或根瘤，增加根系的吸水、吸肥、固氮能力。另外，有些园林植物的根还具有很强的无性繁殖能力，是重要的种群繁殖材料。

（一）根系的类型

根据其来源，可把园林植物的根分为实生根、茎源根和根蘖根三种类型。

1. 实生根

用播种繁殖所获得的植物的根系，即来源于种子胚根的根系，是实生根系，其中包括嫁接繁殖中的砧木是用实生苗的情况，它是树木根系生长的基础。实生根系的特点主要有：一般主根比较发达，入土较深，生命力强，适应环境能力强，生理年龄小，根系相对较大。

2. 茎源根

由茎上直接生长出来所获得的根系，称为茎源根系，它是一种不定根，如扦插、压条等繁殖苗的根系。茎源根系没有主根，且分布较浅，生活力较弱，生理年龄较老。

3. 根蘖根

由根部分蘖生长形成的根系类型称为根蘖根系。有些园林植物如石榴、枣树、樱桃、泡桐、香椿、银杏、刺槐等容易产生根蘖，分株后可获得独立植株，其根系是母株根系的一部分，没有来自胚根的主根，其特点与茎源根系相类似。

（二）根系的结构

纵剖园林植物的根尖，在显微镜下观察，由尖端往上根据功能结构的不同，可分为根冠、分生区、伸长区、成熟区（根毛区）四个分区。

1. 根冠

每条根的最前端有一个帽状结构，称为根冠。根冠由薄壁细胞组成，它的主要作用是保护作用，即保护根尖分生区细胞。根冠细胞排列不规则，外层细胞排列较疏松，细胞外壁有多糖类物质形成的黏液，起到润滑根冠、促进离子交换、减小土壤对根的摩擦力等作用。根冠中部的"平衡石"淀粉体还具有使根感受重力，进行向地生长的调节作用。

2. 分生区

分生区位于根冠内侧，是一种顶端分生组织。长度为 1 ~ 3mm，形如锥状，又被称为生长锥或生长点。分生区细胞小、排列紧密，细胞核大，细胞质浓，液泡非常小，细胞壁薄，分化程度低，分裂能力很强。形成的新细胞一部分加入根冠，补偿根冠损伤脱落的细胞；一部分加入伸长区内，从而控制着根的分化与生长；还有一部分仍然保持分生能力，以维持分生区。

3. 伸长区

伸长区是指由分生区往上到与根毛区相接的 2 ~ 5mm 的区域。此区细胞沿着根的纵轴方向伸长，体积增大，液泡增多增大。伸长区是根尖不断向土壤深层推进动力的主要来源。

4. 成熟区

成熟区位于伸长区的上方，已经停止生长，分化形成各种成熟组织，表皮、皮层、中柱等初生组织已清晰可见。成熟区是根系吸收水分与无机盐的主要部位。

（三）根系的分布

1. 根系的分布类型

根系在土壤中的分布形态可概括为主根型、侧根型和水平根型三种基本类型。主根型有一个明显的近于垂直的主根深入土中，从主根上分出侧根向四周扩展，由上而下逐渐缩小，根系呈倒圆锥体形。主根型根系在通透性好而且水分充足的土壤里分布较深，如松、槭等树种的根系。侧根型没有明显的主根，主要由原生或次生的侧根组成，以根茎为中心，向地下各个方向做辐射扩展，是一个网状的根群，杉木、冷杉等树木的根系属于此种类型。水平型的根主要向水平方向伸展，多见于一些长于湿生环境中的湿生植物，如云杉、铁杉等。

2. 根系的水平分布和垂直分布

依照根在土壤中伸展方向的不同，将根分为水平根和垂直根两种。水平根主要呈平行方向生长，它在土壤中的分布深度和范围，依树种、繁殖方式、所在地区、土壤情况的不同而不同。刺槐、梅、樱桃、落羽杉、桃等植物的水平根分布较浅，主要分布在40cm± 层内。苹果、梨、核桃、银杏、樟树、栋、栗等的水平根则分布较深。在干旱贫瘠的土壤中，水平根系分布范围大，伸展远，但须根数量少。在深厚肥沃、营养水分充足的土壤中，水平根系的分布范围小，但分布区内须根数量多。垂直根主要呈垂直方向向下生长，多沿着土壤裂缝或孔道向下伸展。其伸入的深度与树种、繁殖方式和土壤情况有关。银杏、核桃、板栗、柿子等的垂直根系发达，杉木、桃、杏、李、刺槐等的垂直根系不发达。在土壤较为疏松、地下水位较深的情况下，垂直根伸展较深；在土壤通透性差、地下水位高的情况下，垂直根伸展较浅。根系伸展不到的区域，树木是无法从中吸收水分和营养的。水平根和垂直根分布范围的大小，决定着树木营养面积和吸收范围的大小。只有当根系分布既深又广时，才能有效地吸收和利用土壤水分和营养物质。

根系水平分布的扩展范围一般能达到冠幅的 2 ~ 5 倍。密集范围一般在树冠垂直投影的外缘附近，所以施肥的最佳范围就是此处。

根系垂直分布的扩展最大深度可达 10m，甚至更深。多数根的下扎深度为树高的 1/5 ~ 1/3，但密集范围一般在 40 ~ 60cm 范围内。吸收能力最强的根多在靠近地表的耕作层内。

3. 土壤物理性质与根系生长

在不同性质土壤的影响下，树木根的形态会表现出很大的变异。

土壤的孔隙状况影响根系的生长和分布。一般认为，土壤中大于 $300\mu m$ 和 $10\mu m$

的孔隙维持一定数量，是保证树木根系生长的条件之一。一般容重大于 $1.7 \sim 1.8 \text{g/cm}$ 的轻质土和容重大于 1.5g/cm^3 的黏质土，园林植物就很难扎根了。

土壤的水分状况对根系生长的影响是多方面的。通气良好而又湿润的土壤环境有利于根系的生长，水分过多而含氧少时便会抑制根系的扩展。在地下水位高的土壤里，一般树木主根不发达，侧根发达且呈水平分布，根系浅并形成呼吸根等。如在沼泽地里经常会见到落羽杉高出地面或水面的呼吸根。柳树在受到水淹后，树干上会萌发气生根进行气体交换。

树木根系在土壤中呼吸和生长需要一定数量的氧。当土壤中含氧量不能满足根的需要时，则根的呼吸受到抑制，进而影响根的生长。

（四）影响根系生长的因素

1. 土壤温度

根生长需要的土壤温度分为最高、最适和最低温度，温度过低过高都会对植物根系生长产生不利影响，甚至造成伤害。不同植物，发根所需要的温度有很大差异。原产温带、寒带的植物所需温度低，而原产热带、亚热带的植物所需温度较高。冬季根系的生长缓慢或停止时期与当时土壤温度变化基本一致。由于季节变化，不同土壤深度的土温在同一时期也会不同，分布在不同土层中的根系活动也就有所区别。对于多年生植物来讲，早春化冻后，地表温度上升较快，表层根系活动强烈；夏季表层土温过高，30cm 以下土层温度较适合，中层根系活动较为活跃；冻土层以下土壤温度较为稳定，根系常年能够生长，所以冬季根系的活动以下层为主。

2. 土壤湿度与土壤通气状况

园林植物根系的生长既要有充足的水分，又要有良好的通气条件。

对于园林树木来讲，通常土壤含水量为土壤最大田间持水量的 60% ~ 80% 时，最适于树木根系的生长。在干旱条件下，根的木栓化加快，输导能力降低，且自疏现象加重。在缺水时，叶片能够夺取根的水分进行生长，所以，旱害的发生，根比叶要早。但是，轻微的干旱，一方面能改善土壤的通气状况，另一方面又能抑制地上部生长，让较多的营养物质用于根系生长，使根系更加发达，形成大量分支和深入土壤下层的根系，提高吸收能力，所以，在根系建成期，轻微的干旱对根的发育是有好处的。不同园林植物对土壤湿度的要求不尽相同，生产中应根据具体植物的喜干湿特性确定合适的土壤湿度。

土壤通气状况对植物生长也有很大影响。通气良好的植物根系分支多，密度大，吸收能力强。通气不良则会造成植物生长不良，甚至引起早衰，发根慢，生根少，也会引起有害气体，如 CO_2 等的累积。

在园林栽培中，要注意土壤中含氧量的问题，还要注意土壤孔隙率。孔隙率低时，土壤气体交换困难，往往会严重影响植物根系生长。土壤孔隙率一般要求在 10% 以上，当低至 7% 时，植物生长不良，1% 以下时，植物几乎不能生长。

3. 土壤营养

土壤营养的有效性影响着植物根系的生长和分布，包括根系发达程度、须根密度、长短、生长时间等。在肥沃的土壤条件下，根系发达，根密而多，活动时间长，吸收能力强。在瘠薄的土壤中，根系瘦弱，根少，活动时间短，吸收能力弱。同时，根系具有趋肥性，在施肥点附近，根系会比较密集。有机肥有利于植物根系的生长，提高根系的吸收能力。氮肥促进树木根系的发育，主要是通过增加叶片碳水化合物及生长促进物质的形成而实现的，但是过量的氮肥会引起枝叶徒长，削弱根系的生长。此外磷肥，其他微量元素如硼、锰等也对根系的生长具有良好的作用。

4. 植物有机养分

植物根系的生长与功能实现所需的碳水化合物依赖于地上部的光合作用，光合器官受损或结实过多等造成的植物有机养分不足，也会影响根系的正常发育。此时，即使土壤状况较好，也不能有效地促发根系，此时根系的总量取决于地上部输送的有机物的数量。必须通过保叶改善叶片机能或疏花疏果等方式进行营养物质积累，减少损耗，如此才能改善根系状况。这种效果不是能够通过加强水肥管理代替的。在嫁接实验中也证实，接穗对根的形态和生长发育周期等都有明显的影响。如枳在热带地区发根发芽均不良，但以其为砧木，嫁接上柑橘后，能促进其根系发育，生长旺盛，生长期延长，主要是来自地上部的营养物质促进了枳根系的生长发育。

（五）不定根的形成及其应用

很多园林植物的茎或叶具有生发不定根的能力。采用植物生长调节剂如吲哚乙酸、萘乙酸等进行处理，再辅之以配套栽培管理措施，促进植物茎或叶上不定根的形成。快速无性繁殖优良种苗的技术，目前已被广泛应用于生产实践当中。如月季、菊花、无花果等枝条扦插繁殖，秋海棠、虎皮兰等叶扦插繁殖技术等，在园林苗木生产中都已经发挥了重要作用。

（六）根系的生长动态

通常只要条件适宜，根系并无自然休眠现象。受植物种类、品种、环境条件及栽培技术等影响，根系生长也存在着一定的周期性。根系生长在不同时期会受到不同限制因子的影响，根系生长与地上部器官的生长密切相关，又存在交错发生的现象，情况比较复杂。

1. 生命周期

对于一年生草本花卉来讲，根系的生长从初生根伸长到水平根衰老，最后到垂直根衰老死亡，完成其生命周期。园林树木是多年生的植株，一般情况下幼树先长垂直根，树冠达一定大小的成年树，水平根迅速向外伸展，至树冠最大时，根系也相应分布最广。

当外围枝叶开始枯衰，树冠缩小时，根系生长也减弱，且水平根先衰老，最后垂直根衰老死亡。

2. 年生长周期

园林植物在年生长周期中，不同器官的生长发育会交错重叠进行，不同时期会有不同的旺盛生长中心。年生长周期特征与不同园林植物自身遗传特点及环境条件密切相关，环境条件中土温对根系生长周期性变化影响最大。一年生园林植物的年生长周期即是它的生命周期。一般多年生园林植物，在北方地区，根系在冬季基本不生长或生长非常缓慢。从春季至秋季根系生长出现周期性变化，根系生长出现两三次生长高峰，生长曲线呈双峰曲线或三峰曲线。如海棠等在华北地区，3月中下旬至4月上旬，地温回升，根系休眠解除，地上部分还未萌动，根系利用自身贮藏营养开始生长，出现第一个生长高峰；5月底至6月前后，此时地上部叶面积最大，温光条件良好，光合效率高，从而促进了根系迅速生长，出现第二个生长高峰。第三个生长高峰出现在秋季，果实已采收或脱落，地上部养分向下转移，促进了根系生长。

3. 昼夜周期

昼夜温度的变化特点一般是白天温度高些，晚上温度低些，植物的根系生长规律也适应了这种昼夜温度的变化特点。绝大多数的园林植物的根的夜间生长量均大于白天，这与夜间由地上部转移至地下部的光合产物多有关。在植物适应的昼夜温差范围内，提高昼夜温差，能有效地促进根系生长。

4. 根系的寿命与更新

木本园林植物的根系由寿命较长的大型根和寿命较短的小根组成。随着根系生长年龄的增长，骨干根早年形成的须根和弱根，由根茎向尖端逐渐开始衰老死亡。根系生长一段时间后，吸收根逐渐木质化，外表变褐色，失去吸收功能，有的开始死亡，有的则演变成输导根。须根的寿命一般只有几年，不利环境、昆虫、真菌等的侵袭都会影响根的死亡率。当根系的生长达到一定幅度时，也会发生更新，出现大根季节性间歇死亡。新发根仍按上述生长规律进行生长，完成根系的更新。

（七）特化根

为了适应环境或完成某些特定功能，有些园林植物具有特化而发生了相应形态学变异的根系，主要包括菌根、气生根、根瘤根和板根等。

1. 菌根

菌根与树木根系是一种通过物质交换形成互惠互利的共生关系。树木为菌落的生长与发育提供光合作用生成的营养物质，而真菌帮助根系吸收水分与矿物质。菌根的功能主要有以下几个方面：菌根的菌丝体的形成使得根毛区的生理活性表面较大，具有较大的吸收面积，能够吸收到更多的养分和水分。菌根能使一些难溶性矿物或复杂有机化合物溶解，也能从土壤中直接吸收分解有机物时所产生的各种形态的氮和无机物。菌根能在其菌鞘中储存较多的磷酸盐，并能控制水分和调节过剩的水分。菌根菌能产生抗生物质，排除菌根周围的微生物，菌鞘也可成为防止病原菌侵入机械性组织。但菌根并不都是有益的，有的真菌种类也夺取寄主的养分，有的则可使土壤的透水性降低，成为更新时幼苗枯死的原因。

根据真菌菌丝在根组织中的位置和形态，可以分为外生菌根、内生菌根和内外兼生菌根三种类型。

①外生菌根。外生菌根是指真菌在根的表面产生一层菌丝交织物，使根明显肥大，但菌丝不进入根活细胞内。有的菌丝体是薄而疏松的网状体，也有的菌丝体是致密的交织块或假薄壁组织结构所形成的菌鞘。菌丝向外伸入土壤，向内穿入皮层细胞之间而不进入细胞内。许多树种都有外生菌根，特别是在松科、胡桃科、蔷薇科、榆科、山毛榉科、桃金娘科、桦木科、杨柳科和椴树科等科中非常普遍。

②内生菌根。内生菌根是指菌根真菌的菌丝体可进入活细胞内，在外部不形成膨大的菌鞘，根的外观粗细并没有发生太大的变化。内生菌根在鹅掌楸属、柳杉属、枫香属、扁柏属、山茶属等属中有所发现。

③内外兼生菌根。该菌根不但真菌菌丝体可伸入根皮组织的细胞之间形成菌鞘，还可伸入活细胞内，其特点介于外生菌根与内生菌根之间。

树木一般会与多种菌根菌形成菌根。如在赤松菌根上，能够查到22种以上的菌种，即便在同根上，通常也能够见到数种不同的菌根菌。树种越多的混交林内，菌根菌的种类越多。外生菌根的菌类多数是担子菌和子囊菌，内生菌根的菌类多数是藻菌类。

2. 气生根

在地面以上的茎或枝上发生的不定根，为气生根。榕树的气根产生于枝条，自由悬挂于空气中，在到达土壤后能够像正常根系一样，继续分支生长。有些树种的实生苗如苹果也可产生气根。有些生长在沼泽或潮汐淹没或有季节性积水生境中的树木，如红树、落羽杉和池杉等常形成特化的呼吸根进行气体交换。一些藤本植物的气生根还会特化为吸器，只有附着作用而没有吸收作用。

3. 根瘤根

植物的根与根瘤菌共生形成根瘤根，这些根瘤根具有固氮作用。

比较常见的具有固氮根瘤根的是豆科植物。目前已经知道约有1200种豆科植物具有固氮作用，槐树、大豆、紫穗槐、紫荆、合欢、紫藤、金合欢、皂荚、胡枝子、锦鸡儿等都能形成根瘤根。

豆科植物幼苗期时，在其根毛分泌物的吸引下，土壤中的根瘤菌聚集在根毛的周围大量繁殖，同时产生分泌物刺激根毛，造成根毛先端卷曲和膨胀。同时，根菌瘤分泌纤维素酶，使根毛细胞壁发生内陷溶解，随即根瘤菌由此侵入根毛。在根毛内，根瘤菌分裂滋生，聚集成带，外面被一层黏液所包，形成感染丝，并逐渐向根的中轴延伸。在根瘤菌的刺激下，根细胞相应地分泌出一种纤维素，包围于感染丝之外，形成了具有纤维素鞘的内生管，又称侵入线。根瘤菌沿侵入线进入幼根的皮层中。在皮层内，根瘤菌迅速分裂繁殖，皮层细胞受到根瘤菌侵入的刺激，也迅速分裂，产生大量的新细胞，致使皮层出现局部的膨大。这种膨大的部分，包围着聚生根瘤菌的薄壁组织，从而形成了外向突出生长的根瘤。之后，含有根瘤菌的薄壁细胞的细胞核和细胞质逐渐被根瘤菌所破坏而消失，根瘤菌相应地转为拟菌体，开始进行固氮作用。根瘤菌从豆科植物根的皮层细胞中吸取碳水化合物、矿质盐类及水分。同时它们又把空气中游离的氮通过固氮作用固定下来，转变为植物所能利用的含氮化合物，供植物生活所需。这样，根瘤菌与根便构成了互相依赖的共生关系。根瘤菌在生活过程中还会分泌一些有机氮到土壤中，并且根瘤在植物的生长末期会自行脱落，所以可以大大提高土壤肥力。

4. 板根

板根又称板状根，见于热带雨林中的高大乔木。这些树木的树冠宽大，需要有强有力的根系做基础，否则便会头重脚轻站不稳，会下陷或因热带的暴风雨而被摧倒。但热带雨林多雨、潮湿的气候条件，使得土壤中的水分在很长的雨季里总是处于饱和或近于饱和的状态，含氧量很低，很难满足树木根系的呼吸作用。为了适应这种特殊的生态条件，树木便采取向地面空间发展的策略，形成地面上的板根。

板根一般仅在表层根系和水平根发育良好的树木中形成。在幼年树木中，根的形成层生长正常，但几年之后，侧根上方开始加速分裂和膨大，由于过度生长而形成板根。

二、茎的生长

（一）园林植物的芽

芽实际上是茎或枝的雏形，是多年生植物为适应不良环境延续生命而形成的，在园林植物生长发育中起着重要作用。芽也可以在物理、化学及生物等因素的刺激下，发生芽变，为选种提供条件。芽是树木生长发育、开花结实、修剪整形、更新复壮、营养繁殖等的基础。

1. 芽的类型

（1）定芽和不定芽

着生在枝或茎顶端的芽称顶芽，着生在叶腋处的叫侧芽或腋芽。这两种芽的发生位置是固定的，称为定芽。发生于植株的老茎、根或叶等部位，发生位置广泛且不固定的芽则称为不定芽，如秋海棠的叶、柳树老茎等发生的芽均属此类。

（2）叶芽、花芽和混合芽

依照园林植物芽萌发后形成的器官的不同可分为叶芽、花芽和混合芽。萌发后只形成营养枝的芽，称为叶芽；萌发后只形成花或花序的芽，叫花芽；萌芽后既开花又长枝和叶的则称为混合芽。叶芽相对较小，而花芽和混合芽则相对较肥大。植物的顶芽和侧芽既可能是叶芽，也可能是花芽或混合芽。

（3）活动芽和休眠芽

依照芽形成后的生理活动状态，将芽分为活动芽和休眠芽，能在当年生长季节中萌发的芽称为活动芽，如多年生园林树木枝条上部的芽。而具有萌发潜能，但暂时保持休眠，当时不萌发的为休眠芽，如温带的多年生园林树木，其枝条中下部的芽往往是休眠芽。在一定的条件下，活动芽和休眠芽是可以转换的，生产实践中也正是利用这一特性，通过修剪等栽培管理技术手段，促使休眠芽转为活动芽，从而可以改变树形。

2. 芽的特性

芽的分化形成一般要经过数月，长的甚至要两年。其分化程度和速度主要受树体营养状况和环境条件控制，栽培措施也能够影响芽的发育进程。追肥、防病、保叶、摘心等增加树体营养的措施都可促进芽的发育。枝条上着生的芽一般具有以下几个特性。

（1）芽的异质性

枝条上不同部位芽的生长势及其他特性存在差异，称为芽的异质性。一般枝条基部的芽多在枝条生长初期的早春形成，这一时期叶面积小，气温较低，芽发育程度差，瘦小，质量不好，往往形成瘪芽或隐芽。中上部的芽形成时叶面积增大，气温高，光合作用旺盛，累积养分多，形成的芽饱满，具有萌发早和萌发势强的潜力，是良好的营养繁殖材料。

（2）萌芽力与成枝力

园林植物芽的萌发能力称为萌芽力。萌芽力的高低一般用茎或枝条上萌发的芽数占总芽数的百分率表示。萌芽力因园林植物种类、品种的不同而异。一些栽培管理手段也可以改变植物的萌芽力，如采用刻伤、摘心、植物生长调节剂处理等技术措施均能不同程度地提高萌芽力。芽萌发后，有长成长枝的能力，又称成枝力，以萌芽中抽生长枝的比例表示。但并不是所有萌发的芽全部抽成长枝。一般萌芽力和成枝力都很强的园林植物易于成形，但枝条多而密，修剪时就要多疏枝少截枝。而萌芽力强、成枝力弱的植物，虽然容易形成中短枝，但枝量少，修剪时则要注意适当短截，促发新枝。

（3）芽的潜伏力

有些芽在一般情况下不萌发呈潜伏状态，当枝条受到某种刺激时，如上部受损、外围枝衰弱等，能由潜伏芽生出新梢的能力，称为芽的潜伏力。潜伏力包含两层意思：一是潜伏芽的寿命的长短；二是潜伏芽的萌芽力与成枝力的强弱。芽潜伏力的强弱与植物是否易于更新复壮有直接关系。一般芽潜伏力强的植株易更新复壮，如板栗、柿、榔榆、悬铃木等。芽潜伏力弱的植株则枝条恢复能力弱，树冠易衰老，如桃等。芽的潜伏力也受营养条件的影响，故而改善植物营养状况，调节新陈代谢水平，能提高芽潜伏力，延长其寿命。

（4）芽的早熟性与晚熟性

不同树种枝条上的芽形成后到萌发所需的时间长短不同。有些树种在当年形成的树梢上，能够连续抽生形成二次梢和三次梢，这种特性称为芽早熟性，如桃、紫叶李、柑橘等。具有早熟性芽的树种一般分枝较多，进入结果期也较早。也有树种当年形成的芽一般不萌发，要到第二年春天才能萌发抽梢，这种特性称为芽的晚熟性，如多数苹果、梨的品种。也有一些树种二者特性兼有，如葡萄，其副芽是早熟性芽，而主芽是晚熟性芽。芽的早熟性与晚熟性是树木比较固定的习性，但在不同的年龄时期，不同的环境条件下，也会有所变化。一般树龄增大，晚熟芽增多，副梢形成能力减弱。环境条件较差时，桃树的芽也具有晚熟性的特点。而梨、苹果等树种的幼苗，在肥水条件较好的情况下，当年常会萌生二次芽。叶片的早衰也会使一些晚熟性芽二次萌芽或二次开花，如梨、海棠等，但这种现象对第二年的生长会带来不良影响，所以应尽量防止这种情况的发生。北方树种南移，通常早熟芽增多。

（二）茎枝的生长与特性

1.枝条的加长生长和加粗生长

园林树木每年以新梢生长来不断扩大树冠，新梢生长包括加长生长和加粗生长两个方面。

（1）加长生长

由一个叶芽发展成为生长枝，其过程并不是匀速的。新梢的生长可分为新梢开始生长期、新梢旺盛生长期和新梢缓慢生长与停止生长期三个时期。

①新梢开始生长期。叶芽萌发后幼叶伸出芽外，节间伸长，幼叶分离。此期叶小而嫩，光合作用弱；生长量小，节间短；含水量高，树体贮藏物质水解，含有大量水溶性糖分，非蛋白氮含量多，淀粉含量少；新梢生长初期的营养来源主要依靠前一年积累贮藏的营养物质，因此，前一年树木生长状况与第二年春季生长有密切关系。

②新梢旺盛生长期。通常新梢开始生长期后，随着叶片的增多，树木很快进入旺盛生长期。此时枝条明显伸长，幼叶迅速分离，叶片增多，叶面积加大，光合作用加强；生长量加大，节间长，糖分含量低，体内非蛋白氮含量多，新梢生长加速；从土壤中吸收大量的水分和无机盐类。所形成的叶片具有该种或品种的典型特征。此期营养来源主要是利用当年的同化营养，故而新梢生长的强弱与树木本身营养水平及肥水管理条件有关。该期对水分要求严格，如水分不足则会出现提早停止生长的现象。枝梢旺盛生长期的生长情况是决定枝条生长势强弱的关键。

③新梢缓慢生长与停止生长期。随着外界环境如温度、湿度、光周期等的变化，顶端抑制物质的积累，使顶端分生组织细胞分裂变慢或停止，细胞的增大也逐渐停止，枝条的节间开始缩短，顶芽形成，枝条生长停止。随着叶片的衰老，光合作用也逐渐减弱。

枝内积累淀粉、半纤维素，并木质化，转为成熟。树木新梢生长次数及强度受树种及环境条件的影响，在良好的条件下，柑橘、桃、葡萄等在一年内能抽梢 2 ~ 4 次，而油松、梨、苹果等一年能生长 1 ~ 2 次。

（2）加粗生长

苗木干枝的加粗生长是形成层细胞分裂、分化、增大的结果。春天芽萌动时，芽附近的形成层先开始活动，然后向枝条基部发展。因此，落叶树木形成层的活动稍晚于萌芽，即枝条加粗生长的开始时间比加长生长稍晚，停止时间也晚。同一枝条中，下部形成层细胞开始分裂的时期也比上部的晚，所以枝条上部加粗生长早于枝条下部。同样，一棵树的下部枝条加粗生长也晚于上部枝条。在开始加粗生长时，所需的营养物质主要靠上年的贮备。随着新梢的生长越来越旺盛，加粗生长也越来越快。加长生长高峰与加粗生长高峰是互相错开的，在加长旺盛生长期的初期，加粗生长进行得较缓慢，在加长生长 1 ~ 2 周后出现加粗生长高峰。往往在秋季还有一次加粗生长的高峰，枝干明显加粗。

不同树种的早期生长速度具有一定的差异，在园林绿化中，常据此将园林树木分为速生树种、中生树种和慢生树种三类。在绿化配植时，应将速生树种与慢生树种互相搭配种植，既考虑到近期效果快速成景，也注意远期的景观延续。

2. 顶端优势与垂直优势

植物在生长发育过程中，顶芽旺盛生长时，会抑制侧芽生长，这种顶芽优先生长，抑制侧芽发育的现象叫作顶端优势。顶端优势在园林树木中主要有以下表现。一是枝条上部芽能萌发抽发强枝，依次向下的芽，生长势逐渐减弱，最下部的芽甚至处于休眠状态。当去掉顶芽和上部的芽时，下部腋芽和潜伏芽能够萌发成枝。二是顶端优势也表现在分枝角度上，枝条自上而下的分枝角度逐渐开张。如去除顶端对角度的控制效应，则所发侧枝又垂直生长。三是中心干的生长势要比同龄主枝强，树冠上部枝生长势比下部的强。一般乔木性越强的顶端优势也越强，反之则弱。

垂直优势是指枝条着生方位背地程度越强，生长势越旺的现象。枝条与芽的着生方位不同，生长势的表现有很大差异。直立生长的枝条生长势旺，枝条长；接近水平或下垂的枝条，则生长势弱；枝条弯曲部位上的芽，其生长势甚至会超过顶端。根据垂直优势的特点，在园林植物管理中，可以通过改变枝芽的生长方向来调节其生长势的强弱。

3. 茎的生长类型

根据伸展方向和形态特点，将茎分为直立茎、攀缘茎、缠绕茎、匍匐茎、平卧茎生长类型。

（1）直立茎

茎明显地背地垂直生长，绝大多数园林植物为直立茎。按枝条伸展方向的不同，又可分为三种类型，即垂直型、斜伸型和水平型。垂直型是指其分枝也有垂直向上生长的趋势，一般容易形成紧抱的树形，如侧柏、千头柏、紫叶李等。斜伸型树种的枝条多与树干主轴呈锐角斜向生长，一般容易形成开张的杯状、圆形树形，如榆、合欢、梅、樱等树种。水平型树种的枝条与树干主轴呈直角沿水平方向生长，容易形成塔形、圆柱形的树形，如杉木、雪松、柳杉和南洋杉等。

（2）攀缘茎

茎长得细长柔软，本身不能直立，多以卷须、吸盘、气生根、钩刺或借助它物为支柱而生长延伸，如葡萄、爬山虎、常春藤、杏叶藤等均属攀缘茎。攀缘茎的长度取决于类型、品种和栽培条件。

（3）缠绕茎

茎本身不能直立，必须借助他物，以缠绕方式向上生长，如牵牛、紫藤等均属缠绕茎。

（4）匍匐茎

茎蔓细长，不能直立生长，但不攀缘，而是匍匐于地面生长，茎节处可生不定根。地被植物中的结缕草、狗芽根等具有生长旺盛的匍匐茎，可以很快覆盖地面形成绿化效果。

（5）平卧茎

生长特点与匍匐茎很相似，但茎节处不生不定根，如酢浆草等。

（三）茎的分枝方式

分枝是园林树木生长发育过程中的普遍现象，是树木生长的基本特征之一。顶芽和侧芽分别发育成主干和侧枝，侧枝和主干一样，也有顶芽和侧芽，依次产生大量分枝构成庞大的树冠。枝叶在树干上按照一定的规律分枝排列，使尽可能多的叶片避免重叠和相互遮阴，更多地接受阳光，扩大吸收面积。各个树种由于遗传特性、芽的性质和活动情况的不同，形成不同的分枝方式，使树木表现出不同的形态特征。

1.单轴分枝

单轴分枝也称总状分枝，这类园林植物的顶芽非常健壮、饱满，生长势极强，每年持续向上生长，形成高大通直的树干。侧芽萌发形成侧枝，侧枝上的顶芽和侧芽又以同样的方式进行分枝，形成次级侧枝。大多数裸子植物属于这种分枝方式，如雪松、水杉、圆柏、罗汉松、黑松、桧柏等；阔叶树中也有属于这种分枝方式的，一般在幼年期表现突出，如银杏、杨树、竹柏、株、七叶树等。但它们在自然生长情况下，中心主枝维持顶端优势的时间较短，后期侧枝生长旺盛，形成的树冠较大，故而成年阔叶树的单轴分枝表现不太明显。

单轴分枝形成的树冠大多为塔形、圆锥形、椭圆形等，其树冠不宜抱紧，也不宜松散，否则容易形成竞争枝，降低观赏价值，所以修剪时要控制侧枝生长，促进主枝生长，提高观赏价值。

2.合轴分枝

此类树木顶芽发育到一定时期后或分化成花芽不能继续伸长生长，或者顶端分生组织生长缓慢，或者直接死亡，顶芽下方的侧芽萌发成强壮的延长枝取代顶芽，连接在主轴上继续向上生长，以后此侧枝的顶芽又由它下方的侧芽取代继续向上生长，每年如此循环，逐渐形成了弯曲的主轴。合轴分枝易形成开张式的树冠，通风透光性好，花芽、腋芽发育良好。园林植物中的大多数阔叶树均为此类，如碧桃、杏、香椿、李、杜仲、苹果、樟树、月季、梅、榆、梨、核桃等。

3. 假二叉分枝

假二叉分枝在一部分叶序对生的植物中存在，这类植物的顶梢不能形成顶芽或顶芽停止生长或形成花芽，顶芽下方的一对侧芽同时萌发，形成外形相同、优势均衡的两个侧枝，向相对方向生长，以后如此继续分枝。因其外形与低等植物的二叉分枝相似，故称为假二叉分枝，如丁香、桂花、石竹、楸树、梓树、卫矛、泡桐等。这类树种的树冠为开张式，可剥除枝顶对生芽中的一个芽，留一个壮芽来培养干高。

（四）生命周期中枝系的发展与演变

1. 枝系的离心生长和离心秃裸

树木自播种发芽或经营养繁殖成活后，以根茎为中心，根和茎总是以离心的方式不断向两端扩大空间进行生长，即根具向地性，形成主根和各级侧根，茎具背地性，形成主枝和各级侧枝，这种生长称为离心生长。离心生长是有限的，树种只能达到一定大小和范围。随着树木年龄的增长，干枝的离心生长使得外围生长点增多，枝叶茂密，竞争加剧，造成内膛光照不良，早年生的小枝、弱枝光合作用下降，得到的营养物质更少，长势更弱，逐年由骨干枝基部向枝端方向出现枯落，称为离心秃裸。

2. 树体骨架的形成过程

树木由一年生苗或前一季节形成的芽萌动、抽枝开始进行离心生长。茎上部的芽具有顶端优势，且比较饱满，同时根系供应的养分也比较优越，因而抽生的枝条较旺盛，垂直生长成为主干的延长枝，中上部的几个侧芽斜向生长，长势强者成为主枝。第二年，中干上部的芽同样抽生延长枝和第二层主枝。第一层主枝先端芽抽生主枝延长枝和若干长势不等的侧枝，在一定的生长阶段内，每年都如此循环分枝生长。茎下部芽所抽生的枝条都比较细弱，伸长生长停止较早，节间也短。从整体上来看，树体由几个生长势强、分枝角度小的枝条和几个生长势弱，分枝角度大的枝条，分组交互分层排列，形成树冠。层间距的大小、分枝的多少等则取决于树种或品种、植物年龄、层次多少、营养条件和栽培技术等。

3. 树体骨架的周期性演变

树木先是离心生长，然后出现离心秃裸，以后二者同时进行，但树木受本身遗传性和树体生理及土壤营养条件的影响，其离心生长是有限的，根系和树冠只能达到一定的大小和范围。随着树龄的增加，由于多次的离心生长与离心秃裸，造成地上部大量的枝芽生长点及其产生的叶、花、果都集中在树冠外围，受重力影响，骨干枝角度变得开张，枝端重心外移，甚至弯曲下垂。离心生长使得树体越来越大，远处的吸收根与树冠外围枝叶间的运输距离增大，枝条生长势减弱。当树木生长接近其最大树体时，其中心干延长枝发生分杈或弯曲，又称为"截顶"。顶端优势下降，主枝弯曲高位处的长寿潜伏芽萌发形成直立旺盛的徒长枝，仍按主干枝相同的规律生长，开始进行树冠的更新，形成新的小树冠，俗称"树上长树"。小树冠又加速了主枝和中心干的衰亡，逐渐代替原来的树冠。当新树冠达到其最大限度以后，同样会出现衰亡，然后被新的徒长枝取代。这种更新和枯亡的发生，一般都是由外向内、由上而下，故叫"向心更新"或"向心枯亡"。有些实生树能进行多次这种循环更新，但树冠一次比一次矮小，直至死亡。根系也会发生与此相类似的更新，但发生时间一般会比树冠晚，而且受土壤条件影响较大，周期更替不那么规则。

树木离心生长的持续时间、离心秃裸的快慢、向心更新的特点等与树种、环境条件及栽培技术有关。乔木类树种中，具有长寿潜伏芽的，可进行多次主侧枝的更新；虽然有潜伏芽但寿命短的树种，如桃等，有离心生长和离心秃裸，一般很难自然发生向心更新，即使人工锯掉衰老枝，在下部新发不定芽，形成的树冠也不理想；无潜伏芽的，只有离心生长和离心秃裸，而无向心更新。如松属的许多种，衰老后多半出现枯梢，或衰老受病虫侵袭整株死亡。竹类在当年短期内就达到离心生长最大高度，生长很快；成年后只有细小侧枝和叶进行更新，但没有离心生长、离心秃裸和向心更新，而以竹鞭萌蘖更新为主。灌木类离心生长时间短，地上部枝条衰亡较快，寿命多不长。有些灌木干、枝也可向心更新，但多从茎枝基部及根上发生萌蘖更新为主。

（五）茎的变态

1. 块茎

块茎是地下变态茎的一种，其顶芽节间短缩，呈短而膨大的不规则块状，节间很短，节上具芽，叶退化成小鳞片或早期枯萎脱落。块茎适于贮存养料和越冬。块茎的顶端具有一个顶芽，表面有许多芽眼，芽眼内有腋芽，顶芽和腋芽都很容易萌发长出新枝，所以块茎具有繁殖能力。

2. 根状茎

根状茎是地下变态茎的一种，其形状似根，横卧于地下，有明显的节和节间；具有顶芽和腋芽，节上往往有退化的鳞片叶或膜质叶。根状茎既能保持在地下生长，还能长出地面的新枝，节上生有不定根。根状茎形态多样，有的细长，有的短粗，还有的呈团块状，具有贮存营养和繁殖的能力。姜、萱草、玉竹、竹等均具有这种地下茎。

3. 球茎

球茎是地下变态茎的一种。变态部分膨大呈球形、扁圆形或长圆形，短粗，有明显的节和节间，有较大的顶芽，节上着生膜状鳞片和少数腋芽。适于贮存营养物质越冬，并可供繁殖之用。荸荠、慈姑等的食用部分就是球茎。

4. 鳞茎

呈球形或扁球形，茎极度缩短称鳞茎盘，其上所着生的叶通常为肉质肥厚的鳞叶，顶端有顶芽，叶腋有腋芽，基部具不定根。如百合、水仙、风信子、石蒜等都具有这种鳞茎。

5. 茎卷须

特化为纤细须状，可卷曲分枝，能够缠绕其他物体攀缘生长，如葡萄等。

6. 茎刺

顶芽、腋芽或不定芽变态为刺，从而起到保护作用。如火棘、皂荚、山楂等都有茎刺。

三、叶的生长

叶是植物进行光合作用的主要场所，是制造有机养分的主要器官，也是树木生长发育的物质基础。叶片还有呼吸、蒸腾、吸收、贮藏等多种生理功能。研究树木叶的形态生理特点，对树木的生长发育控制、树木生态效益和观赏价值的发挥都有着极其重要的意义。

（一）叶的类型

1. 完全叶、不完全叶

由叶片、叶柄和托叶组成的叶为完全叶，缺少任一部分的叶为不完全叶。

2. 单叶、复叶

每个叶柄上只有一个叶片称单叶，如海棠、葡萄、碧桃、菊花、一串红、牵牛花等。复叶是指每个叶柄上有两个以上小叶片，如枣、核桃、国槐、刺槐、荔枝、月季、南天竹、含羞草、醉蝶花等的叶都是复叶。不同植物的复叶类型各有不同，又有羽状复叶、掌状复叶、单身复叶之分。

（二）叶的形态特征

叶片的形状主要有线形、披针形、卵圆形、倒卵圆形、椭圆形等。如兰花、萱草等叶为线形，苹果、杏、月季、落葵等叶为卵形或卵圆形。叶尖的形态主要有长尖、短尖、圆钝、截状、急尖等。叶缘的形态主要有全缘、锯齿、波纹、深裂等。叶基的形态主要有楔形、矛形、盾形、矢形等。叶脉有平行脉和网状脉。网状脉又分为羽状网脉和掌状网脉。羽状网脉即侧脉从中脉分出，形似羽毛，如苹果、枇杷的叶片；掌状网脉的侧脉从中脉基部分出，形状如手掌，如葡萄、虎耳草等。

叶序是指叶在茎上的着生次序。园林植物的叶序有互生叶序、对生叶序和轮生叶序之分。互生叶序的每节上只长一片叶，叶在茎轴上呈螺旋状上升排列，不同植物相邻两叶间隔夹角也不同，如蔷薇、月季、栅花等。对生叶序指每个茎节上有两个叶相互对生，相邻两节的对生叶相互垂直，互不遮光，如紫丁香、薄荷、石榴等。轮生叶序，指每个茎节上着生三片或三片以上叶，如夹竹桃、银杏、栀子等。

（三）叶的变态

1. 苞片

生在花下面的变态叶，称为苞片。苞片有保护花芽或果实的作用。很多园林植物的苞片是其重要的观赏点，如一些天南星科植物。

2. 鳞叶

叶的功能特化或退化成鳞片状。其中芽鳞有保护芽的作用，生于木本植物的鳞芽外，如香樟、杨等的芽鳞；肉质鳞叶出现在鳞茎上，贮藏有丰富的养料，如百合、慈姑、石蒜等；膜质鳞叶呈褐色干膜状，是退化的叶，如莲、竹鞭上的叶等。

3. 叶卷须

叶的一部分变成卷须状，起到攀缘的作用，如豌豆、菝葜的叶卷须。

4. 叶刺

叶或叶的一部分变成刺状，具有保护功能。如小案的叶刺、刺槐的托叶刺等。

5. 捕虫叶

能捕食小虫的变态叶，如狸藻、猪笼草、茅膏菜等的捕虫叶。

（四）叶的生长发育

园林植物茎顶端的分生组织，按叶序在一定的部位上，形成叶原基。叶原基的基部分生细胞分裂产生托叶，先端部分继续生长发育成为叶片和叶柄。芽萌发前，芽内一些叶原基已经形成幼叶；芽萌发后，幼叶向叶轴两边扩展成为叶片。

一年生园林植物的叶往往在其生活史完成前衰老而脱落，随之整个植株也衰老、枯萎。多年生草本植物及落叶木本植物在冬季严寒到来前，大部分氮素和一部分矿质营养元素从叶片转移至枝条或根系，使树体或根、茎贮藏营养增加，以备翌春生长发育所需，而叶片则逐渐衰老脱落。常绿树木的叶片不是 1 年脱落一次，而是 2～6 年或更长时间脱落、更新一次，有时候脱落、更新是逐步、交叉进行的。

（五）叶幕的形成与结构

树冠内集中分布并形成一定形状和体积的叶群体称为叶幕，其是树冠叶面积总量的反映。

园林树木的叶幕随树种、品种、树龄、整形、环境条件、栽培技术等的不同，其叶幕形状与体积也不相同。幼年树木，由于分枝尚少，树冠内部与外部都能得到光照，内膛小枝长势良好，叶片充满树冠，其树冠的形状和体积就是叶幕的形状和体积；自然生长无中干的成年苗木，由于离心秃裸的发生，其内膛较空，枝叶大都集中在苗木冠的表面，叶幕多呈弯月形，限于树冠表面薄薄的一层；具有中干的成年树木，叶幕多呈圆头形；老年树木的叶幕呈钟形，具体情况依苗木种而异。成片栽植的树木，其叶幕顶部为平面或波浪形。有时在栽培中为了提高观赏性或方便管理等，也常将苗木整剪成杯形、分层形、圆头形、半圆形叶幕等。

落叶树木的叶幕在年周期中有明显的季节变化，其叶幕从春天发叶开始到秋季落叶止，能保持 5 ~ 10 个月的生活期。常绿树木的叶片本身生存的时间较长，一般可达一年以上，而且老叶通常在新叶形成以后才脱落，所以常绿树木的叶幕比较稳定。叶幕形成的速度与强度也不同，受树种、品种、环境条件及栽培技术的影响。树木生长势强，年龄小的园林树木，以抽生长枝为主的树种、品种，叶幕形成的时间较长，叶面积的高峰期出现得也较晚，如桃等。生长势弱，年龄大或以抽生短枝为主的短枝型树种、品种，其叶幕形成的时间短，高峰期出现得也较早，如梨、苹果等的成年树。

叶幕的大小与厚薄是衡量树木叶面积大小的一种方法，但它并不精确。为了准确地表示树木的叶面积，研究中一般采用叶面积指数来表示，即一个林分或一株植物叶的总面积与其占有土地面积的比值。叶面积指数受植物的种类、大小、年龄等的影响。一般落叶树群落的叶面积指数为 3 ~ 6，常绿阔叶树可达 8，有些裸子植物的叶面积指数甚至可达 16，在人工集约栽培条件下，叶面积指数会高于自然条件。叶面积指数是反映树木群体大小的较好的动态指标，在一定的范围内，树木的生产量随叶面积指数的增大而提高，当叶面积指数增加到一定的限度后，树木空间郁闭，光照不足，光合效率减弱，生产量反而下降。通常叶面积指数维持在 3 ~ 4 时较为理想。

第四节　园林植物的生殖生长

一、园林植物的花芽分化

花芽分化是指植物茎生长点由分生出叶片、腋芽转变为分化出花序或花朵的由营养生长向生殖生长转化的过程。花芽分化也是由营养生长向生殖生长转变的生理和形态标志。花芽分化的变化规律与树种、品种等的特性及其活动状况有关，也与外界环境条件以及栽培技术措施有密切的关系。掌握花芽分化的规律，运用适当的栽培技术措施，充分满足花芽分化对内外条件的要求，保证花芽分化的数量和质量，对树木生产具有重要的意义。

（一）花芽分化的过程

园林植物花芽分化的过程可分为生理分化期、形态分化期和性细胞形成期三个阶段。不同树种其花芽分化过程及形态各异，分化标志的鉴别与区分是研究分化规律的重要内容之一。

1. 生理分化期

生理分化期是指芽生长点的生理代谢转向分化花芽生理代谢的时期。根据对果树的研究，生理分化期在形态分化期前 1 ~ 7 周，一般是 4 周左右。生理分化期是控制分化的关键时期，因此也称"花芽分化临界期"。

2. 形态分化期

形态分化期是指花或花序的各个花器原始体的发育过程。一般又可分为分化初期、萼片形成期、花瓣形成期、雄蕊形成期和雌蕊形成期五个时期。

①分化初期：通常是芽内的生长点逐渐肥厚，顶端高起呈半球体状，四周下陷，形态上已经改变了发育方向，区别于叶芽的生长点形态，是花芽分化的标志。此期如果内外条件发生改变，不再具备花芽分化要求，也可能会退回重新发育成叶芽。

②萼片形成期：下陷的四周产生突起，即为萼片原始体，以后会发育成萼片。到达此阶段才不会再退回叶芽状态。

③花瓣形成期：于萼片原基内的基部发生突起，即花瓣原始体，以后发育成花瓣。

④雄蕊形成期：花瓣原始体内基部发生的突起，即雄蕊原始体。

⑤雌蕊形成期：在花原始体中心底部发生的突起，即为雌蕊原始体。

各个时期的长短，在不同树种间会有差异。

3. 性细胞形成期

当年开花的树木，其花芽性细胞都在年内较高温度下形成。而于夏秋分化，次春开花的树木，其花芽经形态分化后要经过一定低温累积（温带树种一般为 0 ~ 10℃，暖带树种一般为 5℃ ~ 15℃），形成花器并进一步分化完善与生长，在第二年春季的较高温度下才能完成。因此，早春树体营养状况对此类树木的花芽分化很重要。如果条件差，尚未分化完全的花芽有时也会出现分化停止或退化现象。

（二）花芽分化的类型

由于植物种类、品种、地区、年份及外界环境条件的不同，花芽开始分化的时间及完成分化过程所需时间的长短也有差异。根据不同植物花芽分化的季节特点，可分为以下几个主要类型。

1. 夏秋分化类型

如牡丹、迎春、丁香、紫藤、梅花、玉兰、榆叶梅等大多数早春和春夏间开花的树木，花芽分化一年一次，于 6 ~ 9 月高温季节进行，到 9 ~ 10 月花器的主要部分已经完成，但也有一些树木如板栗、柿子等分化较晚，延续时间较长。这类树木要经过一段低温，才能进一步分化与完善，完成性器官的发育，第二年春天开花。球根类花卉也在夏季较高温度下进行花芽分化，而秋植球根类花卉在进入夏季后，地上部分全部枯死，进入休眠状态停止生长，花芽分化却在夏季休眠期间进行。此时温度不宜过高，超过20P，花芽分化则受阻，通常最适宜温度为17～181，但也视种类而异。春植球根类花卉则在夏季生长期进行分化。

2. 冬春分化类型

原产温暖地区的某些园林树种如柑橘等的分化时间为一般12月到次年3月间完成，其分化时间短并连续进行。一些二年生花卉和春季开花的宿根花卉仅在春季温度较低时期进行。

3. 当年一次分化的开花类型

一些当年夏秋开花的种类，在当年枝的新梢上或花茎顶端形成花芽，如紫薇、木槿、木芙蓉等以及夏秋开花的宿根花卉，如萱草、菊花等，基本属于此类型。

4. 多次分化类型

一年中能够多次发枝，多次开花，如茉莉、月季、倒挂金钟、香石竹等四季性开花的花木及宿根花卉。这类植物当主茎生长达一定高度时，顶端营养生长停止，花芽逐渐形成。在顶花芽形成过程中，基部生出的侧枝上也继续形成花芽，如此在四季中可以开花不绝。这些植物通常在花芽分化和开花过程中，其营养生长仍继续进行。一年生花卉的花芽分化时期较长，只要在营养生长达到一定大小时，即可分化花芽而开花，并且在整个夏秋季节气温较高时期，继续形成花蕾而开花。开花的早迟依播种出苗时期和以后生长的速度而定。

5. 不定期分化类型

每年只分化一次花芽，但无一定时期，只要达到一定的叶面积就能开花，主要视植物体自身养分的积累程度而异，如凤梨科和芭蕉科的某些种类。

（三）花芽分化的一般规律

1. 花芽分化的长期性

枝条处于植物的不同部位，光照、水分等条件不同，营养生长停止早晚也不同，故而大多数树木的花芽分化并非集中于一个短时期内进行，而是相对集中又分散，是分期分批陆续进行的。如有的植物从5月中旬开始生理分化，到8月下旬为分化盛期，到12月初仍有10%～20%的芽处于分化初期，甚至到翌年2～3月还有5%左右的芽仍处在分化初期状态。这种现象说明，树木在落叶后，在暖温带条件下可以利用贮藏养分进行花芽分化，因而分化是长期的。植物花芽分化的长期性，为控制花芽分化数量并克服大小年现象提供了可能。

2. 花芽分化的相对集中性和相对稳定性

花芽分化的开始期和分化盛期在不同年份有一定差别，但并不悬殊。如苹果主要集中在 6～9 月，桃在 7～8 月，柑橘在 12 月～次年 2 月。花芽分化的这种相对集中性和稳定性主要受相对稳定的气候条件和物候期影响。通常树木是在新梢，包括春梢、夏梢和秋梢停止生长和果实采摘后，有一个花芽分化高峰期。也有一些植物是在落叶后至萌芽前，利用贮藏的养分进行分化，如栗。

3. 花芽分化临界期

各种树木从生长点转为花芽形态分化之前，必然都有一个生理分化阶段。在此阶段，生长点细胞原生质对内外因素有高度的敏感性，处于易改变的不稳定时期，是花芽分化的关键时期。主要是在大部分短枝开始形成顶芽到大部分长梢形成顶芽的一段时期。花芽分化临界期也因树种、品种而异。

4. 花芽分化所需时间

从生理分化到雌蕊形成，一个花芽形成所需时间因树种、品种的不同而异。如苹果需 1.5～4 个月，甜橙需 4 个月，芦柑需 0.5 个月。

5. 花芽分化早晚

园林植物花芽分化时期并不是固定不变的，与树龄、部位、枝条类型和结实大小年都有一定的关系。一般幼树比成年树晚；旺树比弱树晚；同一树上短枝最早，其次是中长枝，长枝上的腋芽形成要晚；"大年"时新梢停长早，但也会因结实多而使花芽分化推迟。

（四）影响花芽分化的因素

1. 影响花芽分化的内部因素

（1）花芽形态建成的内在条件

①要有比形成叶芽更丰富的结构物质，包括矿质盐类、各种碳水化合物、氨基酸和蛋白质等。

②要有花芽形态建成中所需的能量、能源的贮藏和转化物质，如淀粉、糖类和三磷酸腺苷等。

③要有与花芽形态建成有关的平衡调节物质，主要包括一些内源激素，如生长素（IAA）、赤霉素（GA）、细胞分裂素、乙烯和脱落酸（ABA）等，还包括酶类的物质调节和转化等。

④要有与花芽形态建成有关的遗传物质，主要包括脱氧核糖核酸（DNA）和核糖核酸（RNA）等控制发育方向和代谢方式的遗传物质。

（2）不同器官的相互作用与花芽分化

①枝叶生长与花芽分化。枝叶生长是花芽分化的基础。枝叶生长繁茂，植株健壮，

合成有机物质多，促进花芽分化。无论是实生树木还是营养繁殖获得的树木，要想早形成花芽，必须有良好的枝叶生长基础，满足根、茎、叶及花果等对光合产物的需要，才能形成正常的花芽。但是，过分的营养生长，如果在早霜前还没有停止，也不能正常形成花芽。

②花果与花芽分化的关系。开花结果会消耗大量营养物质，根和枝叶的生长由于营养的关系受到抑制，这样开花量的多少就间接影响了新梢和根系的生长；同时，也就间接地影响了新梢停止生长后花芽分化的数量。但是到果实采收前的 1～3 周，种胚停止发育，IAA 和 GA 水平降低，乙烯增多，果实竞争养分降低，花芽分化又形成一个高峰期。

③根系发育与花芽分化。根系生长与花芽分化存在正相关关系，这与吸收根合成蛋白质和细胞激动素等的能力有关。

2.影响花芽分化的外部因素

（1）光照对花芽分化的影响

光照对树木花芽形成的影响是很明显的，如有机物的形成、积累与内源激素的平衡等，都与光有关。光对树木花芽分化的影响主要表现为光照时间、光量和光质等方面。如一些短日照的植物，当日照长度减少时，其内生赤霉素水平降低，花芽分化减少。松树雄花的分化需要长日照，而雌花的分化则需要短日照。许多树木对光周期并不敏感，其表现是迟钝的，如光周期对杏和苹果的成花就没有影响。光量对花芽的分化影响很大，苹果、桃、杏等减少光照量都能减少花芽分化，葡萄在强光下能够形成较多的花。强光下新梢内的生长素合成受到抑制，同时紫外线还能钝化和分解生长素，从而抑制新梢的生长，促进花芽的形成。

（2）温度对花芽分化的影响

温度影响树木的一系列生理过程，如光合作用、根系的吸收率及蒸腾等，同时也影响激素水平。苹果花芽分化的适宜温度是 20℃，20℃以下分化缓慢，花芽分化临界期温度保持 24℃最有利于分化。苹果的花芽分化盛期一般在 6～9 月，此时平均温度一般稳定在 20℃以上，温度适宜范围为 22℃～30℃，超过 30%：光合作用几乎停止，消耗多于积累，达不到成花所需的水平。秋季温度降至 10℃以下时分化停滞。温度过高过低都不利于花芽分化。

（3）水分对花芽分化的影响

水分过多不利于花芽分化，夏季适度干旱有利于树木花芽形成。如在新梢生长季对梅花适当减少灌水量，能使枝变短，成花多而密集，枝下部芽也能成花。

（4）矿质对花芽分化的影响

矿质肥料对植物花芽分化有着重要影响。氮素肥料对花原基的发育具有强烈的影响，当树木缺乏氮素时，会限制叶组织的生长，抑制成花的诱导作用。对柑橘和油桐施用氮肥时，可以促进成花。氮肥对植物雌雄花的成花比例有一定的影响；同时，不同形态的氮对不同树种的成花数量和影响是不一样的。例如，氮肥可以促进松树形成雌花，但对其雄花的发育影响很小，或者说有极小的抑制作用。硝态氮肥可以使北美黄杉雄花和雌花都增加，而氨态氮肥则对成花数量没有影响。施用氮肥既能促进苹果根系的生长，又能促进花芽分化，并且施用铵态氮的果树花芽分化数量显著多于只施硝态氮的果树花芽分化数量。

磷对花芽分化的作用因树而异，苹果施磷能够增加成花，但樱桃、梨、桃、李、杜鹃花、板栗、柠檬等施用磷肥时却未见明显效果。缺铜时，苹果、梨等的成花会减少；缺钙、镁，则柳杉的成花减少。总体来看，大多数元素在缺乏时都会影响成花。

（五）控制花芽分化的途径

花芽分化受植物内部因素和外部环境的双重影响，要想有效地控制花芽分化，必须通过各种技术措施，调控植物营养条件，控制植物内源激素水平，控制营养生长与生殖生长平衡协调，控制和调节外部环境条件，以达到控制花芽分化的目的。

调控过程中有两点值得注意：一是要充分利用花芽分化长期性的特点，对不同树种、不同年龄的树木，在分化的不同时期采取适宜的措施，控制花芽分化数量，克服大小年等来提高控制效果；二是充分利用不同树种的花芽分化临界期，运用各种技术措施，在花芽分化的敏感、不稳定的关键时期，实施控制。在上述基础上，再综合运用光照、水分、矿质营养及生长调节剂等几个方面相应的技术措施，控制花芽分化。

二、开花与坐果

（一）花的结构及作用

园林植物的花包括花柄、花托、花萼、花冠、雄蕊群、雌蕊群等几部分。花柄连接花与枝，起支撑花的作用。花托是花柄顶端，着生花其他部位的场所。有些植物的花托还会成为果实的一部分，如草莓、苹果、梨等的花托。花的最外侧着生的是花萼，由若干萼片组成。有些园林植物的花萼在开花后会脱落，如桃、柑橘等；有些则会宿存，如月季、玫瑰等。若干花瓣组成花冠，花萼和花冠合称花被。花瓣的主要作用是保护雌雄蕊，并以绚丽的色彩或香味引诱昆虫传粉。雄蕊由花药和花丝组成，雌蕊由柱头、花柱和子房组成。柱头主要截获、承载花粉，对花粉进行选择并提供营养和水分等。花柱是花粉进入子房的通道。

（二）开花

1.园林植物的开花习性

园林植物的开花习性是植物在长期的发育过程中形成的较为稳定的生长发育习性。但不同植物种类之间，开花习性的差异还是很大的。

①花期阶段划分：园林植物的开花时期一般划分为花蕾期、开花始期（5%的花开放）、开花盛期（50%的花开放）和开花末期（余5%的花未开放）4个时期。

②花叶开放的先后顺序：不同植物开花和新叶展开的先后顺序不同。如迎春花、山桃、杏、玉兰、梅、李、紫荆等植物是先开花后长叶；其中有些开花较晚的品种，如有些榆叶梅、桃的晚花品种，会表现为开花和展叶同时进行；而葡萄、紫薇、桂花、凌霄等却是先展叶后开花。

③花期长短：花期的延续时间长短也不同，受到植物本身遗传特性的控制，也受外界环境、植物本身营养状况等的影响。不同植物花期差异很大，开花短者为6～7天，如金桂、银桂、山桃等；而开花长者可达100～240天，如茉莉花期可达112天，六月雪花期可达117天，月季花期可达240天。树龄和树体营养状况也会影响花期，同一植物的年轻植株一般比衰老植株开花早、花期长。树体营养状况好的园林树木花期长，营养状况差，则花期短。另外，天气状况也影响开花，如花期遇冷凉潮湿的天气，花期可以延长，而遇到高温干旱则会缩短。

④每年开花的次数：多数园林树种或品种，每年只开一次花，但也有少数树种或品种有多次开花的特点，如茉莉、月季、四季桂等。有的时候本是每年一次开花的植物，受条件影响，发生了第二次开花的现象，称为再度开花。产生的原因一般有两种：一种是花芽发育不完全或因树体营养不良，部分花延迟到春末夏初才开花，在梨、苹果等的一些老枝上能见到。另一种情况是不良条件引起的秋季开花。如梨、紫叶李等由于秋季病虫危害失掉叶子，促使花芽萌发，引起再度开花现象。树木的再度开花，对以生产花和果实为主的树木，由于消耗了大量的养分，也不能结果。既不利于越冬，也会造成第二年花量的减少。但对于一般园林树木的影响不大，有时还可以研究利用。如紫薇在花后剪除花、果序，可以促进再萌新枝，并成花开花，延长观花期。

2. 花期的控制和养护

花期控制对适时观花、杂交育种都非常重要，对防止不良天气如低温等对花、果的危害也有重要意义。花期提前或延后，一般可以通过调控温度、光照、湿度等来加以控制。如有些桃、李、杏等的早花品种，由于开花过早易受霜冻害，可以在早春萌芽前进行涂白处理，减缓树体升温，能够使花期推迟3～5天。也可以用灌水、喷生长抑制剂等来延迟花期。用于人工授粉的梨树花粉，可将花枝插在温室内的插床上，白天最高温度控制在35℃，夜间最低温控制在5℃，可使花期提前5～15天。

盆栽的花木，操作比较方便，可根据不同植物、品种，综合运用遮光、补光、降温、升温、加湿、减湿等各种措施，对园林植物的花期产生影响。

3. 授粉与受精

当花粉发育成熟后，在适宜的条件下，花药开裂，散出花粉，花粉落在雌蕊花柱的柱头上，这就是授粉。花粉粒萌发形成花粉管，花粉管通过花柱进入子房，后到达胚囊，释放一个精细胞与卵子结合发育成胚，另一个精细胞与中央细胞的两个极核结合发育成三倍体的胚乳，即是受精，子房发育成果实。授粉和受精能否完成，受许多因素影响。

（1）授粉媒介

不同园林植物，所依靠的授粉媒介不同。有的是风媒花，如松柏类、核桃、杨树、柳树、栗、栎等。有的是虫媒花，如桃、梨、杏、李、泡桐等。也有一些虫媒树木如椴树、白蜡等还可以借风力传粉。所以散粉时的风力情况、雨水、空气湿度等都可以影响风媒花的授粉，而昆虫的数量、种类、农药等的施用情况也都可以影响虫媒花的传粉情况。

（2）授粉适应

植物在长期自然进化选择中，形成了不同的传粉类型。有的为自花授粉，即同花、同植株的雄蕊花粉落到雌蕊柱头上授粉并结实。也有的为异花授粉，即需要不同植株间的传粉。通常异花授粉后产量更高，后代生活力更强。所以，除少数植物进行典型的自花授粉即闭花授粉外，大部分植物都适应异花授粉，并形成了与异粉授粉相适应的特点。

①雌雄异株。如杨、柳、银杏、构树、杜仲等。

②雌雄异熟。有些如核桃为雌雄同株但是异花，并且多雌雄异熟。还有的如柑橘，虽然雌雄同花，但是雌雄异熟，也可减少自花授粉的机会。

③雌雄不等长。如某些杏、李的品种，虽然雌雄同花，成熟时期也相同，但雌雄不等长，花粉难于接触柱头，也能有效防止自花授粉。

④柱头的选择性。柱头通过营养、水分等对落到柱头上花粉进行选择。

（3）营养条件对授粉受精的影响

树体的营养状态是影响花粉萌发、花粉管伸长、胚囊寿命以及柱头能够接受花粉时间的重要内因。氮素不足时，花粉管生长慢，未达到珠心前就失去功能。所以对衰弱树在花期喷尿素可以提高坐果率。硼对花粉萌发和受精有良好作用，有利于花粉管的生长。在萌芽前喷 1% ~ 2% 或花期喷 0.1% ~ 0.5% 的硼砂可增加苹果坐果率，秋季施硼还可以提高欧洲李第二年的坐果率。施用钙、磷也能够有效提高坐果率。

（4）环境条件的影响

温度能够影响授粉和受精。花期遇到低温会使花粉和胚囊受伤害，温度不足时，花粉管的生长缓慢，到达胚囊前花粉或胚囊已经失去功能。低温期长则开花慢，消耗养分多，不利于胚囊的发育和受精。低温还影响昆虫的活动，不利于虫媒花的传粉。风也对传粉有影响。散粉时最好有微风，风太小花粉传播不好，风太大则容易使柱头干燥蒙尘，还不利于昆虫的活动，影响授粉。阴雨潮湿使花粉不易散发，雨水还会冲掉柱头上的黏液，影响授粉。过度干旱、大气污染等也影响正常授粉。

三、园林植物果实的生长发育

（一）坐果

经授粉受精后，子房膨大成为果实，称为坐果。其机理是开花后，植物发生授粉受精，受精后的子房的生长素、赤霉素、细胞分裂素的含量增加，调动营养物质向子房运输，子房便开始膨大，这就形成了坐果。另外，花粉管在花柱内伸长也可使形成激素的酶系统活化，受精后的胚乳也能够合成生长素、赤霉素等有利于坐果的激素。不同园林植物坐果所需要的激素不同，坐果和果实增大所需要的激素也不一样，不同植物坐果对外源激素的反应也是有差异的。

有些园林植物子房未受精而能形成果实，但不含种子，这种现象叫单性结实。单性结实又分天然单性结实和刺激性单性结实。无须授粉和任何其他刺激，子房能自然发育成果实的为天然单性结实，如香蕉、蜜柑、菠萝、柿、无花果、葡萄、橙等。刺激性单性结实是指必须给以某种刺激才能产生果实。生产上常根据需要用植物生长调节剂处理，如生长素、赤霉素等。

（二）落花落果

1. 落花落果的原因

任何影响生长素的分泌和平衡的因素都会引起花柄果柄形成离层，导致落花落果。花器官在结构上有缺陷、雌蕊发育不健全、胚珠退化等都会引起落花。土壤水分缺乏、温度过高或过低、光照不足等外界条件也会引起落花。没有授粉或受精，或受精不正常也会落花。生长素主要产生于种胚，在未受精或受精不完全的情况下，种子数量少，种胚产生的生长素量就少，不能满足果实发育的需要，就会落果。另外，如果其他器官产生的生长素与种胚产生的生长素不平衡，也可能会产生离层，进而落果。坐果以后，在生长发育过程中，也有部分幼果会脱落，原因主要包括生理、病虫、营养、气候等多方面。

2. 防止落花落果的方法

（1）改善园林植物营养状况

改善营养状况是减少落花落果的物质基础。可以从以下两个方面入手：一是加强土壤、肥料和水分管理，可以改善植物营养状况，提高芽的质量，促进花器官的发育，有利于受精坐果。特别是因为营养不良而引起的落果，改善水肥条件后可以收到明显的效果；二是加强管理和保护，通过合理修剪等措施，调整生长与结实的关系，保持适当的枝果比，改善通风透光条件，可以有效提高坐果率。

（2）创造良好的授粉条件

前期落花落果的主要原因之一是授粉或受精不良，因此创造良好的授粉条件是减少落花落果、提高坐果率的有效措施。方法上，首先要配置适当的授粉树，在授粉树不足的情况下，可通过高接花枝的方法加以补充。如果授粉树当年开花太少，可在开花期剪取授粉品种的花枝插在瓶中挂在树上，或通过振动花枝辅助散粉。对于虫媒花，还可以人工放蜂辅助传粉。有些植物花期喷水也能提高坐果率，如枣的花粉萌发条件以温度4℃ ~ 26℃、湿度70% ~ 80%为最好，因此，枣树花期喷水对提高坐果率效果良好，能够增产14.5%。

（3）环剥、刻伤技术

本技术主要应用于成年树和旺树、旺枝，可以有效地减少落花落果。应用时还要做到因树制宜，掌握好环剥、刻伤的时期。

（4）生长激素、生长调节剂和微量元素的应用

正确地应用生长激素和微量营养元素等，可以有效地阻止离层的形成，减少落花落果。

（三）果实的类型

果实形态多样，也有很多不同分类方法。

1. 真果和假果

真果是完全由花的子房发育形成的果实，如油菜、葡萄、桃、枣等；假果则是指由子房和其他花器官一起发育形成的果实，如草莓、苹果、梨等。

（1）真果结构

真果的结构比较简单，最外层为果皮，内含种子。果皮由子房壁发育而来，通常可分为外果皮、中果皮和内果皮三层。果实种类不同，果皮的厚度也不一样。外果皮、中果皮和内果皮有的易区分，如核果；有的难以区分，如浆果的中果皮与内果皮混合生长，禾本科植物如小麦、玉米和水稻等，其果皮与种皮结合紧密，难以分离。

①外果皮。外果皮由子房壁的外表皮发育而来，可以由一层细胞或数层细胞构成。外果皮有数层细胞，则在外表皮细胞层下会有一至数层厚角组织细胞，如桃、杏等；也可能是厚壁组织细胞，如菜豆、大豆等。一般外果皮上分布有气孔、角质、蜡被，有的还生有毛、翅、钩等附属物，它们具有保护果实和有助于果实传播的作用。

②中果皮。中果皮由子房壁的中层发育而来，由多层细胞构成。中果皮结构非常多样，有的中果皮为薄壁细胞，富含营养，成为果实中的肉质可食部分（如桃、杏、李等）；有的中果皮的薄壁组织中还含有厚壁组织；还有的在果实成熟时，中果皮变干收缩成膜质、革质，或成为疏松的纤维状，维管组织发达，如柑橘的"橘络"。

③内果皮。内果皮由子房壁的内表皮发育而来，多由一层细胞构成，少数植物由多层细胞构成，如番茄、桃、杏等。桃、杏等果实内果皮的多层细胞通常厚壁化、石细胞化，形成硬核。在柑橘、柚子等果实中的内果皮中，许多细胞成为大而多汁的汁囊，是其主要的可食部分；葡萄等的内果皮细胞在果实成熟过程中，细胞分离成浆状；在禾本

科植物中，因其果实的内果皮和种皮都很薄，在果实的成熟过程中，通常两者愈合，不易分离，形成独特的颖果类型。

胎座：胎座是心皮边缘愈合形成的结构，是胚珠孕育的场所。多数植物果实中的胎座在果实的成熟过程中逐步干燥、萎缩；也有的胎座更加发达，参与形成果肉的一部分，如番茄、猕猴桃等植物的果实；有些植物的胎座包裹着发育中的种子，除提供种子发育所需的营养外，还进一步发育形成厚实、肉质化的假种皮，如荔枝、龙眼等植物。

（2）假果结构

假果的结构比较复杂，除了子房外还有其他部分参与果实的形成。如梨、苹果的食用部分主要由花萼筒肉质化而成，果实中部的肉质部分才是来自子房壁的部分，且所占比例很少，口感较差，但外、中、内三层果皮仍容易区分。草莓果实的肉质化部分，是花托发育而来的结构；无花果、菠萝等植物的果实中，果实中的肉质化的部分主要是由花序轴、花托发育而成的。

2.单果、聚合果与复果

单果是指由一朵单雌蕊花发育形成的果实，如观赏茄子、苹果、荔枝、桃、枣等。聚合果是指一朵花由多个离生雌蕊共同发育形成，或多个离生雌蕊和花托一起发育形成的果实，如玉兰、芍药、莲等。复果也称为聚花果，是由一个花序的许多花及其他花器一起发育形成的果实，如菠萝、无花果等。

3.肉果和干果

肉质果成熟时果肉肥厚多汁，果皮亦肉质化。干果成熟时果皮干燥，种子外面多有坚硬的外壳。

（1）肉果

如果果实成熟后，果皮肉质不干燥，这样的果实称为肉果。

核果：外果皮薄，中果皮呈肉质，内果皮坚硬木化成果核，多由单心皮雌蕊形成，如桃、李、杏、梅等的果实；也有的由2~3枚心皮发育而成，如枣、橄榄等的果实。

①浆果。由一到多数心皮的雌蕊发育而成。外果皮薄，中、内果皮多汁，有的难分离，皆肉质化，如葡萄、番茄、柿等的果实。番茄这种浆果的胎座发达，肉质化，也是食用的部分。

②柑果。外果皮革质，有许多挥发油囊；中果皮疏松髓质，有的与外果皮结合不易分离；内果皮呈囊瓣状，其壁上长有许多肉质的汁囊，是食用部分。如柑橘、柚等的果实，为芸香料植物所特有。

③梨果。由下位子房的复雌蕊和花萼筒发育而成。肉质食用的大部分"果"肉是花萼筒形成的，只有中央的很少部分为子房形成的果皮。果皮薄，外果皮、中果皮不易区分，内果皮由木化的厚壁细胞组成。如梨、苹果、枇杷、山楂等的果实，为蔷薇科梨亚科植物所特有。

④瓠果。由下位子房的复雌蕊和花托共同发育而成，果实外层（花托和外果皮）坚硬，中果皮和内果皮肉质化，胎座也肉质化，如南瓜、冬瓜等瓜类的果实。西瓜的胎座特别发达，是食用的主要部分。瓠果为葫芦科植物所特有。

（2）干果

如果果实成熟后，果皮干燥，这样的果实称为干果。成熟后果皮开裂，又称裂果；成熟后果皮不开裂，称闭果。

常见的裂果包括以下几种。

①荚果。由单心皮雌蕊发育而成，边缘胎座。成熟时沿背缝线和腹缝线同时开裂，如大豆、豌豆、蚕豆等的果实；但也有不开裂的，如落花生等的果实；有的荚果皮在种子间收缩并分节断裂，如含羞草、山蚂蝗等的果实。荚果为豆目植物所特有。

②蓇葖果。由单心皮雌蕊发育而成。果实成熟后常在腹缝线一侧开裂（有的在背缝线开裂），如飞燕草的果实。

③角果。由2心皮的复雌蕊发育而成，侧膜胎座，子房常因假隔膜分成2室，果实成熟后多沿两条腹缝线自下而上地开裂。角果有的细长，称长角果，如油菜、甘蓝、桂竹香等的果实；有的角果呈三角形、圆球形，称短角果，如芥菜、独行菜等的果实。但长角果有不开裂的，如萝卜的果实。角果为十字花科植物所特有。

④蒴果。由2个以上心皮的复雌蕊发育而成，有数种胎座，果实成熟后有不同开裂方式：室背开裂，沿心皮的背缝线开裂，如棉、三色堇、胡麻（芝麻）、鸢尾等的果实；室间开裂，沿心皮（或子房室）间的隔膜开裂，但子房室的隔膜仍与中轴连接，如牵牛等的果实；孔裂，果实成熟，在每一心皮上方裂成一个小孔，种子由小孔中因风吹摇动而散出，如虞美人、金鱼草的果实；盖裂，果实成熟后，沿果实的中部或中上部做横裂，成一盖状脱落，如马齿苋、车前等的果实。

常见的闭果包括以下几种。

①瘦果。由1~3心皮组成，内含1粒种子，果皮与种皮分离，如向日葵、荞麦等果实。

②颖果。似瘦果，由2~3心皮组成，含1粒种子，但果皮和种皮合生，不能分离，如稻、小麦、玉米等的果实。颖果为禾本科植物所特有。

③坚果。由2~3心皮组成，只有1粒种子，果皮坚硬，常木化，如麻栎等的果实。

④翅果。由2心皮组成，瘦果状，果皮坚硬，常向外延伸成翅，有利于果实的传播，如枫杨、榆、槭树等的果实。

⑤分果。由复雌蕊发育而成，果实成熟时按心皮数分离成2到多数各含1粒种子的分果瓣，如锦葵、蜀葵等的果实。双悬果是分果的一种类型，由2心皮的下位子房发育而成，果熟时，分离成小坚果，分悬于中央的细柄上，如胡萝卜、芹菜等的果实。双悬果为伞形科植物所特有。小坚果是分果的另一种类型，由2心皮的雌蕊组成，在果实形

成之前或形成中，子房分离或深凹陷成 4 个各含一粒种子的小坚果，如薄荷、一串红等唇形科植物；附地草、斑种草等紫草科植物和马鞭草科等的部分果实也属这一种。

（四）果实的生长发育

1. 果实生长所需的时间

果实的外部形态显示出本物种固有的成熟特征时，称为形态成熟期。果实成熟期和种子成熟期有的一致，有的不一致。有些果实成熟了，而种子没有成熟，需要经过一段后熟期，也有个别植物种类种子的成熟早于果实成熟。不同植物或不同品种间的果熟期差异很大，榆、柳等很短，桑、杏等次之，松属的园林树木第一年春季传粉，第二年春季才受精，种子发育成熟需要两个生长季。同一种植物中一般早熟品种发育期短，晚熟品种发育期长。果实如果受到虫咬、碰撞等外伤，其成熟期会缩短。自然条件也会影响果实成熟期，高温干燥条件下果熟期短，低温高湿条件下则果熟期长。在山地环境下，排水好的地方果熟早些。

2. 果实生长过程

不同园林植物从开花到果实成熟，所需要的时间是不一样的。如蜡梅约需要 6 周时间，香榧则需要 74 周，大多数园林树木需要 15 周左右。不同类型的果实，生长速度和成熟时的大小也有很大差异，有的生长缓慢，有的生长快速。

果实的生长发育可以分为细胞分裂及细胞膨大两个阶段。开花期间细胞分裂很少，坐果以后，幼果具有很强的分生能力，且碳水化合物向果实运输的速度逐渐加快，分裂活动旺盛。大多数园林植物细胞分裂期比较短暂，一般在子房发育初期就已基本停止了。如悬钩子等植物，除了胚和胚乳外，果实其他部位的分裂在传粉后就结束了；苹果、柑橘等在传粉后也只维持短暂的分裂；少数植物如鳄梨等在传粉后能够维持较长时间的细胞分裂。对于绝大多数园林植物来讲，果实总体积增大的主要原因是细胞体积的增大，和非细胞数量的增多。葡萄果实细胞数目的增加使葡萄体积增大 2 倍，而细胞体积的增大使葡萄体积增大 300 倍。

果实生长主要有两种模式，即单"S"形生长曲线和双"S"形生长曲线。苹果、石榴、柑橘、枇杷、梨、核桃、菠萝、无籽葡萄、草莓、香蕉、板栗、番茄等的果实的生长模式属于单"S"形。这一类型的果实在开始生长时速度较慢，以后逐渐加快，直至急速生长，达到高峰后又渐变慢，最后停止生长。这种慢—快—慢生长节奏的表现是与果实中细胞分裂、膨大以及成熟的节奏相一致。属于双"S"形生长模式的果实有桃、李、杏、梅、樱桃、有籽葡萄、柿、山楂和无花果等。这一类型的果实在生长中期出现一个缓慢生长期，表现出慢—快—慢—快—慢的生长节奏。这个缓慢生长期是果肉暂时停止生长，而内果皮木质化、果核变硬和胚迅速发育的时期。果实第二次迅速增长的时期，主要是中果皮细胞的膨大和营养物质的大量积累的时期。

果实在生长过程中，随着果实的膨大，有机物会不断积累。这些有机物大部分来自营养器官，也有一部分由果实本身所制造。当果实长到一定大小时，果肉中贮存的有机物质会发生系列的生理生化变化，从而果实进入成熟阶段。

3. 果实的成熟

成熟是果实生长后期充分发育的过程，成熟的果实会发生系列变化。

（1）甜度增加

果实中的淀粉等贮藏物质水解产生如蔗糖、葡萄糖和果糖等甜味物质。各种果实的糖转化速度和程度不尽相同，香蕉的淀粉水解很快，几乎是突发性的，香蕉由青变黄成熟时，淀粉从占鲜重的 20% ~ 30% 下降到 1% 以下，而同时可溶性糖的含量则从 1% 上升到 15% ~ 20%；柑橘中的糖转化则很慢，有时要几个月；苹果的糖转化速度介于两者之间。葡萄果实中糖分积累可达到鲜重的 25% 或干重的 80% 左右，但如在成熟前就采摘下来，则果实不能变甜。

甜度与糖的种类有关，如以蔗糖甜度为 1，则果糖甜度为 1.03 ~ 1.50，葡萄糖甜度为 0.49，其中以果糖最甜，但葡萄糖口感较好。不同果实中所含可溶性糖的种类不同，如苹果、梨含果糖多，桃含蔗糖多，葡萄含葡萄糖和果糖多，而不含蔗糖。通常，成熟期日照充足、昼夜温差大、降雨量少，果实中含糖量高，这也是新疆吐鲁番的哈密瓜和葡萄特别甜的原因。氮素过多时，果实含糖量会减少。通过疏花疏果，减少果实数量，常可增加果实的含糖量。给果实套袋，可显著改善综合品质，但在一定程度上会降低成熟果实中还原糖的含量。

（2）酸味降低

果实的酸味出于有机酸的积累，一般苹果含酸 0.2% ~ 0.6%，杏含酸 1% ~ 2%，柠檬含酸 7%，这些有机酸主要贮存在液泡中。柑橘、菠萝含柠檬酸多，苹果、梨和桃、李、杏、梅等含苹果酸多，葡萄中含有大量酒石酸，番茄中含柠檬酸、苹果酸较多。生果中含酸量高，随着果实的成熟，含酸量下降。糖酸比是决定果实品质的一个重要因素。糖酸比越高，果实越甜。但一定的酸味往往体现了一种果实的特色。

（3）果实软化

果实软化是成熟的一个重要特征。引起果实软化的主要原因是细胞壁物质的降解。果实成熟期间多种与细胞壁有关的水解酶活性上升，细胞壁结构成分及聚合物分子大小发生显著变化，如纤维素长链变短，半纤维素聚合分子变小，其中变化最显著的是果胶物质的降解。水蜜桃是典型的溶质桃，成熟时柔软多汁，而黄甘桃是不溶质桃，肉质致密而有韧性。乙烯能够促进细胞壁水解软化，用乙烯处理果实，可促进成熟，降低硬度。

（4）挥发性物质的产生

成熟果实散发出其特有的香气，这是由于果实内部存在着微量的挥发性物质。它们的化学成分相当复杂，有 200 多种，主要是酯、醇、酸、醛和萜烯类等一些低分子化合物。成熟度与挥发性物质的产生有关，未熟果中没有或很少有这些香气挥发物，所以收获过早，香味就差。低温影响挥发性物质的形成，如香蕉采收后长期放在10%的气温下，就会显著抑制挥发性物质的产生。乙烯可促进果实正常成熟的代谢过程，因而也促进香味的产生。

（5）涩味消失

有些果实未成熟时有涩味，如柿子、香蕉、李子等。这是由于细胞液中含有单宁等物质。单宁是一种不溶性酚类物质，可以保护果实免于脱水及病虫侵染。通常，随着果实的成熟，单宁可被过氧化物酶氧化成无涩味的过氧化物，或凝结成不溶性的单宁盐，还有一部分可以水解转化成葡萄糖，因而涩味消失。

（6）色泽变化

随着果实的成熟，多数果色由绿色渐变为黄、橙、红、紫或褐色。这常作为果实成熟度的直观标准。与果实色泽有关的色素有叶绿素、类胡萝卜素、花色素和类黄酮素等。叶绿素一般存在于果皮中，有些果实如苹果果肉中也有。在香蕉和梨等果实中，叶绿素的消失与叶绿体的解体相联系，而在番茄和柑橘等果实中则主要是由于叶绿体转变成有色体。类胡萝卜素一般存在于叶绿体中，褪绿时便显现出来。番茄中以番红素和 β 胡萝卜素为主，香蕉成熟过程中果皮所含有的叶绿素几乎全部消失，但叶黄素和胡萝卜素则维持不变。桃、番茄、红辣椒、柑橘等则经叶绿体转变为有色体而合成新的类胡萝卜素。花色素能溶于水，一般存在于液泡中，到成熟期大量积累，也会造成果色的改变。

第五节　园林植物的生态习性

环境是指园林植物生活的空间，而构成园林生活环境的因子称为环境因子。生态因子则是指环境中对生物的生长发育、生殖和分布等有着直接或间接影响的环境要素，如温度、食物、空气和其他生物等。园林植物和环境是相互作用的统一体，在研究它们与环境的关系时，既要研究植物本身的特性，也要研究它们生活的环境以及植物与环境之间的相互作用。

根据因子的类别通常将其划分为五类，即气候因子、土壤因子、地形地势因子、生物因子和人为因子。气候因子是指光能、温度、空气、水分、雷电等。土壤因子是指土壤的物理、化学等性能以及土壤生物和微生物等。地形地势因子是指地面的起伏、山岳、高原、平原、洼地、坡向、坡度等。生物因子则包括动物、植物、微生物的影响等。人为因子是指人类在植物的利用、改造、发展过程中的作用，以及对环境污染的危害作用等。

在研究园林植物与生态环境的过程中，以下五个观念必须明确。

①综合作用

所谓环境的生态作用，通常是指环境因子的综合作用。许多生态因子综合起来形成一个综合体，对园林植物起着综合的生态作用。各个因子之间并不是孤立的，而是互相联系、互相制约、互相影响的，其中任何一个因子的变化，必将引起其他因子不同程度的变化。例如光照的变化，不仅光照因子发生变化，也可以直接影响温度因子和水分因子。

②主导因子

虽然环境因子以一个综合体的形式影响园林植物的生态习性，但在一定环境的特定条件或特定阶段中，必有一两个因子是起主导作用的，这种起主要作用的因子就是主导因子。对于因子本身来说，主导因子对环境起主要作用，它的稳定与否，能够决定整个生态关系的稳定与否。对于植物而言，主导因子能够决定植物的生长发育情况能否发生明显的变化。例如低温就是处于春化阶段园林植物的主导因子，而日照长度则是光周期现象中的主导因子等。

③不可替代性和可调剂性

在植物的生长发育过程中，生态因子对植物的作用虽不是等价的，但都是不可缺少的。缺少任一种，都能引起植物的生长阻碍，甚至死亡。任何一个因子，都不能由另一个因子来代替，这就是植物生态因子的不可替代性。但在一定情况下，某一因子在量上的不足，可以由其他因子的加强而得到调剂，并获得相似的生态效应，但这种调剂是有限度的。例如，增加 CO_2 浓度，可以部分补偿由于光照减弱所引起的光合强度的降低。

④生态因子作用的阶段性

植物的一生中，植物对生态因子的需要并不是固定不变的，而是随着生长发育的推移而变化，分阶段的。例如，某些作物春化阶段中，低温是必需的条件，但在以后的生长时期，低温对植物则不是必须，甚至是有害的。光照的长短在植物的光周期阶段起关键作用，而在春化阶段却并非如此。

⑤生态幅

各种植物对生存条件及生态因子变化强度有一定的适应范围，超过这个限度就会引起生长不适或死亡，这个限度就被称为"生态幅"。不同植物的生态幅具有很大的不同，即使是同一植物的不同生育阶段，其生态幅也经常会有较大差异。

一、气候因子

（一）温度因子

温度能够直接影响园林植物的生理活动和生化反应，所以温度因子的变化对园林植物的生长发育以及分布都具有极其重要的作用。

1.园林植物的温周期

温度并不是一成不变的，而是呈周期性的变化，这就是温周期，其包括季节的变化及昼夜的变化。

不同地区的四季长短、温度变化是不同的，其差异的大小受地形、地势、纬度、海拔、降水量等因子的综合影响。该地区的植物由于长期适应这种季节性的变化，形成了一定的生长发育节奏，即物候期。在园林植物配置及栽培和养护中，都应该对当地气候变化特点及植物物候期有充分的了解，才能进行合理的栽培管理。

一天中白昼温度较高，光合作用旺盛，同化物积累较多；夜间温度较低，可以减少呼吸消耗。这种昼高夜低的温度变化对植物生长有利，但不同植物适宜的昼夜温差范围不同。通常热带植物适宜的昼夜温差为3℃～6℃，温带植物为5℃～7℃，而沙漠植物的昼夜温差则在10℃以上。

2. 高温及低温障碍

当园林植物所处的环境温度超过其正常生长发育所需温度的上限时，引起蒸腾作用加强，水分平衡失调，破坏新陈代谢作用，造成伤害直至死亡。另外，高温也会妨碍花粉的萌发与花粉管的伸长，并会导致落花落果。

低温主要指寒潮南下引起突然降温而使植物受到伤害，主要包括以下几种。

（1）寒害

寒害指气温在0℃以上而使植物受害的情况，主要发生在一些热带喜温植物上。如轻木在5℃时就会严重受害，椰子在气温降至0℃以前，就会发生叶色变黄、落叶等受害症状。

（2）霜害

霜害指气温降至0℃时，空气中的水汽会在植物表面凝结形成霜，此时植物的受害情况。霜害的时间如果较短，且气温缓慢回升，大部分植物可以恢复。如果霜害时间较长，或气温回升迅速，则容易导致植物叶片永久损伤。

（3）冻害

冻害指气温降至0℃以下时，引起植物受害的情况。由于气温降至以下，植物体温亦降至0℃以下，细胞间隙出现结冰，导致细胞膜、细胞壁出现破裂，引起植物受害或死亡。

园林植物抵抗突然低温的能力，因植物种类、植物的生育期、生长状况等的不同而有所不同。例如柠檬在﹣3℃时会受害，金柑在﹣11℃时受害，而生长在寒温带的针叶树可耐﹣20℃的低温。同一植物的不同生长发育时期，抵抗突然低温的能力也有很大不同，休眠期最强，营养生长期次之，以生殖生长时期最弱。同一植物的不同器官或组织的抵抗能力也是不同的，一般来说，胚珠、心皮等能力较弱，果实和叶片较强，以茎干的抗低温性最强，其中，根颈部是最耐低温的地方。

另外，在寒冷地区，低温障碍还有冻拔和冻裂两种情况。冻拔主要发生在草本植物中，尤其小苗会更严重。当土壤含水量过高时，土壤结冻会产生膨胀隆起，并将植物一并抬起；当解冻时土壤回落而植物留在原位，造成根系裸露，导致死亡。冻裂则是指树干的阳面受到阳光直射，温度升高，树干内部温度与表面温度相差很大，造成树体出现裂缝。树液活动后，出现伤流并产生感染，进而受害甚至死亡。毛白杨、青杨等植物较易受冻裂害。

3. 温度与植物分布

在园林建设中，由于绿化的需要，经常要在不同地区间进行引种，但引种并不是随意的。如果把凤凰木、鸡蛋花、木棉等热带、亚热带植物种到北方去，则会发生冻害，或冻死。而把碧桃、苹果等典型的北方植物引种到热带地区，则会生长不良，不能正常开花结实，甚至死亡。其主要原因是温度因子影响了植物的生长发育，从而限制了这些植物的分布范围。故而园林建设工作者必须要了解各地区的植物种类，各植物的适生范围及生长发育情况，才能做好园林的设计和建设工作。

受植物本身遗传特性的影响，不同植物对温度变化的幅度适应能力有很大差异。有的植物适应能力很强，能够在广阔的地域范围内分布，这类植物被称为"广温植物"。一些适应能力小，只能生活在较狭小的温度变化范围内的种类则被称为"狭温植物"。

从温度因子来讲，一般是通过查看当地的年平均温度来判断一种植物能否在一地区生长。但这种做法只能作为一个粗略的参考数字，比较可靠的办法是查看当地无霜期的长短、生长期日平均温度高低、当地变温出现时期及幅度大小、当地积温量、最热月和最冷月的月平均温度值、极端温度值及持续期等。这些相关温度极值对植物的自然分布都有着极大的影响。

（二）水分因子

水是园林植物进行光合作用的原料，也是养分进入植物的外部介质，同时也对植株体内物质代谢和运输起着重要的调配作用。园林植物吸收的水分大部分用于蒸腾作用，通过蒸腾拉力促进水分的吸收和运输，并有效调节体温，排出有害物质。

1. 园林植物的需水特性

（1）旱生植物

旱生植物是指能够长期忍受干旱并正常生长发育的植物类型，多见于雨量稀少的荒漠地区或干旱草原。根据其适应环境的生理和形态特性的不同，又可以分为两种情况。

①少浆或硬叶旱生植物。一般具有以下不同旱生形态结构。叶片面积小或退化变成刺毛状、针状或鳞片状，如柽柳等；表皮具有加厚角质层、蜡质层或绒毛，如驼绒藜等；叶片气孔下陷，气孔少，气孔内着生表皮毛，以减少水分的散失；体内水分缺失时叶片可卷曲、折叠；具有发达的根系，可以从较深的土层或较广的范围内吸收水分；具有极高的细胞渗透压，其叶失水后可以不萎凋变形，一般可以达到 20 ~ 40 个大气压，高的甚至可达 80 ~ 100 个大气压。

②多浆或肉质植物。这类植物的叶或茎具有发达的储水组织，并且茎叶一般具有厚的角质层、气孔下陷、数目不多等特性，能够减少水分蒸发，适应干旱的环境。依据储水组织所在部位，这类植物可以分为肉茎植物和肉叶植物两大类。肉茎植物具有粗壮多肉的茎，其叶则退化为叶刺以减少蒸发，如仙人掌科的大多数植物；肉叶植物则叶部肉质明显而茎部肉质化不明显，叶部可以储存大量水分，如景天科、百合科等的一些植物。其形态和生理特点主要有以下几个方面：茎或叶具有发达的储水组织；茎或叶的表皮有厚角质层，表皮下有厚壁组织层，能够有效减少水分的蒸发；气孔下陷或气孔数量较少；根系不发达，为浅根系植物；细胞液的渗透压低，一般为 5 ~ 7 个大气压。

（2）中生植物

大多数植物属于中生植物，此类植物不能忍受过干或过湿的水分条件。由于种类极多，其对水分的忍耐程度也具有很大差异。中生植物一般具有较为发达的根系和输导组织，叶片表面有一层角质层以保持水分。一些种类的生态习性偏于旱生植物，如油松、侧柏、酸枣等。另一些则偏向湿生植物的特征，如桑树、旱柳等。

（3）湿生植物

该类植物耐旱性弱，需要较高的空气湿度和土壤含水量，才能正常生长发育。根据其对光线的需求情况又可分为喜光湿生植物和耐阴湿生植物两种。

喜光湿生植物为生长在阳光充足、土壤水分充足地区的湿生植物，例如生长在沼泽、河边湖岸等地的鸢尾、落羽杉、水松等。其根部有通气组织且分布较浅，没有根毛，木本植物通常会有板状根或膝状根。

耐阴湿生植物主要生长在光线不足、空气湿度较高的湿润环境中。这类植物的叶面积一般较大，组织柔嫩，机械组织不发达；栅栏组织不发达而海绵组织发达；根系分布较浅，较不发达，吸水能力较弱，如一些热带兰类、蕨类和凤梨科植物等。

（4）水生植物

生长在水中的植物叫水生植物，根据其生长形式又可以分为挺水植物、浮水植物和沉水植物三类。

挺水植物的根、部分茎生长在水里的底泥或底沙中，部分茎、叶则是挺出水面。大多分布在 0 ~ 1.5m 的浅水中，有的种类生长在水边岸上。其生长于水中的根、茎等会具有通气组织等水生植物的特征，生长于水上的则具有陆生植物的特征，如芦苇、水芹、荷花、香蒲等都属于此类。

浮水植物的叶片、花等漂浮于水面生长，其中萍蓬草、睡莲等植物的根生于水下泥中，叶和花漂浮于水面，属于半浮水型。而凤眼莲、满江红、浮萍、槐叶萍、菱、大藻等的整个植物体都漂浮于水面生长，属于全浮水植物。

沉水植物是指植物体完全沉没于水中的植物，根系不发达或退化，通气组织发达，叶片多为带状或丝状，如苦草、狐尾藻、金鱼藻、黑藻等均属于此类。

2. 其他形态水分对园林的影响

（1）雪

降雪会增加土壤水分含量，同时较厚的雪层还能够防止土温过低，避免冻层过深，从而有利于植物越冬。但如果雪量过大，积雪压在植物顶部，也会引起植物茎干折断等伤害。

（2）冰雹

我国冰雹大多出现在 4 ~ 10 月，其较大的冲击力和降温往往会对园林植物造成不同程度的损害。

（3）雨凇和雾凇

会在植物枝条上形成冻壳，严重时，厚的冻壳会造成树枝的折断而受害。

（4）雾

能够影响光照，同时也会增加空气湿度，一般来讲对园林植物的生长是有利的。

3. 园林植物不同生育期对水分要求的变化

园林植物不同生育期对水分需要量也不同。

种子萌发时，需要充足的水分，以利种皮软化，胚根伸出；幼苗期根系在土壤中分布较浅，且较弱小，吸收能力差，抗旱力较弱，故而必须保持土壤湿润。但水分过多，幼苗地上长势过旺，易形成徒长苗。生产中园林植物育苗常适当蹲苗，以控制土壤水分，促进根系下扎，增强幼苗抗逆能力。大多数园林植物旺盛生长期均需要充足的水分。如果水分不足，容易出现萎蔫现象。但如果水分过多，也会造成根系代谢受阻，吸水能力降低，导致叶片发黄，植株也会形成类似干旱的症状。园林植物开花结果期，通常要求较低的空气湿度和较高的土壤含水量。一方面较低的空气温度可以适应开花与传粉，另一方面充足的水分又有利于果实的生长和发育。

（三）光照因子

光照是园林植物生长发育的重要环境条件。光照强度、光质和日照时间长短都会影响植物光合作用，从而制约着植物的生长发育、产量和品质。

1. 光照强度

光照强度随着地理位置、地势高低、云量等的不同而有变化。一年之中以夏季光照最强，冬季光照最弱；一天之中以中午光照最强。不同园林植物对光照强度的要求是不一样的，据此可将园林植物分为以下几类。

（1）喜光植物

喜光植物又称阳生植物，这类园林植物需要在较强的光照下才能生长良好，不能忍受荫蔽环境。如桃、李、杏、枣等绝大多数落叶树木，多数露地一、二年生花卉及宿根花卉，仙人掌科、景天科和番杏科等多浆植物等。喜光植物一般具有如下形态特征：细胞体积较小、细胞壁较厚、细胞液浓度高、木质化程度高，机械组织发达；叶表面有厚的角质层，栅栏组织发达，常有 2 ~ 3 层；气孔数目较多，叶含水量较低等。

（2）耐阴植物

耐阴植物又称阴生植物，这类植物不能忍受强烈的直射光线，在适度荫蔽下才能生长良好，主要为草本植物，如蕨类植物、兰科、凤梨科、姜科、天南星科植物等均为耐荫植物。一般具有如下形态特征：细胞体积较大、细胞液浓度低；机械组织不发达、维管束数目较少，木质化程度低；叶表面无角质层，栅栏组织不发达而海绵组织发达；气孔数目较少，叶含水量较高等。

（3）中性植物

中性植物又称中生植物，这类植物对光照强度的要求介于上述两者之间，通常喜欢在充足的阳光下生长，但有不同程度的耐阴能力。由于耐阴能力的不同，中性植物中又有偏喜光和偏阴性的种类之分。如榆、枫杨、樱等属于偏喜光的植物，而常春藤、八仙花、桃叶珊瑚、红豆杉等则属于偏阴性的植物。

2. 光质

光质是指具有不同波长的太阳光谱成分。其中波长为 380 ~ 770nm 的光是可见光，即人眼能见到的范围，也是对植物最重要的光质部分，但波长小于 380nm 的紫外线部分和波长大于 770nm 的红外线部分对植物也有作用。植物在全光范围内生长良好，但其中不同波长段的光对植物的作用是不同的。植物同化作用吸收最多的是红光，有利于植物叶绿素的形成、促进二氧化碳的分解和碳水化合物的合成。其次为蓝紫光，其同化效率仅为红光的 14%，能够促进蛋白质和有机酸的合成。红光能够加速长日植物的发育，而蓝紫光则加速短日植物发育。蓝紫光和紫外线还能抑制植物茎节间伸长，促进多发侧枝和芽的分化，有助于花色素和维生素的合成。

3. 日照时间长短

按照园林植物对日照长短的反应的不同，分为以下几类。

（1）长日照植物

只有当日照长度超过其临界日长时数才能形成花芽，否则不能形成花芽，只停留在营养生长阶段或延迟开花的植物，如羽衣甘蓝等。

（2）短日照植物

只有当日照长度短于其临界日长时才能形成花芽、开花的植物。在长日照下则只进行营养生长而不能开花，如菊花、一串红、绣球花等。它们大多在秋季短日照下开花结实。

（3）中日照植物

只有在昼夜时数基本相等时才能开花的植物。

（4）中间性植物

对每天日照时数要求不严，在长短不同的日照环境中均能正常孕蕾开花，如矮牵牛、香石竹、大丽花等。

　　植物对日照长度的不同反应，是植物在长期的发育中对生境适应的结果。长日照植物多起源于高纬度地区，而短日照植物则多起源于低纬度地区。同时，日照长度也会对植物的营养生长产生影响。在植物的临界长度范围内，延长光照时数，会促进植物的营养生长或延长其生长期。而缩短光照时数，则能够促进植物休眠或缩短生长期。在园林植物的南种北引过程中，就可以通过缩短光照时数的方式让植物提早进入休眠而提高其抗寒性。

（四）空气因子

1. 主要影响成分

（1）二氧化碳

　　二氧化碳是园林植物进行光合作用的原料，当空气中的二氧化碳浓度增加到一定程度后，植物的光合速率不会再随着二氧化碳浓度的增加而提高，此时的二氧化碳浓度称为二氧化碳饱和点。空气中二氧化碳的浓度一般在 300～330mg/L，生理实验表明，这个浓度远远低于大多数植物的二氧化碳饱和点，仍然是植物光合作用的限制因子。因此，对于温室植物，施用气体肥料，增加二氧化碳浓度，能够显著提高植物的光合效率，还有提高某些雌雄异花植物雌花分化率的作用。

（2）氧气

　　氧气是园林植物进行呼吸作用不可缺少的，但空气中氧气含量基本不变，对植物地上部分的生长不构成限制。能够起到限制作用的主要是植物根部的呼吸，及水生植物尤其是沉水植物呼吸作用，其主要依靠土壤和水中的氧气。栽培中经常进行中耕以避免土壤的板结，以及多施用有机肥来改善土壤物理性质，加强土壤通气性等措施，以保证土壤氧气量。

（3）氮气

　　虽然空气中的氮含量高达 78%，但高等植物却不能直接利用它，只有一些固氮微生物和蓝绿藻可以吸收和固定空气中的氮。而一些园林植物与根瘤菌共生从而有了固氮能力，如每公顷紫花苜蓿一年可固氮 200kg 以上。

2. 常见空气污染物质

（1）二氧化硫

　　二氧化硫是大气的主要污染物之一，燃煤燃油的过程均可能产生二氧化硫。二氧化硫气体进入植物叶片后遇水形成亚硫酸，并逐渐氧化形成硫酸。当达到一定量后，叶片会失绿，严重的会焦枯死亡。植物对二氧化硫的抗性不同，抗性强的园林植物包括银杏、榆树、枸骨、月季、石榴、合欢、臭椿、楝、夹竹桃、苏铁、广玉兰、小叶女贞等；抗性中等的包括小叶杨、旱柳、山桃、侧柏、复叶槭、元宝枫、悬铃木、大叶黄杨、八角金盘等；抗性弱的包括红松、油松、紫薇、雪松、湿地松、荔枝、阳桃等。并且同一植物在不同地区有时也表现出不同的抗二氧化硫能力。

（2）光化学烟雾

汽车、工厂等污染源排入大气的碳氢化合物和氮氧化物等一次污染物在紫外线作用下发生光化学反应生成二次污染物，主要有臭氧、三氧化硫、乙醛等。参与光化学反应过程的一次污染物和二次污染物的混合物所形成的烟雾污染现象，称为光化学烟雾。因此，光化学烟雾成分比较复杂，但以臭氧的量最大，占比达到90%。以臭氧主要毒质进行的抗性实验中，抗性强的园林植物包括银杏、柳杉、日本女贞、夹竹桃、海桐、樟、悬铃木、冬青等；抗性一般的包括赤松、东京樱花、锦绣杜鹃等；抗性弱的包括大花栀子、胡枝子、木兰、牡丹、白杨、垂柳等。

（3）氯及氯化氢

塑料工业生产排放的气体中，会形成氯及氯化氢污染物。对氯及氯化氢抗性强的园林植物包括构树、榆、接骨木、紫荆、槐、紫藤、紫穗槐等；抗性中等的园林植物包括皂荚、桑、臭椿、侧柏、丝棉木、文冠果等；抗性弱的包括香椿、红瑞木、黄栌、金银木、刺槐、连翘、油松、榆叶梅、胡枝子、水杉等。

（4）氟化物

氟化物对植物的毒性很强，某些植物在含氟 1×10^{-12} 的空气中暴露数周即可受害，短时间暴露在高氟空气中可引起急性伤害。氟能够直接侵蚀植物体敏感组织，造成酸损伤；一部分氟还能够参与机体某些酶反应，影响或抑制酶的活力，造成机体代谢紊乱，影响糖代谢和蛋白质合成，并阻碍植物的光合作用和呼吸功能。植物受氟害的典型症状是叶尖和叶缘坏死，并向全叶和茎部发展。幼嫩叶片最易受氟化物危害。另外，氟化物还会对花粉管伸长有抑制作用，影响植物生长发育。空气中的氟化氢浓度如果达到0.005mg/L，就能在 7 ~ 10 天内使葡萄、樱桃等植物受害。根据北京地区的调查，对氟化物抗性强的园林植物包括槐、臭椿、泡桐、白皮松、侧柏、丁香、山楂、连翘、女贞、大叶黄杨、地锦等；抗性中等的包括刺槐、桑、接骨木、火炬树、杜仲、紫藤等；抗性弱的包括榆叶梅、山桃、葡萄、白蜡、油松等。

3. 风对园林植物的影响

空气的流动形成风，低速的风对园林植物是有利的，而高速的风则会对园林植物产生危害。

风对园林植物有利的方面主要是有助于风媒花的传粉，也有利于部分园林植物果实和种子的传播。

风对园林植物不利的方面包括对植物生理和机械的损伤。风会促进植物的蒸腾作用，加速水分的散失，尤其是生长季的干旱风。风速较大的台风、飓风会折断树木枝干，甚至整株拔起。抗风力强的植物包括马尾松、黑松、榉树、胡桃、樱桃、枣树、葡萄、朴、栗、樟等；抗风力中等的包括侧柏、龙柏、杉木、柳杉、楝、枫杨、银杏、重阳木、柿、桃、杏、合欢、紫薇等；抗风力弱的包括雪松、木棉、悬铃木、梧桐、钻天杨、泡桐、刺槐、枇杷等。

二、土壤因子

（一）依土壤酸碱度分类的植物类型

土壤酸碱性受成土母岩、气候、土壤成分、地形地势、地下水、植被等多种因素影响。如果成土母岩为花岗岩则土壤是酸性土，母岩为石灰岩则土壤为碱性土；气候干燥炎热则中碱性土壤多，气候潮湿多雨则酸性土壤多；地下水富含石灰质则土壤多为碱性土。同一地区不同深度、不同季节的土壤酸碱度也会有所差异，长期施用某些肥料也能够改变土壤的酸碱度。

依照植物对土壤酸碱度要求的不同，植物可以分为以下三类。

1. 酸性土植物

在 pH 值小于 6.5 的酸性土壤中生长最好的植物称为酸性土植物。如杜鹃花、马尾松、油桐、山茶、栀子花、红松等。

2. 中性土植物

在 pH 值为 6.5 ~ 7.5 的中性土壤中生长最好的植物称为中性土植物。园林植物中的大多数均属于此类。

3. 碱性土植物

在 pH 值大于 7.5 的碱性土壤中生长最好的植物称为碱性土植物。如柽柳、紫穗槐、杠柳、沙枣、沙棘等。

（二）依土壤含盐量分类的植物类型

在我国沿海地区和西北内陆干旱地区的内陆湖附近，都有相当面积的盐碱化土壤。氯化钠、硫酸钠含量较多的土壤，称为盐土，其酸碱性为中性；碳酸钠、碳酸氢钠含量较多的土壤，称为碱土，其酸碱性呈碱性。实际上，土壤往往同时含有上述几种盐，故称为盐碱土。根据植物在盐碱土中的生长情况，将植物分为四种类型。

1. 喜盐植物

普通植物在土壤含盐量达到 0.6% 时即生长不良，喜盐植物却能够在氯化钠含量达到 1%，甚至超过 6% 的土壤中生长。它们可以吸收大量可溶性盐积聚体内，细胞的渗透压高达 40 ~ 100 个大气压。它们对土壤的高含盐量不仅能够耐受了，而且已经变成了一种需要。如旱生的喜盐植物乌苏里碱蓬、黑果枸杞、梭梭，湿生的喜盐植物盐蓬等。

2. 抗盐植物

此类植物的根细胞膜对盐类透性很小，很少吸收土壤中的盐类，其体内含有较多的有机酸、氨基酸和糖类而形成较高的渗透压以保证水分的吸收，如田菁、盐地凤毛菊等。

3. 耐盐植物

此类植物从土壤中吸收盐分，但不在体内积累，而是通过茎叶上的盐腺将多余的盐排出体外。如柽柳、二色补血草、红树等。

4. 碱土植物

能够在 pH 值达到 8.5 以上的土壤中生长的植物类型，如一些藜科、苋科的植物。

（三）其他植物分类类型

按照植物对土壤深厚、肥沃程度的需要，可分为喜肥植物，如梧桐、核桃；一般植物和瘠土植物，如牡荆、酸枣、小檗、锦鸡儿、小叶鼠李等。

荒漠绿化中还经常用到能够耐干旱贫瘠、耐沙埋、耐日晒、耐寒热剧变、易生根生芽的沙生植物等。

三、地势地形因子

地势地形能够改变光、温、水、热等在地面上的分配，从而影响园林植物生长发育。

（一）海拔高度

海拔高度由低至高，温度渐低，光照渐强，紫外线含量渐增，会影响植物的生长和分布。海拔每升高 100m，气温下降 0.6℃ ~ 0.8℃，光强平均增加 4.5%，紫外线增加 3% ~ 4%，降水量与相对湿度也发生相应变化。同时，由于温度下降、湿度上升，土壤有机质分解渐缓，淋溶和灰化作用加强，土壤 pH 值也会逐渐降低。对同种植物而言，从低海拔到高海拔处，往往表现出高度变低、节间变短、叶变密等变化。从低海拔处到高海拔处，植物会形成不同的植物分布带，从热带雨林带、阔叶常绿植物带、阔叶落叶植物带过渡到针叶树带、灌木带、高山草原带、高山冻原带，直至雪线。

（二）坡度坡向

坡度主要通过影响太阳辐射的接受量、水分再分配及土壤的水热状况，对园林植物生长发育产生不同程度的影响。一般认为5° ~ 20°的斜坡是发展园林植物的良好坡地。坡向不同，接受太阳辐射量不同，其光、热、水条件有明显差异，因而对园林植物生长发育有不同的影响。在北半球南向坡接受的太阳辐射最大，光热条件好，水分蒸发量也大，北坡最少，东坡与西坡介于两者之间。在北方地区，由于降水量少，北坡可以生长乔木，植被繁茂。南坡水分条件差，仅能生长一些耐旱的灌木和草本植物。南方地区的降雨量大，南坡水分条件亦良好，故而南坡植物会更繁茂。

（三）地形

地形是指所涉及地块纵剖面的形态，具有直、凹、凸及阶形坡等不同类型。地形不同，所在地块光、温、湿度等条件各异。如低凹地块，冬春夜间冷空气下沉，积聚，易形成冷气潮或霜眼，造成较平地更易受晚霜危害。

四、生物因子

园林植物不是孤立存在的，在其生存环境中，还存在许许多多其他生物，这些生物便构成了生物因子。它们均会或大或小，或直接或间接地影响园林植物的生长和发育。

（一）动物

动物与园林植物的生存有着密切的联系，它们可以改变植物生存的土壤条件，取食损害植物的叶和芽，影响植物的传粉、种子传播等。

（二）植物

植物间的相互关系对共同生长的植物来说，可能对一方或相互有利，也可能对一方或相互有害。根据作用方式、机制的不同分为直接关系和间接关系。

1. 直接关系

直接关系是植物之间直接通过接触来实现的相互关系，在林内有以下表现。

（1）树冠摩擦

树冠摩擦主要指针阔叶树混交林中，由于阔叶树枝较长又具有弹性，受风作用便与针叶树冠产生摩擦，使针叶、芽、幼枝等受到损害又难于恢复。林下更新的针叶幼树经过幼年缓慢生长阶段后，穿过阔叶林冠层时，比较容易发生树冠摩擦导致更替过程的推迟。

（2）树干机械挤压

树干机械挤压指林内两棵树干部分地紧密接触互相挤压的现象。天然林内较多见这种现象，人工林内一般没有，树木受风或动物碰撞产生倾斜时才会出现。树干挤压能损害形成层。随着林木双方的进一步发育，便互相连接，长成一体。

（3）附生关系

某些苔藓、地衣、蕨类以及其他高等植物，借助吸根着生于树干、枝、茎以及树叶上进行生活，称为附生。生理关系上与依附的林木没有联系或很少联系。温带、寒带林内附生植物主要是苔藓、地衣和蕨类；热带林内附生植物种类繁多，以蕨类、兰科植物为主。它们一般对附主影响不大，少数有害。如热带森林中的绞杀榕等，可以缠绕附主树干，最后将附主绞杀致死。

（4）攀缘植物

攀缘植物利用树干作为它的机械支柱，从而获得更多的光照。藤本植物与所攀缘的树木间没有营养关系，但对树木有如下不利影响：机械缠绕会使被攀缘植物输导营养物质受阻或使其树干变形；由于树冠受藤本植物缠绕，削弱被攀缘植物的同化过程，影响其正常生长。

（5）植物共生现象

对双方均有利，如豆科植物与根瘤菌。

2. 间接关系

间接关系是指相互分离的个体通过与生态环境的关系所产生的相互影响。

（1）竞争

竞争是指植物间为利用环境的能量和资源而发生的相互关系，这种关系主要发生在营养空间不足时。

（2）改变环境条件

植物间通过改变环境因子，如小气候、土壤肥力、水分条件等间接相互影响的关系。

（3）生物化学的影响

植物根、茎、叶等释放出的化学物质对其他植物的生长和发育产生抑制和对抗作用或者某些有益作用。

第二章　园林苗圃与草坪的栽培

第一节　园林苗圃的建立

一、园林苗圃用地的选择与规划设计

（一）园林苗圃用地的选择

1. 园林苗圃的位置及经营条件

园林苗圃是城市绿化建设的重要组成部分，在城市绿化规划中，对园林苗圃的布局做了安排之后，就应该进行圃地的选择工作。在进行这项工作时，首先，要选择交通方便，靠近铁路、公路或水路的地方，以便于苗木的出圃和生产、生活资料的运入。其次，宜选在靠近村镇的地方，以便于解决劳动力的供给。最后，有条件时应尽量把苗圃设在靠近相关的科研单位、大专院校等地方，以利于先进技术的指导、科技咨询及机械化的实现。同时，还应注意尽量远离污染源。选择适当的苗圃位置，创造良好的经营条件，有利于提高苗圃的经营管理水平。

2. 苗圃的自然条件

（1）地形、地势及坡向

园林苗圃应建在地势较高的开阔平坦地带，或者在 $1°$ ~ $3°$ 的缓坡地上。坡度可以稍大，以利于排水，但不宜超过 $5°$，以免引起水土流失。具体坡度大小可根据不同地区的具体条件和育苗要求来确定。在质地较为黏重的土壤上，坡度可适当大些，在沙性土壤上，坡度可适当小些。此外，地势低洼、风口、寒流汇集、昼夜温差大等的地形，容易产生苗木冻害、风害、日灼等灾害，严重影响苗木生长，不宜选作苗圃用地。

在地形起伏较大的山区，坡向的不同直接影响光照、温度、水分和土层的厚薄等因素，对苗木的生长影响很大。一般南坡背风向阳，光照时间长，光照强度大，温度高，昼夜温差大，湿度小，土层较薄，北坡与南坡的情况相反；而东、西坡向的情况介于南坡与北坡之间，但东坡在日出前到中午的较短时间内会形成较大的温度变化，且下午不再接受日光照射，因此对苗木的生长不利；西坡由于冬季常受到寒冷的西北风侵袭，易

造成苗木冻害。可见不同坡向各有利弊，必须依当地的具体自然条件及栽培条件，因地制宜地选择最合适的坡向。

我国地域辽阔，气候差别很大，栽培的苗木种类也不尽相同，可依据不同地区的自然条件和育苗要求选择适宜的坡向。北方地区冬季寒冷，且多西北风，最好选择背风向阳的东南坡中下部作为苗圃用地，有利于苗木顺利越冬。南方地区温暖湿润，常以东南和东北坡作为苗圃用地，而南坡和西南坡光照强烈，夏季高温持续时间长，对幼苗生长影响较大。如在一苗圃内有不同坡向的土地时，则应根据树种的不同生态习性进行合理安排。如在北坡培育耐寒、喜阴的苗木种类，而在南坡培育耐旱、喜光的苗木种类，既能够减轻不利因素对苗木的危害，又有利于苗木的正常生长发育。

（2）土壤条件

土壤的质地、肥力、酸碱度等各种因素，都对苗木的生长产生重要影响，因此在建立苗圃时须格外注意。

①土壤质地

苗圃用地一般选择肥力较高的沙壤土、轻壤土或壤土。这种土壤结构疏松，透水透气性能好，土温较高，苗木根系生长阻力小，种子易于破土，而且耕地除草、起苗等工作也较省力。

黏土较肥沃，但结构紧密，透水透气性能差，土温较低，种子发芽困难，中耕阻力大，起苗易伤根，一般不宜作苗圃用地，必要时须改造。

沙土质地疏松，通气透水，但保水保肥能力差，肥力很低，水分不足，易干旱，夏季易发生日灼，苗木生长不良。同时，由于苗木的生长阻力小，根系分布较深，给起苗带来困难。

盐碱土不宜选作苗圃用地，因为幼苗在盐碱土上难以生长。

尽管不同的苗木可以适应不同的土坡，但是大多数园林植物的苗木还是适宜在沙壤土、轻壤土和壤土上生长。由于黏土、沙土和盐碱土的改造难以在短期内见效，一般情况，不宜选作苗圃用地。

②土壤酸碱度

土壤酸碱度是影响苗木生长的重要因素之一，一般要求园林苗圃土壤的 pH 值在 6.0～7.5 之间。不同的园林植物对土壤酸碱度的要求不同。一些阔叶树以中性或微碱性土壤为宜，如丁香、月季等适宜 pH 酸碱度为 7～8 的碱性土壤；还有一些阔叶树和多数针叶树适宜在中性或微酸性土壤上生长，如杜鹃、茶花、栀子花都要求 pH 值为 5～6 的酸性土壤。

土壤过酸或过碱均不利于苗木生长。土壤过酸（pH 酸碱度小于 4.5）时土壤中植物生长所需的氮、磷、钾等营养元素的有效性下降，铁、镁等元素的溶解度过于增加，同时危害苗木生长的铝离子活性增强，这些都不利于苗木的生长。土壤过碱（pH 值大于 8）

时，磷、铁、铜、锰、锌、硼等元素的有效性显著降低，苗圃用地的病虫害增多，苗木发病率增高。过高的碱性和酸性抑制了土壤中有益微生物的活动，因而影响氮、磷、钾和其他元素的转化和供应。

（二）园林苗圃的规划设计

苗圃的位置和面积确定后，为了充分利用土地，便于生产和管理，必须进行苗圃区划。区划时，既要考虑目前的生产经营条件，也要为今后的发展留下余地。苗圃的区划图，一般使用1∶（500～1000）的大比例尺。

苗圃区划应充分考虑以下这些因素，即按照机械化作业的特点和要求，安排生产区，如果现在还不具备机械化作业的条件，也应为今后的发展留下余地；合理配置排灌系统，使之遍布整个生产区，同时应考虑其与道路系统的协调；各类苗木的生长特点必须与苗圃用地土壤的水、肥、气、热条件相配合。

1. 生产用地的规划

生产用地包括播种区、营养繁殖区、移植区、大苗区、母树区、引种驯化区等。

（1）播种区

播种区是苗木繁殖的关键区。实生幼苗对不良环境的抵抗力弱，对土壤质地、肥力和水分的条件要求高，需要精细管理。所以应选择生产用地中自然条件和经营条件最好的区域作为播种繁殖区，并且在人力、物力、生产设施等方面均应优先满足其要求。播种区的具体要求为：①应靠近管理区；②地势应较高且平坦，坡度小于2°；③接近水源，灌溉方便；④土质优良，深厚肥沃；⑤背风向阳，便于防霜冻。

（2）营养繁殖区

营养繁殖区是为培育扦插、嫁接、压条、分株等营养繁殖苗而设置的生产区。营养繁殖的技术要求也较高，并需要精细管理，故一般要求选择条件较好的地段作为营养繁殖区。培育硬枝扦插苗时，要求土层深厚，土质疏松而湿润。培育嫁接苗时，因为需要先培育砧木播种苗，所以应当选择与播种繁殖区的自然条件相当的地段。压条和分株育苗的繁殖系数低，育苗数量较少，不宜占用较大面积的土地，所以通常利用零星分散的地块育苗，嫩枝扦插育苗需要插床、阴棚等设施，可将其设置在设施育苗区。

（3）移植区

移植区是为培育移植苗而设置的生产区。由播种繁殖区和营养繁殖区中繁殖出来的苗木，需要进一步培养成较大的苗木时，应移入苗木移植区进行培育。移植区内的苗木根据规格要求和生长速度的不同，往往每隔2～3年还要再移植几次，逐渐扩大株、行距，增加营养面积。因为移植区占地面积较大，所以一般设在土壤条件中等、地块大而整齐的地方，同时也要根据苗木的不同生态习性进行合理安排。

（4）大苗区

大苗区是培育植株的体型、苗龄均较大并经过整形的各类大苗的耕作区。在大苗区继续培养的苗木，通常在移植区内已进行过一次或多次的移植，在大苗区培育的苗木在出圃前一般不再进行移植，且由于培育年限较长，可直接用于园林绿化建设。因此，大苗区的设置对于加速绿化效果及满足重点绿化工程对苗木的需要具有重要意义。大苗区的特点是株、行距大，占地面积大，培育的苗木大、规格高、根系发达，因此一般选用土层深厚、地下水位较低、地块整齐的生产区。为了出圃时运输方便，大苗区最好设在靠近苗圃的主要干道或苗圃的外围处。

（5）母树区

母树区是在永久性苗圃中，为获得优良的种子、插条、接穗等繁殖材料而设置的生产区。该区占地面积小，可利用零散地块，但要求土壤深厚、肥沃及地下水位较低。对于一些乡土树种可结合防护林带和沟边、渠道、路边进行栽植。

（6）引种驯化区

引种驯化区是为培育、驯化由外地引入的树种或品种而设置的生产区。需要根据引入树种或品种对生态条件的要求，选择有一定小气候条件的地块进行适应性驯化栽培。

2. 辅助生产用地的规划

苗圃的辅助用地（或称非生产用地）主要包括道路系统、排灌水系统、防护林带、管理区建筑用房、各种场地等。辅助用地的设计与布局，既要方便生产、少占土地，又要整齐、美观、协调、大方。

（1）道路系统的设计

苗圃道路是保障苗木生产正常进行的基础设施之一。苗圃道路系统的设计主要应从保证运输车辆、耕作机具和作业人员的正常通行来考虑。苗圃道路包括一级路、二级路、三级路和环路。

①一级路（主干道）

一级路是苗圃内部和对外运输的主要道路，一般设置于苗圃的中轴线上，多以办公室、管理处为中心，设置一条或两条相互垂直的路作为主干道，设计路面宽度一般为6～8m，其标高应高于作业区20cm。

②二级路

二级路通常与主干道相垂直，与各耕作区相连接，一般宽4m，其标高应高于耕作区10cm。

③三级路

三级路是沟通各耕作区的作业路，一般宽度为2m。

④环路

环路一般是在大型苗圃中，为了车辆、生产机具等设备回转方便而设立的，中小型苗圃视其具体情况而定。

在设计苗圃道路时，要在保证管理和运输方便的前提下，做到尽量少占土地。中小型苗圃可以考虑不设二级路，但主路不可过窄。一般苗圃中道路的占地面积不应超过苗圃总面积的 7% ~ 10%。

（2）灌溉系统设计

苗圃必须有完善的灌溉系统，以保证供给苗木充足的水分。灌溉系统包括水源、提水设备、引水设施三部分。灌溉的形式有三种，即渠道灌溉、管道灌溉和移动灌溉。

①渠道灌溉

土渠流速慢，蒸发量和渗透量较大，不能节约用水，且占用土地多。故现都采用水泥槽做水渠，既节约水又经久耐用。

水渠一般分三级：一级渠道（主渠）是永久性的大渠道，一般顶宽 1.5 ~ 2.5m；二级渠道（支渠）通常也为永久性的，一般顶宽 1 ~ 1.5m；三级渠道（毛渠）是临时性的小水渠，一般渠顶宽度为 1m 左右。引水渠道设计时可根据苗圃用水量大小确定各级渠道的规格。大、中型苗圃用水量大，所设引水渠道较宽。主渠和支渠是用来引水的，故渠底应高出地面；毛渠则是直接向田地灌溉的，其渠底应与地面平齐或略低于地面，以免灌水时带入泥沙而埋没幼苗。引水渠道的设置常与道路系统相配合，各级渠道应互相垂直。渠道还应有一定的坡降，以保证水流速度，一般坡降在 0.001 ~ 0.004 之间为宜。水渠边坡一般采用 45° 为宜。

②管道灌溉

管道引水是采取将水源通过埋入地下的管道引入苗圃作业区进行灌溉的形式，通过管道引水可实施喷灌、滴灌、渗灌等节水灌溉技术。管道引水不占用土地，也便于田间机械作业。喷灌、滴灌、渗灌等灌溉方式比地面灌溉的节水效果显著，灌溉效果好，节省劳力，工作效率高，且避免了地表径流，同时减少了对土壤结构的破坏。管道灌溉虽然投资较大，但在水资源匮乏的地区，采用节水管道灌溉技术仍是苗圃灌溉的发展方向。

③移动灌溉

移动灌溉有管道移动和机具移动两种形式，管道移动的主水管和支水管均在地表，可随意进行安装和移动。按照喷射半径能相互重叠来安装喷头，喷灌完一块苗圃地后，再移动到另一地区。机具移动式喷灌是以地上明渠为水源，使用时，通过抽水机具移动来进行喷灌，常见于中小型苗圃。

二、园林苗圃技术档案的建立

（一）弄清苗圃技术档案的主要内容

1. 苗圃基本技术档案

记录苗圃的地形、土壤、气候及经营条件、人员配置以及经营性质和目标等情况。

2. 苗圃土地利用档案

记录苗圃土地的利用和耕作情况，以便从中分析圃地土壤肥力的变化与耕作之间的关系，为合理轮作和科学经营苗圃提供依据，一般用表格的形式把各作业区的面积、土质、育苗种类、育苗方法、作业方式、整地、灌溉、施肥、除草、病虫害防治及苗木生长质量等基本情况逐年记录并保存（见表2-1）。

表2-1 苗圃土地利用表

年度	树种	育苗方法	作业方式	整地情况	施肥情况	除草作业	灌溉情况	病虫害情况	苗木质量	备注

填写说明：①育苗方法指播种、扦插、埋条等；②作业方式指苗床式、大田式等；③整地情况主要填写耕地、中耕、除草的次数、深度、时间、方法、使用工具等；④施肥灌溉情况指施肥种类、施肥数量、施肥方法、施肥时间、灌溉次数和灌溉时间等；⑤除草作业指使用除草剂的种类、用量、方法、时间、效果等；⑥病虫害情况指病虫害发生的种类、危害程度、防治情况等；⑦苗木质量指单位面积的平均产量、平均株高、平均干径、成苗率等。

3. 育苗技术措施档案

主要记录每一年中苗圃内各种苗木的整个培育过程，包括从种子或种条的处理开始，直到把苗包装为止的一系列技术措施，一般用表格的形式记录下来（见表2-2）。

表2-2 育苗技术措施表

苗木种类：　　　　　育苗年度：

育苗面积	苗龄	前茬					
繁殖方法	实生苗	种子来源 储藏方式 储藏时间 催芽方法 播种方法 播种量 覆土厚度 覆盖物 覆盖起止日期 出苗率 间苗时间 留苗密度					
	扦插苗	插条来源 储藏方法 扦插方法 扦插密度 成活率					
	嫁接苗	砧木名称 来源 接穗名称 来源 嫁接日期 嫁接方法 绑缚材料 解缚日期					
	移植苗	移植日期 移植苗龄 移植次数 移植株行距 移植苗来源 移植苗成活率					
整地	耕地日期		耕地深度			作畦日期	
施肥	—	施肥日期	肥料种类	施肥量		施肥方法	
	基肥						
	追肥						
灌溉	次数	日期					
中耕	次数	日期	深度				
病虫害	—	名称	发生日期	防治日期	药剂名称	浓度	方法
	病害						
	虫害						
出圃	日期	起苗方法		储藏方法			
育苗新技术应用情况							
存在问题及改进意见							

填表人：

4.苗木生长发育档案

以年度为单位，定期采取随机抽样法进行调查，主要记载苗木生长发育情况。

5.苗圃作业档案

以日为单位，主要记载每日进行的各项生产活动，以及劳力、机械工具、能源、肥料、农药等的使用情况。

6.苗圃销售档案

记载各年度销售苗木的种类、规格、数量、价格、日期、购苗单位及用途等。

（二）建立苗圃技术档案的要求

根据生产和科学实验的需要，而且为了充分发挥苗圃技术档案的作用，苗圃技术档案必须做到以下几点：

①苗圃技术档案是园林生产的真实反映和历史记录，要长期坚持，不能间断。

②设置专职或兼职管理人员。多数苗圃采取由技术人员兼管的方式。这是因为技术人员是经营活动的组织者和参与者，对生产安排、技术要求及苗木的生长情况最清楚。由技术员兼管档案不仅方便可靠，而且直接把管理与使用结合起来，有利于指导生产。

③观察记录时，要认真负责、及时准确。要求做到边观察边记录，务求简明、全面、清晰。

④一个生产周期结束后，对记录材料要及时汇总整理、分析总结，从中找出规律性的经验，及时提供准确、可靠的科学数据和经验总结，指导今后苗圃生产和科学实验。

⑤按照材料形成时间的先后顺序或重要程度的不同，连同总结等分类装订，并登记造册，长期妥善保存。最好将归档的材料输入计算机储存。

⑥档案管理员应尽量保持稳定，工作调动时，应及时另配人员并做好交接工作，以免因间断及人员更换而造成资料无人管理的现象。

第二节　苗木繁育技术

一、实生苗繁育技术

（一）种子播前处理

1.种子精选

种子经过储藏，可能发生虫蛀、腐烂等现象。为了获得纯度高、品质好的种子，确定合理的播种量，以保证播种出苗快而齐，在播种前应对种子进行精选。可根据种子的特性和夹杂物的情况进行筛选、风选、水选、粒选。

2. 种子消毒

在播种前要对种子进行消毒，一方面消除种子本身携带的病菌，另一方面防止土壤中的病虫危害。常用的种子消毒的方法有紫外线消毒、药剂浸种、药剂拌种等。

（1）紫外线消毒

将种子放在紫外线下照射，能杀死一部分病菌。由于光线只能照射到表层种子，所以要将种子摊开堆放，不能太厚。消毒过程中要翻搅，每半个小时翻搅一次，一般消毒1个小时即可。翻搅时人要避开紫外线，避免紫外线对人身体造成伤害。

（2）药剂浸种

①福尔马林

在播种前1~2天，将种子放入0.15%的福尔马林溶液中，浸泡15~30分钟，取出后密闭2小时，用清水冲洗后阴干。

②高锰酸钾

用0.5%的高锰酸钾溶液浸种2小时或用3%的浓度浸种30分钟，用清水冲洗后阴干。此方法适用于尚未萌发的种子，但胚根已突破种皮的种子不能用此方法消毒。

③次氯酸钙（漂白粉）

用10g漂白粉加140mL水，振荡10分钟后过滤。过滤液（含有2%的次氯酸）直接用于浸种或稀释1倍处理。浸种消毒时间因种子而异，通常在5~35分钟之间。

④硫酸亚铁

用0.5%~1%的硫酸亚铁溶液浸种2小时，用清水冲洗后阴干。

⑤硫酸铜

播种前，用0.3%~1%的硫酸铜溶液浸种4~6小时，用清水冲洗后晾干。

⑥退菌特

将80%的退菌特稀释800倍，浸种15分钟。

（3）药剂拌种

①甲基托布津（别名为甲基硫菌灵）

用50%或70%的可湿性甲基托布津粉剂拌种，可防治苗期病害，如金盏菊、凤仙花的白粉病，樱草的灰霉病，兰花、万年青的炭疽病，鸡冠花的褐斑病，百日草的黑斑病等。注意：甲基托布津若长期连续使用，会使病原菌产生抗药性，降低防治效果，可以与其他药剂轮换使用，但多菌灵除外。拌种时可以用聚乙烯醇做藏着剂，用200倍液，用量为种子量的0.7%。

②辛硫磷

辛硫磷用于防治地下害虫，可以用50%的乳油拌种，用量为种子量的0.1%~0.15%。

③赛力散（过磷酸乙基汞）

赛力散在播前20天使用，用量为种子量的0.2%，拌种后密封储藏，20天后播种，有消毒和防护的作用。它适用于针叶园林树木。

④西力生（氯化乙基汞）

西力生的用量为种子量的 0.1% ~ 0.2%，适用于松柏类种子的消毒，并且有促进发芽的作用。

（二）播种苗的抚育管理

1. 出苗期的管理

（1）覆盖保墒

为了促进种子的萌发，生产上经常对播种地进行覆盖。覆盖材料可以就地取材，一般有塑料薄膜、稻草、麦秆、茅草、苇帘、松针、锯末、谷壳、苔藓等。覆盖厚度以不见土面为宜；当幼苗大量出土时，应及时分次撤除，防止引起幼苗的黄化或弯曲。

若用塑料薄膜覆盖，当土壤温度达到28℃时，要掀开薄膜通风，待幼苗出土后撤除。温室内加盖薄膜保湿的，每天早晚也要掀开一定时间以利于通风透气。

（2）灌溉

一般在播种前应灌足底水。在不影响种子发芽的情况下，播种后应尽量不灌水，以防止降低土温和造成土壤板结。出苗前，如果苗床干燥则应适当补水，常采用喷灌的方式进行补水。

（3）松土除草

播种后，在幼苗还未出土时，如果因灌溉使土壤板结，应及时松土；秋冬播种的话，宜在早春土壤刚化冻时进行松土。松土不宜过深，以免松动种子，松土时可同时除去杂草。

2. 苗期管理

（1）遮阴

遮阴主要是对耐阴苗木和嫩弱的幼苗采取的管理措施，特别是在幼苗出土和揭去覆盖物时，可用遮阴来缓和环境条件的变化对幼苗的影响。其方法为：搭成一个高0.4 ~ 1.0m 的平顶或向南北倾斜的阴棚，用竹帘、苇席、遮阳网等做遮阴材料。遮阴时间为晴天的上午10点到下午5点左右，早晚要将遮阴材料撤除。每天的遮阴时间应随苗木的生长逐渐缩短，一般遮阴1 ~ 3个月，当苗木的根颈部已经木质化时，应拆除阴棚。除搭建阴棚外，生产上也可用遮阳网、插阴枝等方法对苗木进行遮阴。

（2）间苗、补苗

为了调整苗木疏密，给幼苗生长提供良好的通风、透光条件，保证每株苗木所需的营养面积，需要及时进行间苗、补苗。

①间苗原则

间苗的原则是"间小留大、去劣留优、间密留稀、全苗等距、适时间苗、合理定苗"。对于影响其他苗木生长的"霸王苗"可移至专门区域集中栽植。

间苗宜早不宜迟。间苗早，苗木之间的相互影响较小。具体时间要根据植物的生物学特性、幼苗密度和苗木的生长情况确定。针叶树的幼苗生长较慢，密集的生态环境对它们的生长有利，一般不间苗。播种量过大、生长过密、幼苗生长快的植物要适当进行间苗，如落叶松、杉木等可在幼苗期中期间苗，在幼苗期末期定苗，而生长较慢的植物宜在速生期初期定苗。

②间苗方法

间苗的时间和次数应根据苗木的生长速度和抗逆性的强弱而定。对于生长快、抗逆性强的苗木，可结合定苗一次性间苗，如槐树、刺槐、臭椿、白蜡、榆树、君迁子等。其他苗木的间苗一般分 1 ~ 3 次进行，如侧柏、水杉、落叶松等。第 1 次间苗一般在幼苗长出 3 ~ 4 片真叶、能相互遮阴时开始。第 1 次间苗后，保留的苗木应比计划产苗量多 30% ~ 50%。第 2 次间苗一般在第一次间苗后的 10 ~ 20 天进行，保留的苗木应比计划产苗量多 20% ~ 30%。间苗时难免会带动保留苗的根系，因此，间苗后应及时灌溉。定苗应在苗木生长稳定后进行，定苗时的留苗量可比计划产苗量高 5% 左右，定苗也可与第 2 次间苗结合进行。

③补苗

幼苗出土后，如果发现有缺苗断垄的现象，应及时将苗木补全，可结合间苗同时进行。当苗圃大面积缺苗时，可将稀疏的幼苗挖起来集中栽植，以充分利用土地。

（3）幼苗移栽

幼苗移栽常见于种子稀少的珍贵园林植物和种子极细小、幼苗生长很快的园林植物的育苗，以及穴盘育苗、组培育苗等。

幼苗根系比较浅、细嫩，叶片组织薄弱，不耐挤压，移栽前应对移栽地进行灌溉。同时，由于幼苗对高温、低温、干旱、缺水、强光、土壤等适应能力差，因此幼苗移栽后需立即进行管理，同时根据不同情况，采取遮阴、喷水（雾）等保护措施，等幼苗完全恢复生长后再及时进行叶面追肥和根系追肥。

（4）截根

截根是使用利器在适宜的深度将幼苗的主根截断，主要适用于主根发达而侧、须根不发达的树种。截根能有效地抑制主根生长，促进幼苗多生侧根和须根，提高幼苗质量；同时由于须根增多，提高了菌根的感染率，可显著提高栽植成活率。

截根一般在秋季苗木的地上部分停止生长后或春季根系开始活动之前进行。截根时用截根锹、起苗犁倾斜 45° 入土，入土深度为 8 ~ 15cm。对于主根发达，侧根发育不良的植物，如樟树、核桃、栎类、梧桐等，可在生长初期的末期进行截根。

（5）施肥

苗期施肥是培养壮苗的一项重要措施。为发挥肥效，防止养分流失，施肥要遵循"薄肥勤施"的原则。苗木施肥一般以氮肥为主，适当配以磷、钾肥。苗木在不同的生长发育阶段对肥料的需求也不同。一般来说，播种苗生长初期需氮、磷肥较多，速生期需大量氮肥，生长后期应以钾肥为主、磷肥为铺，并控制氮肥的用量。第一次施肥宜在幼苗出土后一个月进行，当年最后一次追施氮肥应在苗木停止生长前一个月进行。苗木的施肥方法分为土壤追肥和根外追肥。

二、扦插苗繁育

（一）硬枝扦插技术

用已经本质化的成熟枝条作为插穗进行扦插育苗的方法称为硬枝扦插。如葡萄、石榴、无花果、悬铃木、月季、木槿、女贞、黄杨、红叶石楠、相子花等园林植物常用此法繁殖。

1. 扦插时期

硬枝扦插在春秋两季均可进行，一般以春季为主。春季扦插以从土壤解冻后至芽萌动前这段时间进行为宜。秋季扦插一般在植物生长已停止但还未进入休眠时进行，并且在早上进行为宜，从而可以利用秋季较高的气温和地温，促进插穗生根和扦插苗的生长；在气候干燥或温度不能满足插穗生根的地区，可配合塑料小棚、阳畦等设施，以保证温度和湿度，同时，还可以保证秋季扦插苗的安全越冬；另外，难以生根的植物，为了提高成活率，可在温室进行扦插。

2. 插穗的采集

作为采穗的母株，应是发育阶段较年轻的幼龄植株，同时还应根据植物种类和培植目的进行选择。如乔木树种应选择生长迅速、干形通直圆满、没有病虫害的优良品种的植株作为采穗母本；花灌木则要求选择色彩丰富、花大色艳、香味浓郁、观赏期长的植株作为采穗母本；绿篱植物要求选择分枝力强、耐修剪、易更新的植株作为采穗母本；草本植物则需根据其花色、花形、叶形、植株形态等选择采穗母本。然后在已选定的母株上采集一年生、生活力旺盛、树冠外围、分枝级数低、发育充实的枝条。

落叶树种在春季采用硬枝扦插时，采穗时间应从树木落叶后开始，至翌年树液开始流动前为止。常绿树种在春季扦插时，一般在芽萌动前采穗较好。秋季扦插一般选择在从植物生长停止至休眠之间随采随插。

3. 插穗的储藏

树木落叶后采集的插穗，如果不立即扦插，可储藏在地窖中。其方法是在地面上铺一层 5～10cm 的湿沙，将捆扎好的插穗直立码放在沙子上，码一层插穗铺一层沙，最后一层用沙覆盖。地窖要求干净、卫生，沙子的含水量以 50%～60% 为宜，地窖的温度保持在 5℃左右。也可像储藏种子一样进行室外沟藏或室内堆藏。

4. 插穗的剪截

插穗采集后应立即进行剪穗。截取插穗原则上要保证上部第一个芽发育良好，组织充实。插穗的长度一般为 10 ~ 15cm，粗枝稍短，细梢稍长。剪口要平滑，以利愈合。插穗的上部切口剪成平口，这样其伤口面积小，水分蒸发少，有利于维持插穗的水分平衡。剪口距上部第一个芽 1cm 左右，如果过高，则上芽所处的位置较低，没有顶端优势，不利愈合，易造成死桩；如果过低，上部易干枯，则会导致上芽死亡。下切口最好紧靠节下（距节 0.5 ~ 1.0cm），因为在节附近储藏的营养丰富，薄壁细胞多，易于形成愈伤组织和生根。下切口根据生根的难易，可进行平剪、斜马蹄形剪、双马蹄形剪、踵状剪、槌形等。一般平剪口生根分布均，适用于宜生根的园林植物。其他形状的剪口，适用于较难生根的园林植物，但斜马蹄形剪口易产生偏根现象。

插穗剪制时要特别注意：剪口要平滑，防止撕裂；保护好芽，尤其是上芽。

（二）嫩枝扦插技术

嫩枝扦插是在生长期中应用半木质化或未木质化的插穗进行扦插育苗的方法。该方法适用于硬枝扦插不易成活的植物、常绿植物、草本植物和一些半常绿的木本观花植物。

1. 扦插时期

嫩枝扦插一般在生长季节使用，只要当年生新茎（或枝）长到一定程度即可进行。不同园林植物的生长期有差异，适宜扦插的时间也不同。

2. 采条

由于生长季节一般气温较高，蒸发量大，因此采集插穗应在阴天无风或早晚气温低、光照不很强烈的时间进行。草本植物的插穗应选择枝梢部分，硬度适中的茎条。若茎过于柔嫩，易腐烂；过老则生根缓慢。如菊花、香石竹、一串红、彩叶草等就属于这种情况。木本园林植物应选择在生长健壮、无病虫害的植株上发育充实的半木质化枝条，顶端过嫩则扦插时不易成活，应剪去不用，然后视其长短剪制成若干个插穗。

3. 插穗的处理

枝条采集后，最重要的是要保证枝条不失水，所以要时刻注意保湿，并将枝条截成插穗，做到随时采条，随时剪截，随时扦插。嫩枝插穗的长度取决于园林植物本身的特性和枝条节间的长短。一般长度以 1~4 个节间和 5 ~ 20cm 长为宜。插穗上端的叶应适当保留，以便进行光合作用，制造营养物质和植物激素，促进插穗的生根、发芽和生长。一般来说，阔叶树留 1 ~ 3 片叶，叶片较大的园林植物，要把所保留的叶片剪去 1/2~1/3，以减少蒸腾作用。插穗上端要在芽上 1cm 处平剪，插穗下端在叶片或腋芽之下，剪成马耳形斜切口。

三、嫁接苗繁育

（一）嫁接方法

嫁接时，要根据嫁接植物的种类、接穗与砧木的情况、育苗目的、季节等，选择适当的嫁接方法。生产中常用的嫁接方法，根据接穗的种类可分为枝接和芽接两种；根据砧木上嫁接位置的不同，可分为茎接、根接、芽苗（子苗）接等。不同的嫁接方法都有与之相适应的嫁接时期和技术要求。

1. 枝接

枝接是以枝为接穗的嫁接繁殖法。

（1）劈接

劈接是将砧木劈开一个嫁接口，将接穗削成楔形，插入劈口内的一种嫁接方法。劈接法通常在砧木较粗、接穗较细时使用。

①削接穗：从接穗种条上选取中段较光滑充实，并有健壮芽的部位，截成 5～6cm 长做接穗，每穗应留 2～3 个芽。然后在下芽 3cm 左右处两侧削成楔形斜面。如砧木粗则削成偏楔形，使一侧较厚，另一侧稍薄些；若砧穗粗细相当，可削成正楔形。削面长 2.5～3cm，平整光滑。

②劈砧木：距地面一定高度截断砧木，截口要平滑，以利于其愈合。在砧木横断面的中心通过髓心垂直向下劈出一个深 2～3cm 的切口。若砧木较粗，也可在断面的 1/3 处偏劈。

③插入接穗：用劈接刀的楔部轻轻撬开劈口，把接穗缓缓插入其内，使砧穗的形成层准确对接。如果接穗较细，只需将偏楔形的宽面与砧木劈口的形成层对准即可。插入接穗时，使接穗削面露出约 0.2～0.3cm，这样形成层的接触面大，有利于分生组织的形成和愈合。较粗的砧木可以在砧木劈口两侧各插入一个接穗。

④绑扎接穗：插入后用塑料薄膜条或麻皮把接口绑紧。注意不要触动接穗，以防止形成层错位。接穗没有进行蜡封的，应将接穗顶端包严，或将接穗部分用松土培埋，以利于其成活时发芽。

（2）切接

切接法一般用于直径为 2cm 左右的小砧木，是枝接中最常用的一种方法。

①削接穗：削接穗时，接穗上要保留 2～3 个完整饱满的芽，将接穗从下芽背面起，用切接刀向内切一个深达木质部但不超过髓心的长切面，长 2～3cm。再于该切面的背面末端削一个长 0.8～1cm 的小斜面。削面必须平滑，最好是一刀削成。

②切砧木：砧木宜选用 2cm 粗的幼苗，稍粗些也可以。在距地面 5～10cm 处或适宜高度处断砧，削平断面，选较平滑的一侧，用切接刀垂直向下切（切的位置略达木质部，或在横断面上直径的 1/4～1/3 处），深度为 2～3cm。

③插接穗：将接穗切面插入砧木切口中，使长切面向内，并使砧穗的形成层对齐、靠紧（至少对准一边）。其绑扎等工序与劈接相同。

2. 芽接

用芽作为接穗进行的嫁接称为芽接。芽接的优点是节省接穗，一个芽就能繁殖成一个新植株。芽接多在夏季进行。

（1）"T"字形芽接

"T"字形芽接是目前应用最广的一种芽接方法。它适用于砧木和接穗均离皮的情况。

①取接芽：在已去掉叶片仅留叶柄的接穗枝条上，选择健壮饱满的芽。在芽上方的 0.5 ~ 1.0cm 处先横切一刀，深达木质部，再从芽下 1.5cm 左右处，从下往上斜切入本质部，使刀口与横切的刀口相交，用手取下盾形芽片。如果接芽内带有少量木质部，应用嫁接刀的刀尖将其仔细地取出。

②切砧木：在砧木距离地面 7~15cm 处或满足生产要求的一定高度处，选择光滑部位，用芽接刀先横切一刀，深达木质部，再从横切刀口往下垂直纵切一刀，长 1 ~ 1.5cm，形成一个 "T" 字形切口。

③插接穗：用芽接刀的骨柄轻轻地挑开砧木切口，将接芽插入挑开的 "T" 字形切口内，压住接芽叶柄往下推，使接芽的上部与砧水上的横切口对齐。手压接芽叶柄，用塑料条绑扎紧，芽与叶柄可以外露也可以不外露。

（2）嵌芽接

此种方法不受树木离皮与否的限制。

①取接芽：接穗上的芽，自上而下切取。先从芽的上方 1.0 ~ 1.5cm 处稍带木质部向下斜切一刀，然后在芽的下方 0.5 ~ 1.0cm 处约成 30° 角斜切一刀，使两刀口相交，取下芽片。

②切砧木：在砧木适宜的位置，从上向下稍带木质部削一个与接芽片长、宽相适应的切口。

③插接穗：将芽片嵌入切口，使两者的形成层对齐，然后用塑料条将芽片和接口包严即可。

（二）嫁接后管理

1. 检查成活率

对于生长季的芽接，在嫁接后的 10 ~ 15 天即可检查其成活情况。凡接芽新鲜，叶柄一碰即落的，表示已成活；若叶柄干枯不落或已发黑，表示嫁接未成活。秋季或早春的芽接，接后不立即萌芽的，检查成活率的工作可以稍晚进行。

枝接或根接，一般在嫁接后的 20 ~ 30 天或更长的时间后检查其成活率。若接穗保持新鲜，嫁接口愈合良好，或接搞上的芽已经萌发生长，表示嫁接成活。

2. 解除绑缚物

春、夏生长季节嫁接后很快萌发的芽接和嫩枝接，结合检查成活率的工作及时解除绑扎物，以免接搞发育受到抑制。

枝接由于接稻较大，愈合组织虽然已经形成，但砧木和接穗的结合常常不牢固，解除绑扎物不可过早，以防止因其愈合不牢而自行裂开死亡。秋季嫁接成活后很快停止生长的植物，可到翌年萌发时解除绑扎物，以利于绑扎物保护接穗越冬。

3. 剪砧

剪砧是指在嫁接成活后，剪除接穗上方砧木部分的一项措施。嫁接后立即萌发的，如 7 ~ 8 月以前进行的"T"字形、方块形芽接等，剪砧要早，一般在嫁接后立即进行，不必等成活后再进行。如果嫁接部位以下没有叶片，可以采用折砧法，即将砧木的木质部大部分折断，仅留一小部分的韧皮部与下部相连接，等接穗芽萌发后，长至 10cm 左右时再剪砧。剪砧可以一次完成，也可以分两次完成。一次完成的，剪砧的位置一般在接穗芽上方 1cm 左右，过高不利于接穗芽的萌发，过低容易造成接穗芽的失水死亡。分两次完成的，剪砧的位置第一次可以稍高些，在接穗上方 2 ~ 3cm 处；第二次在正常位置剪砧。秋季嫁接时，当年不需要萌发而要在翌春才萌发的，应在萌发前及时剪贴。

四、压条、埋条及分株育苗

（一）压条育苗

1. 压条的方法

压条法育苗，其被压枝条生根过程中的水分、养分均由母体供给，管理容易，多用于扦插难以生根的园林植物，如桂花、蔷薇、玉兰、白兰花、樱桃、桧柏等。压条的方法可分低压法和高压法（空中压条）两类，低压法又可分为普通压条、水平压条、波状压条、直立压条。

（1）普通压条（曲枝压条）

普通压条适用于枝条离地面近且容易弯曲的植物种类。其方法是：选择靠近地面而向外开展的 1 ~ 2 年生枝条，在地面适宜的位置，挖一个深、宽各 10 ~ 20cm 的沟或穴。挖穴时，离母株近的一面控斜面，另一面成垂直，使枝条压入穴中时做到"缓入急出"，即枝条入穴的角度较缓（缓入），出穴的角度较陡（急出）。为防止枝条弹出，可在枝条的下弯部分插入小木叉固定，再盖土压紧，生根后切割分离而成为一个独立的植株。绝大多数花灌木都可采用此法。

（2）水平压条

水平压条适用于枝条较长或具藤蔓性的园林植物，如紫藤、连翘、葡萄等。压条时选择生长健壮的 1 ~ 2 年生枝条，开沟将整个长枝条埋入沟内并固定。被埋枝条的每个芽节处生根发芽后，将两株之间的地下相连部分切断，使之各自形成独立的新植株。压条一般宜在早春进行。

（3）波状压条

波状压条适用于地锦、常春藤等枝条较长而柔韧性强的蔓性植物。压条时将枝条呈波浪状压埋入土中，枝条弯曲的波谷压入土中，波峰露出地面，待其地上部分发出新枝，地下部分生根后，再切断相连的波状枝，使其形成各自独立的新植株。

（4）压条后的管理

压条之后，应注意保持土壤或基质的湿度，及时调节土壤或基质的通气状况和温度。

在初始阶段，还要注意埋入土壤中的枝条是否有弹出地面的现象，如果有，要及时将其埋入土壤中。

2. 促进压条生根的措施

为了促进压条生根，生产上一般采取以下措施：在生根部位进行环剥、环割等机械处理；与扦插一样使用吲哚丁酸、吲哚乙酸、萘乙酸等生长素处理，促进压条生根，但是因为其枝条连接母株，所以不能使用浸渍的方法，只能使用涂抹法进行处理。

（二）埋条育苗

1. 埋条的方法

埋条育苗由于所用枝条长，所含营养物质多，故有利于生根和生长，且一处生根即可保证全条成活，能同时生长出若干株苗木。对于某些扦插不易生根的园林植物，如毛白杨、泡桐等，用埋条育苗的方法效果良好。但埋条育苗因枝条不同部位的芽的质量不一样，出土的先后次序不一，苗木的粗细、高低不同，因此分化现象较明显。其具体方法如下：

（1）不带根埋条

埋条时，将整好的苗床顺行开沟，深 2 ~ 3cm，宽 5 ~ 6cm 为宜，沟距根据所育苗木要求的密度而定。开沟后一边将枝条平放于沟内，一边覆土。覆土厚度随植物的种类、季节和土壤条件的不同而异，一般在 2cm 左右。然后顺行踩实、灌水，保持苗床湿润。

（2）带根埋条

带根埋条适用于干旱地区。将带根的一年生苗，整株平埋入苗床内，使根和梢部弯入土中，苗干和土壤全部密贴，然后覆土 2cm，并稍加镇压。

在土壤较黏重的地区和萌芽破土能力弱的园林植物，进行埋条育苗时，不再开沟，而直接将种条平放于苗床，在种条发芽处不埋土，使芽暴露，其他地方埋成土堆。土堆高约 10cm，长 15 ~ 20cm，两土堆之间露芽 2 ~ 3 个。将土堆踏实，并经常保持湿润。

（二）埋条后的管理

1. 灌水

埋条后应立即灌足水一次，前期经常浇水，保持土壤湿润。种条生根进入幼苗期和速生期后逐渐增加灌水量并延长灌溉间隔期，生长后期由控制灌水到停止潜水，以促进苗木的木质化。

2.覆土

灌溉后或雨后如发现被埋母条外露要及时用土覆盖。

3.培土

由于植物极性的原因，埋条后往往母条的基部易生根，而梢部生根较少但易发芽抽梢，造成根上无苗，苗下无根的现象。生产上，当苗高为 10 ~ 20cm 时，为了促进萌条基部的生根，要及时培土。

4.间苗

当苗高达到 20 ~ 30cm 时，如苗木密度过大，应进行间苗。间苗可分两次进行，第一次间除过密苗、病虫苗、弱小苗，第二次则按计划产苗量定苗。

5.断条

待幼苗长到一定高度能独立生长时，用锋利的铁锹从苗木株间截断埋条，使苗木成单株生长，形成完整独立的植株。

（三）分株育苗

1.园林树木的分株方法

对园林树木来说，分株方法主要有根蘖分株和茎蘖分株两种。

（1）根蘖分株

有些园林树种的根上易形成不定芽，从而形成根蘖。如火炬松、臭椿、紫玉兰、石榴、刺槐等。对这些根蘖，可在植物休眠期时将其刨出并切离母体，单独栽植，使之成为一个独立的植株。分离根蘖时，应注意尽量不要损伤母株。

（2）茎蘖分株

有些园林树种的茎基部芽易萌发形成茎蘖枝，呈丛生状，可进行茎蘖分株。如连翘、迎春、黄刺玫、玫瑰、珍珠梅等。其方法是：在休眠期，将母株根颈部的土挖开，露出根系，用利器将茎蘖株带根挖出另行栽植；或连同母株全部挖出，用利刀将茎蘖从根部分离进行单独栽植。

2.宿根类植物分株法

宿根类植物能通过宿存在土壤中的根及根茎再生出众多的萌芽、匍匐茎而进行分株育苗。分株主要在春、秋季进行。一般春季开花植物宜在秋季落叶后进行分株，如芍药等；秋冬季开花植物应在春季萌芽之前进行分株，如菊花等。其分株方法与园林树木的分株方法相同。

第三节　草坪的建植

草坪与人类的生产和生活密切相关。在人类栖息的生态系统中，草坪能维护大自然的生态平衡，对人类赖以生存的环境起到美化、保护和改善的作用，同时为人类进行休闲娱乐运动提供舒适的场所。

一、草坪基础知识

（一）草坪的相关概念

1. 草坪、草坪草与地被植物

草坪是指多年生低矮草本植物在天然形成或人工建植后经养护管理而形成的相对均匀、平整的草地植被。它包括草坪植物的地上部分以及根系和表土层构成的整体，形成一个小型的生态系统。其目的是保护环境、美化环境、维持生态平衡以及为人类进行休闲、娱乐和体育活动提供优美舒适的场地。

草坪草是组成草坪的物质基础，构成草坪的植物群落，是草坪建植的草本植物和基本材料。草坪草多数为质地纤细、植株低矮的禾本科草种，具体地讲，是指能够形成草皮或草坪，并能耐受定期修剪管理和人、物使用的一些草本植物种或品种。而草皮是草坪的营养繁殖材料，当草坪被铲起用来移植时，称为草皮。草坪草资源十分丰富，世界已被利用的已达 1500 多种，其中绝大部分为禾本科草本植物。草坪不管是自然生长还是人工建植，都与人类的生活密切相关，能被人们多方面应用，其利用的内容随时代、地域、民族的不同而多种多样，伴随人类的进步，利用的范围不断扩大。现如今，草坪绿化成为衡量一个国家或城市文明与发达程度的重要标志之一。

地被植物是指那些覆盖地表的一类扩展蔓延性强、低矮植物群体（一般株高 50cm 以下），在园林园艺学科中主要包括草本花卉、蕨类、小灌木和藤本植物。地被植物可以生长在平坦的地面，也可以生长在草坪草难以生长的地方，如潮湿背阴处、岩石缝隙中，过于干燥或潮湿的土壤上，或者是经常遭受雨水冲洗的陡峭山坡，受到不断侵蚀的地方，有的还可以攀缘生长在钢筋混凝土建筑物的表面、水泥路的缝隙中。地被植物具有资源丰富，种类繁多，有一定实用价值或观赏价值，生态适应性强，应用广泛等优点，因而具有广阔发展前景。草坪草就属于典型而特殊的一类地被植物，但多数地被植物不像草坪草那样娇贵，养护管理也较为粗放，因此备受欢迎，如紫藤、凌霄、爬山虎、紫叶小案、石竹、石蒜、佛甲草、玉簪、萱草等。

2.草坪在现代城市中的作用

草坪在城市园林绿化和国土绿化中占有重要的地位。草坪植物是现代城市绿化建设的重要绿化材料，在人类栖身的生态系统中发挥了不可替代的重要作用。园林植物配置中通常草坪与乔、灌木构成垂直层次组合，可以，达到很好的防风、滞尘、降尘、减噪效果，而草坪处于最底层，形成绿色致密草毯，均匀覆盖地面上。上层土中絮结的草根层，为密集根网交织的固结层，可促进雨水渗透，防止土壤侵蚀。草叶面积约为相应地表面积的 20～80 倍。许多草坪植物能分泌杀菌素，尤其在修剪时，植物因受伤会产生更多的杀菌素，禾本科植物以紫羊茅杀菌能力最强。这一切都会使草坪在调节城市小气候、抑尘滞尘、减弱噪声和强光以及对有毒有害物质的固定、稀释、分解、吸收吸附、过滤、杀菌等方面起到积极作用。吸滞的粉尘可随雨水、露水和人工灌水冲洗至土壤中，有效地净化空气和水质，协调土壤温湿状况，保持水土，防止人的听视觉疲劳，同时在改造废地、改良土壤结构、减灾防灾、绿化美化及改善生态环境、维持城市生态平衡等多方面显示出巨大的功能。

如今，随着城市的发展，草坪作为园林绿化植物的"后起之秀"，近些年来在我国的种植面积不断扩大，草坪面积及质量已成为衡量城市园林绿化水平、环境质量、精神风貌和文化素质的标准，也是衡量现代化城市建设水平的重要标志。联合国生物圈生态环境组织要求城市中人均公共绿地面积要达到 $60m^2$，城市人均公共绿地面积至少应达到 $30m^2$，才能形成良好的生态环境和居民生存环境。根据我国《城市绿地分类标准》，现已采用"人均公园绿地面积"取代"人均公共绿地面积"，人均公园绿地面积＝公园绿地面积 / 城市人口数量。

随着经济的快速发展，我国城镇化水平的不断推进，城市绿化标准的提升及城市面积的大幅度增长，各种草坪应运而生，对草坪的需求潜力巨大，草坪业的发展空间蕴藏巨大商机，具有广阔的市场发展前景。

（二）草坪的类型

草坪种类繁多，划分标准各异。

1.按用途划分

（1）游憩草坪

供人们散步、休息、游戏及户外活动用的草坪，与人们日常生活最相关、人们接触最频繁和最密切的一类草坪。该类草坪随处可见，无固定的形状，面积可大可小，一般是开放式，允许游人自由出入草坪内，因此可配置石景、乔木、灌木、花卉以及亭台、座椅，以增添景色的美，方便游憩。多用在公园、风景区、居住区、庭院、休闲广场上。要求选择耐践踏，恢复性强，生长旺盛，能迅速覆盖地面的草坪草种。

（2）观赏草坪

观赏草坪指以其美观的景色专供观赏的草坪，是建立高档草坪和特种用途草坪的一种特有方式。此类草坪设于园林绿地中，用草皮和花卉等材料构成图案、标牌等，是专供景色欣赏的草坪，也称装饰性草坪或造型草坪。如雕像喷泉、建筑纪念物、园林小品等处用作装饰和陪衬的草坪，这类草坪不允许入内践踏，栽培管理极为精细，草坪品质要求也极高，是作为艺术品供人观赏的高档草坪。此类草坪面积不宜过大，草以低矮、茎叶细密、色泽鲜绿、平整均一、绿期长的草种为宜，可用五色草、花卉、矮灌木构成图案、标牌、徽记，多用于居住区、公园、街路、广场等。

（3）运动场草坪

运动场草坪指专供体育活动和竞技的草坪，应以耐践踏、恢复性极强的草种为主。另外还要根据不同的竞技、运动特点建成不同的草坪。运动场草坪是高级草坪，对草种选择、土壤改良、配套设备以及管理水平要求很高。

（4）防护草坪

防护草坪指在坡地、堤坝、水岸、公路、铁路等边坡或水岸种植的草坪，要求草坪的抗性要强，管理要粗放，主要目的是起防止水土流失、固土护坡的作用。通常采用播种、铺草皮和草坪植生带或栽植营养体的方法来建坪。应选择适应性强，根系发达，草层紧密，耐旱、耐寒、抗病虫害能力较强的草种为宜。

其他用途草坪包括机场、停车场、步行等草坪等。

2. 按照与草本植物组合划分

（1）单纯草坪

单纯草坪指由一种草坪草种或品种建植的草坪。在高度、色泽、质地等方面具有高度的均一性的特点。多用于球场、公园、庭院、广场。

（2）混合草坪

混合草坪指由多种草坪草种或品种建植的草坪。特点是利用各草坪草或品种的优势，达到成坪快、绿期长、寿命长的目的。多用作游憩草坪、运动场草坪、防护草坪等。

（3）缀花草坪

缀花草坪以草坪作为背景，间植观花地被植物。缀花草坪花卉种植面积不能超过草坪面积的1/3。花卉分布应疏密有致，自然错落，多用于游憩草坪和观赏草坪，如白三叶、葱兰、韭兰、金鸡菊、地被菊等花类很多。

3. 按照与树木组合划分

①空旷草坪：草坪上不栽任何树木。

②稀树草坪：草坪上孤栽一些乔灌木。树木覆盖面积在 20% ~ 30%。

③疏林草坪：其树木覆盖面积在 30% ~ 60%，疏林草地一般布置稀疏的上层乔木，并以下层草本植物为主体，和单一的草地相比增加了景观层次。在有限的绿地上把乔木、

灌木、地被、草坪、藤本植物进行科学搭配，既提高了绿地的绿量和生态效益，又为人们的游憩提供了开阔的活动场地，将传统植物配置风格和现代草坪融为一体，形成一个完整的景观。

④林下草坪：树木覆盖面积在 70% 以上。

二、草坪草特征与分类

草坪草大部分为禾本科草，少数为非禾本科草类单子叶草和双子叶草，如莎草科、豆科、旋花科植物等。

（一）草坪草的特征

①一般特征：植株低矮，多为丛生状、根茎状或匍匐状，地上部生长点低位，常附于地表，并有坚韧的叶鞘保护。叶片多直立、叶形小、细长、寿命长，数量虽多但能透光、防黄化，具有很强的适应性和抗逆性。产种量大，具有较强繁殖能力和自我修复力，易于形成大面积的草毯，软硬适度，有一定的弹性。

②坪用特性：草坪草根状茎、匍匐茎和丛生茎叶发达、扩展性强，叶低而细，多密生，能均匀覆盖地表，形成致密草毯，具有良好的弹性和触感，比较柔软、整齐均匀，盖度高。生长旺盛，便于繁殖，适应性强，再生性好，分布广泛。对外力的抵抗力强，耐修剪，耐践踏；对人无毒、无刺激性。

（二）草坪草的分类

主要按照气候与地域分布和植物种类划分。

1. 按气候与地域分布划分

暖季（地）型草坪草不耐寒，最适宜生长温度为 26℃～32℃，主要分布在长江流域及以南地区（热带和亚热带地区）；冷季（地）型草坪草不耐热，最适宜生长温度为 15℃～25℃，但某些冷季型草坪草可在过渡带或暖季型草坪区的高海拔地区生长，主要分布在华北、东北、西北等地区（亚热带、温带和寒带地区）。

2. 按植物种类划分

禾本科草坪草是草坪草的主体，包括早熟禾亚科（冷季型 C3）、黍亚科（暖季型 C4）和画眉草亚科（暖季型 C4）。大部分草坪草归属禾本科的早熟禾亚科、黍亚科、画眉草亚科，有十几个种。非禾本科草坪草的匍匐枝发达、耐践踏、易形成草皮，应用广泛的如白三叶、沿阶草、马蹄金等。

（三）草坪草的株丛形态

草坪草的株丛形态主要是针对禾本科草坪草的分蘖而言的。

1. 密丛型

分蘖节位于地表以上或接近地表，为"中空"草丛，如羊茅属草坪草。在草群中竞争力很弱，易被其他植物所取代。

2. 疏丛型

为"中空"草丛，不同的是，分蘖节位于地表以下 1～5cm 处，分蘖与主枝呈锐角方向生长，形成不太紧密的株丛，如黑麦草、高羊茅等。

3. 根茎型

分蘖形成两种枝条，一种能垂直向上生长并在土表形成枝条，一种是由分蘖处呈水平方向形成根状茎，如野牛草、无芒雀麦等。要求土质松软、结构良好的肥沃土壤。

4. 根茎疏丛型

分蘖节位于地表以下 2～3cm 处，分蘖过程中形成较短而数量较多的根状茎，如草地早熟禾。

5. 匍匐茎型

茎呈水平匍匐地表生长，茎节上生长出新的枝叶和不定根，并固定在地面上。大多暖季性草坪草属于此类，如狗牙根、野牛草等，适合于营养繁殖，也能种子繁殖。

三、草坪建植

草坪建植，是综合应用栽培技术建立人工草坪的过程，主要包括坪床准备、草种选择、种植以及幼坪养护管理等过程。

（一）坪床准备

场地的准备包括各种清理工作、翻耕、整地、土壤改良、施肥及排灌设施的安置等。

1. 坪床的清理及粗平整

（1）坪床清理

根除和减少影响草坪建植和以后草坪管理的障碍物，保证地表和 30cm 土层中树根、石块、建筑垃圾、杂草等障碍物的清除。通常土表 60cm 以内不应有大块岩石和巨石，可移走或填埋或作为园林布景。

植前杂草清除和地下病虫害的防治在草坪建植和养护管理过程中是一项长期而艰巨的任务。草坪建植前，利用灭生性除草剂（环保型）彻底消灭或控制土壤中的杂草，能显著减少前期草坪内杂草。

①物理防除

常用人工和机械方法清除杂草的方法，翻耕，深耕，耙地，反复多次，有效清除多年生杂草和杀除已萌发的杂草。既防除了杂草，又有助于土壤风化与土壤地力提升。

②化学防除

主要利用非选择性的除莠剂除草，通常应用高效、低毒、残效期短、土壤残留少的灭生性或广谱性除草剂，如熏杀剂（溴甲烷、棉隆、威百亩）和非选择性内吸除草剂（草甘膦、茅草枯），还可在播种前灌水，提供杂草萌发的条件，让其出苗，待杂草出苗后，喷施灭生性除草剂将其杀灭。

③生物除草

利用种植绿肥、先锋草种（如黑麦草、高羊茅等）生长迅速、后期易于清除的特点，能快速形成地面覆盖层，起到遮阴、抑制杂草生长的作用，而草坪草有一定的耐阴性，它能为前期萌芽慢的草种起到保护作用而成为优势草类。这种在混播配方中，加入一定比例的能快速出苗、生长的草种，抑制杂草生长的方式称为保护播种。

④土壤消毒

主要采用熏蒸法防治地下病虫害，常用的熏蒸剂有溴甲烷、氯化苦（三氯硝基甲烷）、西玛津、扑草净、敌草隆类等，主要是对土壤起封闭作用。当药液均匀分布于土表后，犹如在地表上罩上了一张毒网，可抑制杂草的萌生或杀死萌生的杂草幼苗。

（2）粗平整

粗整是对床面的等高处理，即通常按照设计要求，挖掉突起部分和填平低洼部分。对于填土方的地方，应考虑填土的沉降因素，要适量加大填土量，细质土一般按下沉15%计算，使整个坪床达到一个理想的水平面。地基应与最终平整表面坡度一致。整地时，应考虑建成后的地形排水，采取龟背式或侧向倾斜式。适宜的地表排水坡度大约保持0.2%～3%，特殊要求除外。体育场草坪应设计成中间高四周低的地形。为了便于在草坪建植过程中和草坪建植后的管理，应尽量避免陡坡。

2. 设置排灌系统

面积在2000m²以上的草坪必须有充分的水源和完整的灌溉设备，应建稳定持久性的地下排水管路，要和市政排水系统相连接。草坪的灌水最好采用喷灌系统，管道应设在表层土壤以下50～100cm，一般在土壤冻层以下。利用地形自然排水，比降为3‰～5‰。在挖管道沟时，要注意土壤沉降与坪床土壤的一致性。因土壤质地不同沉降一般为10%～15%，在对草坪质量要求较高的地方，可设置简单的地下排水系统，即埋设带孔的排水管，将渗透到管中的多余的水分排出场地外，标准运动场草坪可根据具体要求设置复杂的排水系统。总之，合理的灌溉与排水是土壤改良的一个有效手段，优良的排灌设施，给草坪提供了一个稳定的生长条件，有利于草坪草根系的生长发育，形成高质量、较高观赏水平的草坪。

3. 施基肥及改良土壤

理想的草坪土壤应是土层深厚，排水性良好，pH值为5.5～7.5，结构适中的土壤。种植前施足基肥，基肥以有机肥料为主，配合化学肥料施用。有机肥料必须充分腐熟，经过无害化处理，无异味，一般适宜施用量为 75 ~ 110t/hm²，配合过磷酸钙适宜用量为 300 ~ 750kg/hm²，施用时可结合翻地将肥料施入坪床。常用有机肥源有堆肥、厩肥、泥塘土、腐叶土、泥炭等，其一般使用量为 3 ~ 6kg/m²。化肥可选高磷、高钾、低氮的复合肥 0.1 ~ 0.2kg/m² 与有机肥混合的基肥，或在建坪前每平方米草坪，施含 5 ~ 10g 硫酸铵、30g 过磷酸钙、15g 硫酸钾的混合肥料基肥。要深施和全层施，结合耕旋深施 20 ~ 30cm 为好，为后续草坪的生长奠定良好的肥力基础。

土壤改良的目的在于提高土壤肥力，保证草坪草正常生长发育所需的土壤生态环境。对于过沙、过黏的土壤，主要是在土壤中加入改良剂（泥炭、砂或黏土）。泥炭一般覆盖坪床表面 3 ~ 5cm 厚，覆盖 5cm 厚需要泥炭 240m3/hm²。针对过酸的土壤一般采用施用石灰，碱性土壤施用硫酸铝、硫酸亚铁或硫黄粉的方法进行改良，以消除酸碱危害。

4. 翻耕

土壤翻耕是指建坪前对土壤进行翻土、松土、碎土等一系列的耕作过程。整地质量的好坏直接影响出苗率和苗期水分管理的难度，应在建植前全面深翻耙地，精耕细作，翻、耙、压结合，清除杂草及障碍物。翻耕深度一般为 20 ~ 25cm，应在土壤湿润时用圆盘耙等机械充分破碎。严禁在土壤湿度过高时耕作，太湿则在压力下形成泥条，破坏土壤结构，严重影响其物理性状，极易造成而后所建草坪秃裸斑的发生。也不要在土壤太过干硬时耕作，特别是土质黏重的地块，容易产生大土块，土太干很难破碎散开，不容易耙碎平整，最终会严重影响播种质量和出苗的均匀度，产生较多的裸斑影响所建植草坪的整体质量。只有在适宜含水条件下耕作才能确保耕作质量，可手取 3 ~ 4cm 深的土壤，手握成团落地自然散开，或用手指使之破碎。若成团的土块易于破碎散开，则说明适宜耕作，此时耕作省工省力，耕翻土块易翻转酥碎，容易耙碎整平，耕作质量好。另外，如翻耕后坪床土壤过于松散，还应进行轻微镇压等。

5. 坪床细平整及施种肥

细平整，即平滑土表，为种植做准备。小面积一般由人工平整（人工耙平，或用一条绳拉一个钢垫）。大面积则需借助专用设备，包括土壤犁刀、耙、重钢垫、钉齿耙等。不平整的土地会导致灌溉水分布不匀，直接影响出苗的均匀度和苗床水分均匀，结果很容易形成缺苗秃斑，所以每次播种前必须认真细平整。结合施用种肥，改善苗期营养。种肥以复混肥为主，适宜的氮磷钾比例为 1：2：1，有条件时可在播种前 1 天浇水以湿润耕层，为播种创造良好的水分条件。

（二）草种的选择

草种选择是建坪成败的关键，是草坪养护的基础，这关系到后来所建草坪的持久性、品质及对病虫草害抗性大小等问题。具体应根据气候条件、土壤条件、养护水平、使用功能等因素来选择适宜的草种。

1. 选择草种依据

在建植草坪时，选择草种依据建植草坪的目的、要求和草坪的生态环境两方面，主要考虑如下要素。

（1）依据欲要求的草坪品质和用途

建坪目的不同，选择的草种有很大差异，如护坡草坪、运动场草坪和观赏草坪等，各自所选择的草种在耐磨性、扩繁性、再生性、柔软性、观赏性、种植方式、草种组合以及养护管理等方面有较大不同。一般护坡草坪，适宜选择适应性强、耐瘠、耐旱、耐寒、抗热，适宜粗放管理的草种，如高羊茅、加拿大早熟禾、野牛草、结缕草、狗牙根、画眉草、百喜草等，并且可配合紫穗槐、沙棘、胡枝子等小灌木加强防护功能；而运动场草坪或开放式草坪，适宜选择耐践踏、耐低修剪、恢复性强的草坪品种混播，如高羊茅、草地早熟禾、黑麦草、结缕草、狗牙根、马尼拉草等；对于观赏草坪一般可选择生长低矮、茎叶纤细、质地柔软、质量高、光滑和草姿优美的草种，多以单播方式形成单纯草坪，如草地早熟禾、紫羊茅、马蹄金、三叶草、麦冬、马尼拉、天堂草以及天鹅绒等。

（2）依据草坪草生态环境适应性

选用的草种必须适应建坪地的气候、土壤等环境条件而正常生长，综合考虑草种的绿期、抗旱、抗寒、耐热、耐瘠薄、耐阴、耐践踏和抗病虫草害等生态要求。如过酸、过碱土壤除加强改良外，对于酸性较强土壤，适宜用剪股颖、羊茅类草种，以多年生黑麦草为先锋草种，不适宜用早熟禾类和三叶草类草种，而中碱性土壤，常采用草地早熟禾或高羊茅为主要草种，黑麦草为保护草种或先锋草种。

（3）依据建草坪地的管理水平及养护成本

建坪成本与坪床准备、建植方式有关，是人们最关心的，而后续养护管理费用同养护标准、草坪草的环境适应性等方面密切相关，常不被重视。对于经济实力强、养护水平高的应选精细草坪，如剪股颖、早熟禾、马蹄金、天堂草；经济实力差、养护水平低的可选粗放草坪，如结缕草、高羊茅、普通狗牙根、假俭草、钝叶草等。

（4）所要求的草坪投入使用的时间、建坪速度

所选的建植方式直接影响建坪速度以及投入使用的时间长短。一般要求成坪速度快，利用草皮满铺法铺植草坪，很快形成瞬时草坪，但成本高。另外，应根据实际需要注意首选乡土草种，该草种长期适应本地气候条件，综合抗性强，草坪建植和养护管理费用低，效果较好。

2. 草种单播与混播

（1）单播

单播是指只用一种草坪草种子建植草坪的方法。单播保证了草坪最高的纯度和一致性，可造就最美观、最均一的草坪外观。但对环境的适应能力较差，要求养护管理的水平也较高。

（2）混播

混播是指用两种或两种以上的草种或同种不同品种混在一起播种建植草坪的方法。混播使草坪具有广泛的遗传背景，因而草坪具有更强的环境适应能力，能达到草种间优势互补，可使主要草种形成稳定和苗壮的草坪。但不易获得颜色和质地均匀的草坪，坪观质量稍差。草种混播应掌握各类主要草种的生长习性和主要优缺点，以便合理选择草种组合；所选草种在质地、色泽、高度、细度、生长习性方面要有一致性；混合的比例要适当，要突出主要品种。

（3）播种时间

主要考虑到播种时的温度和播种后 2 ~ 3 个月内的温度状况。一般冷季型草坪草适合在初春和晚夏播种，最适气温15℃ ~ 25℃，而暖季型草坪草适合在春末和夏初播种，最适气温 20℃ ~ 30℃。

（4）播种量的确定

影响播种量的因素很多，如草种大小、发芽率、播种期及土壤条件等。如果播种条件不好，应适当加大播种量；如果草种扩展能力很强，则可以降低播种量。一般确定标准是以足够数量的活种子确保单位面积幼苗的额定株数，理论上每平方厘米有 1 ~ 2 株存活苗，即每平方米有 1 万 ~ 2 万株（混播的按混合比例计算）。

理论播种量（g/m2）＝每平方米留苗数 × 千粒重（g）×10/ 种子纯度 × 发芽率 ×1000

实际播种量为计算理论播种量的 120%。在混合播种中，在土壤条件良好、种子质量高时，较大粒种子的适宜混播量播种量为 20 ~ 30g/m^2。

3. 草坪交播

生产实践中，人们都期望草坪四季常青，绿草如茵，但气候条件的限制和季节转换，总会使某一区域的草坪如期进入休眠枯黄期。利用交播技术可以加以改善，一般选择夏绿草种与冬绿草种交播，形成常绿草坪。所谓草坪交播，又叫追播、覆播、插播，就是指在暖季型草坪群落中的休眠期撒播一些冷季型草坪草种以获得美观冬季草坪的技术。在热带、亚热带，建植草坪选用的草坪草通常为暖季型的，该类草坪草在冬季枯黄，处于休眠状态，影响草坪景观，运动场草坪则是一片枯黄，也会影响到运动员的心情和竞技水平的发挥。交播可以改良冬季休眠枯黄的草坪，其目的是在暖季型草坪的休眠期获得一个外观良好的草坪。"交播"所选用的草种具有生产力强、建坪迅速、生长周期短、后期容易除去等特点，如一年生黑麦草、高羊茅、紫羊茅等。在前草进入枯黄期前的 1 个月就进行交播，一般在暖季型草坪群落中于秋季撒播一些冷季型草坪草种，进入冬季已健壮生长成坪。这些草坪草在热带和亚热带偏暖的地区冬季常绿，夏季又处于休眠以致枯死状态，加上几次的低修剪即可清除。

三、建植方法

（一）种子建植

种子建坪就是直接利用草坪草种子，均匀播种于整理好的坪床上，通过一系列的管理工序，使得草坪种子发芽，生长发育，最终成为一块草坪的建坪方法。

1. 普通播种

播种时将地块分成若干小区，按每小区面积称出所需的种子重量，在每个小区中，从上到下播一半种子，再从左到右播一半种子（交叉播种），保证播种均匀。小面积的可以拌细沙手工播种，大面积的采用播种机播种。播种完毕后，用覆土耙进行覆土，覆土厚度为 0.2～0.5cm，使草种均匀混入 5～10mm 土层中，然后用滚筒滚压 2～3 次，确保覆耙均匀，草种与土壤密接，坪床具有一定紧实度，最后用遮阳网、草苫子、无纺布、秸秆等覆盖，再浇透水，保持坪床湿润，直至种子发芽。

2. 喷播

喷播是把预先混合均匀的种子、黏结剂、覆盖材料、肥料、保湿剂、染色剂、水的浆状物高压喷到陡坡场地的草坪建坪方法。喷播具有播种均匀，效率高，将施肥、混种、播种、覆盖等工序一次完成，受风力影响较小，克服不利自然条件的影响，费用低，且不占用农田、科技含量高等优点。喷播适用于高等级公路的边坡坡面、高尔夫球场的外坡、立交桥坡面以及其他斜坡坡面的植草。

3. 种子植生带

种子植生带是指坪草种子均匀固定在两层无纺布或纸布之间形成的草坪建植材料。该法具有施工快捷方便、易于运输和贮存，出苗率高、出苗整齐，杂草少，有效防止种子流失，无残留和污染，但成本较高的特点。种子植生带特别适用于常规施工方法十分困难的陡坡、高速路、公路的护岸、护坡地绿化铺设，也可用于城市的园林绿化、运动草坪以及水土保护等方面。

（二）营养器官建植

营养器官建植是指利用草皮、草块、枝条和匍匐茎等繁殖体建植草坪的方法，具有建坪迅速，养护管理强度小，需水量小，与杂草竞争力强等优点。

1. 铺草皮（卷）

高质量的草皮块是均一，无病虫害的，操作时能牢固地结在一起，种植后 1～2 周就能生根。密铺相邻草皮块应留 0.5～1cm 空隙，草皮铺植后要追施表土，将相邻草皮的空隙内填土至与草皮表面一致，而后进行滚压或浇水后 2～3 天滚压。草皮铺植方式主要有满铺法、间隔铺、条铺和点栽法。

①满铺法。用一定规格的草皮直接把建坪地铺满，一旦成活后即成草坪。该法成坪

快，草皮用量大，是所有营养繁殖建坪方法中成本最高的。

②间隔铺。将草皮或草毯铲成30cm的方块形，按一定间距、形状排列铺装在场地上。铺设面积可占1/3或1/2。该法节省草皮材料，但是成坪时间较长。

③条铺。将草皮或草毯铲成大约10cm宽的长条形，以10～20cm的间隔平行铺装在场地上。该方法适用于匍匐茎发达的草种，如狗牙根、结缕草、剪股颖等。

④点栽（分栽）法。将草皮或草毯分成小块，按一定的株行距栽下。

2. 蔓植（播茎法）

将草坪匍匐茎切成带有2～4个节的茎段均匀撒于坪床上或栽种于深为5～8cm、间距15～30cm的沟内，茎段1～2个节埋入地下，另一端露出地面，栽植后立即覆土、镇压和浇水。该法繁殖系数高，节省材料，成本低，成坪慢。一般每平方米材料可铺设30～50m² 草坪。其主要用于匍匐茎发达的暖季型草坪草的繁殖（如狗牙根、结缕草等），也可用于冷季型草坪草具有匍匐茎的草地早熟禾、匍匐剪股颖等。

3. 塞植

柱状或块状草皮块（直径和高5cm左右）以30～40cm的间距插入坪床，顶部与土壤表层平行。塞植适用于匍匐茎和根茎性较强的草种。一般可用于草坪草种的更换或可用直径为10～20cm的草皮块修补受损草坪。

第四节　草坪的养护

俗话说"草坪三分种，要七分管"。草坪一旦建成，为保证草坪的质量与持续利用，要对其进行日常和定期的养护管理。对于不同类型的草坪，尽管在养护管理的次数和强度上有所差异，但其养护的主要内容和措施大体是一致的。其内容包括灌水、施肥、修剪、表施土壤、滚压、除草松土、病虫草害防治等养护管理技术。修剪、灌溉和施肥是最主要的三项草坪管理措施，合理运用这些管理措施是获得优质草坪的有效途径。其中草坪修剪是草坪管理中工作量最大的一项作业，是草坪养护管理的核心内容。

一、修剪

修剪是指为了维护草坪的美观以及充分发挥草坪的功能，为使草坪保持一定高度而进行的定期剪除草坪草多余枝条的工作。修剪草坪是草坪养护管理的核心内容，最重要，费用最高，是保证草坪质量的重要措施，是维持优质草坪的重要手段，特别是对于质量要求较高的草坪，修剪显得更加重要。当草坪草已全部返青，并且出现由于顶端生长过旺而阻碍了分蘖、根茎或匍匐茎的发育，或者草坪整体不平整的时候应立即开始修剪。

修剪叶应根据不同类型的草坪，将修剪机调到适宜的高度，修剪高度一般为 3 ~ 5cm，以使草坪保持低矮、致密。不要等到草长得过高才进行修剪，这样对草坪造成伤害过大，伤口不易恢复，极易感染病害；也不能过度修剪，降低了营养物质的合成，阻碍根系发育。

（一）草坪修剪原理和作用

1. 修剪原理

草坪耐频繁修剪的原因是草坪草的生长点低、再生能力强，又有留茬、匍匐茎、根系等储藏器官的营养物质供应做保障。修剪会剪去草坪枝条顶部的叶组织，对草坪来说是一个损伤，但它们又会因强的再生能力而得到恢复。草坪草的再生部位是剪后留存的上部叶片的老叶（可以继续生长）、未被伤害的幼叶（尚能继续长大）和基部的分蘖节（根茎）（不断产生新的枝条）。修剪对于所有草坪草都一样，但是，暖季型草坪草对于低修剪并没有冷季型草坪草敏感。暖季型草坪草春季的第一次修剪多在 4 月中下旬草坪草开始旺盛生长时进行，修剪高度一般在 3 ~ 5cm，以使草坪保持低矮、致密。但春季忌过度修剪，因为这样将减少营养物质的合成，进而阻碍春季草坪草根系的发育，春季贴地面修剪形成的稀疏且浅的根系必将减弱草坪草在整个生长季的表现。如果养护管理水平较高，则应尽快开始有规律的修剪，即每隔 10 ~ 15 天修剪一次。

2. 修剪的目的

在特定的范围内控制营养生长和草坪草顶端生长，促进生长点生长，增加分枝分蘖，形成致密的绿色草毯，维持一个适于观赏、游憩和运动的草坪表面。

3. 草坪修剪的作用

适当地修剪会给草坪草以适度的刺激，可平滑草坪表面，使草坪平坦均一，促进草坪的分蘖、分枝，有利于匍匐茎、根状茎的伸长，增大草坪密度，形成致密的草毯；修剪还会控制草坪徒长和开花，抑制杂草的生长和入侵，降低叶片宽度，提高草坪质地，使草坪更加美观。另外，修剪还有利于日光进入草坪基垫层，使草坪健壮生长，充分发挥草坪的坪用功能。草坪草具有生长点低位、叶小、直立、健壮、致密生和生长较快的特性，这就为草坪的修剪管理提供了可能。

（二）修剪的高度和频率

合理修剪，根据不同的季节确定修剪频率，采用不同的修剪方式，同时不断转换修剪方向，防止草坪退化和"纹理现象"发生。草坪修剪管理涉及多方面的因素，要做到适度修剪必须处理好下列问题。

1. 修剪高度

草坪的修剪高度也叫留茬高度，是指草坪修剪后地上枝条的垂直高度。因草坪质量要求、草种、利用强度、所处环境条件以及生长发育阶段的不同，修剪高度也是不相同的。因此，草坪的适宜留茬高度应依草坪草的生理、形态学特征和使用目的来确定，以不影响草坪正常生长发育和功能发挥为原则。一般草坪草的留茬为 3 ~ 4cm，部分遮阴、胁迫和损害较严重草坪的留茬应高一些，以降低草坪单位面积上的密度，增加单株草坪草的光和面积，使草坪草更能适应遮阴的环境条件。确定草坪适宜的修剪高度是十分重要的，它是进行草坪修剪作业的依据。每次修剪时，剪掉的部分应少于叶片自然高度的 1/3，即必须遵守"1/3 原则"。修剪时不能伤害到坪草的根颈，否则会因地上茎叶与地下根系生长的不平衡而影响草坪草的正常生长。当然，可以根据草坪长势、种类、季节等予以适当调节。一般长势旺，留茬短些，长势弱，留茬高些；夏季冷季型草坪应提高修剪高度以弥补高温、干旱胁迫的影响，而暖季型草坪则在生长的前期和后期应提高修剪的高度以增强其抗冻性和提高光合能力。在实际工作中，通常剪草时草高为留茬高度的 1.5 倍。修剪过高或过低都会对草坪产生不良影响：若草坪留茬过高给人一种蓬乱、粗糙、柔软，甚至倒伏的感觉，表现为不整齐的外观，还会因引起枯草层过厚而影响草坪草正常生长。草坪草生长过高，会导致植株下层叶片因长期不能获取足够的光照而枯黄，同时草叶因过长而下垂弯曲，也使草坪密度下降，叶片宽度增加使草坪质地变得粗糙，草坪质量显著下降。若草坪被修剪得太低，会使草坪草根茎受到损伤，大量生长点被剪掉，从而损伤草坪草的再生力；同时，大量叶组织被剪除，削弱了植物的光合作用，导致草坪草光合能力的急剧下降。由于叶面积的大量损失，使得仅存有的光合产物主要被用于新的嫩枝组织生长，消耗了大部分贮存养分，使大量根系无足够养分维持而退化变浅甚至大量死亡，从而极大降低了草坪草从土壤中吸收营养和水分的能力，最终导致草坪逐渐衰退。另外，不按"1/3 原则"操作，一次剪掉过多的绿色叶片，下层枯黄的叶片显现出来，就会出现黄斑，影响整体美观，也将使根系的作用下降到最低限度。

2. 修剪时期及频率

修剪的高度及频率直接影响草坪施肥、灌溉的频率和强度，在特定的范围内控制草坪草顶端生长，促进分枝，维持一个适于观赏、游憩和运动的草坪表面。"1/3 原则"是确定修剪时间及频率的最重要依据。生长过于旺盛会导致根部坏死，要获得优质草坪，在生长旺盛时期连续修剪是必要的。草坪的修剪时期与草坪草的生育相关，一般而言，冷季型草坪草修剪时间集中在生长旺盛的春季（4 ~ 6 月）、秋季（8 ~ 10 月）两季，暖季型草坪草修剪时间集中在夏季（6 ~ 9 月），通常在晴朗的天气下进行。草坪修剪的次数应按照草坪草生育状态、草坪用途、草坪质量及草坪草种类等来决定。草坪修剪频率是指一定时期内草坪修剪的次数，取决于草坪草种类、生长速度、草坪用途、草坪质量、养护水平等因素。草坪草的高度是确定修剪与否的最好指标。

3. 修剪方式与质量

草坪每次修剪或滚压时，机械行走方向不同，使得草坪草茎叶倒伏的方向不同，从而叶片反射光出现差异，因而会形成深浅相间的花纹。同一块草坪，每次修剪要避免永远在同一地点、同一方向的多次重复修剪，否则草坪就会退化和发生草叶趋于同一方向的定向生长。草坪的修剪应按照一定的模式来操作，以保证不漏剪并能创造良好的坪用外观。另外，草坪修剪的质量取决于剪草机的类型及草坪生长状况。总原则是在满足草坪修剪质量要求的前提下，选择最经济实用的机型。通常运动场草坪和观赏草坪质量要求比较高，修剪高度低，一般多在2cm左右，应选择滚刀式剪草机。一般绿化草坪如广场、公园、学校等，修剪高度较高，多在4～15cm，都选用旋刀式剪草机。而对于护坡地、公路两侧绿地的草坪管理极为粗放的，修剪高度超过20cm，草坪质量要求较低，可以人工割草或选择割灌机进行修剪。

（二）施肥

施肥是草坪养护管理中的一项重要的手段，是花时间、花工最少，花钱不多的措施之一。通过施肥可以为草坪植物提供自身所需要的营养元素、改善草坪质量和保证草坪持久性。

在草坪养护管理中，只要是施入土壤中或是喷洒于草坪地上部分，能直接或间接地供给草坪草养分，使草坪草生长茂盛、色泽正常，并逐步提高土壤肥力的各种物质，称为肥料。氮肥有利于增加草坪草绿色，磷肥有利于促进草坪草根系的生长，而钾肥则有利于提高草坪草的抗性。因此，草坪生长过程中要注意科学施肥，施用安全卫生的肥料，尽量不要单一施用氮肥，应施用氮、磷、钾配比合理的复混肥，有条件的地方可以进行配方施肥，同时可以结合表施土壤，增加有机肥料的施用，保持肥料养分全面均衡，可减少草坪病害的发生。全年施用草坪专用肥、卫生肥料等3～5次来补充草坪养分不足，保障其正常生长发育和营养平衡。

1. 养分种类及作用

了解草坪营养特性、合理施肥是维持草坪正常颜色、密度与活力的重要措施。草坪同其他植物一样，正常生长所必需的17种营养元素，即碳、氢、氧、氮、磷、钾、钙、镁、硫、锌、铁、锰、铜、硼、铝、氯、钼，除碳、氢、氧主要来自空气和水外，其他的都主要靠土壤和肥料提供。氮、磷、钾为大量元素，草坪草生长需要量最多、最为关键的营养元素是氮，其次是钾，磷列第三，磷钾养分的丰缺常与草坪质量、发病率及草坪在胁迫条件下的抗性有关。

草坪草对养分的要求量与农作物、果树、牧草不同，栽培作物主要收获籽实籽粒，果树以果品、牧草为全部的生物产草量，而养分有利于草坪较长期地维持良好的覆盖和一定绿度。正常草坪草中，所含氮素占干物质总重的3%～5%，氮能促使草坪草茎叶繁茂，缺氮草叶失绿黄化，生长不良，但过量的氮会使植物细胞壁变薄、养分贮备下降，导致抗性降低。同时还刺激地上部分徒长而增加剪草工作量，影响到根系发育。由于氮素容易因挥发、淋失和反硝化造成损失，坪草对其需要量又大，因此比磷钾等元素更容易缺乏。草坪施肥要以氮钾为主，氮、钾、磷三要素配合，注意补充其他元素，以维持草坪营养平衡，提高草坪质量，保持草姿优美并可延长其使用寿命。磷钾在提高环境适应能力，增强草坪抗寒性、抗旱性、抗病性等对逆境的抗逆能力方面发挥重要作用，故为了提高草坪越冬、越夏的抗逆性，可加大磷钾用量。

2. 施肥量确定

草坪需要施用多少肥料取决于许多因素，包括期望的草坪质量高低、气象条件、生长季节的长短、土壤质地、光照条件、利用强度、灌溉状况、修剪碎叶的去留等。施肥量可根据草坪草的生长状况、土壤的肥力高低、生长季节的长短、当地气温情况和践踏程度来调节确定。选择和施用肥料时，应充分了解和分析各种肥料的养分含量和烧伤草叶的可能性以及肥料特性，并根据草坪土壤情况确定适宜的化肥种类及施用量，制订施肥计划时要以土壤养分测定的结果和经验为根据。在贫瘠草坪土壤应多施肥，同时，生长季节越长，使用率越高的草坪施肥量越多，以保证草坪健康生长。一般来讲，土壤质地偏砂性土、沙壤土一次的施肥量以 4 ~ 5kg/ 亩（1 亩＝ 666.7m^2，下同），一年两次的施肥量以 6 ~ 10kg/ 亩为准。氮素对草坪草的生命活动以及对草坪草的色泽和品质有极其重要的作用，合理施用氮肥是非常重要的。凭经验，常根据草坪密度、生长速度等来估算或估测氮肥的需要量，可通过试验方法或通过测定土壤有效氮含量来确定草坪对氮的需求量。草坪推荐施肥时，氮肥施用量最大，并且磷钾肥施用量通常以氮的用量为基础。一般施磷量为氮的 1/10 ~ 1/5、施钾量为氮的 1/3 ~ 1/2。草坪营养与施肥中，强调氮、磷、钾营养平衡，三者的比例一般为 10：6：4 或 10：5：5 为宜，还要根据实际要求配合其他营养物质。为避免施肥后立即产生不适当的刺激作用，并保证养分源源不断供给草坪，至少有一半的氮应是缓效氮。为了确保草坪养分平衡，不论是冷季型草，还是暖季型草，在生长季内至少要施 1 ~ 2 次复混肥等完全肥料或全价肥料。

3. 施肥时间

冷季型草坪一年有两个生育高峰，因此，其最重要的施肥时间是晚夏和深秋，高质量的草坪最好是在春季应施肥 1 ~ 2 次。暖季型草坪一年只有夏季一个生育高峰，为满足生长对养分的要求，最重要的施肥时间是在春末，第二次施肥宜安排在夏天。草坪施肥最好安排在修剪之后、灌水之前进行。

4. 施肥次数

施肥次数因养护管理水平、草坪草生长状况、土壤肥力水平等的不同而异。首先，对于低养护管理草坪，每年只施用 1 次全价肥料，冷地型草坪草于每年秋季施用，暖地型草坪草在初夏施用。其次，对于中等养护管理草坪，冷地型草坪草在春秋季两个生长高峰期各施一次肥料，一次在早春，一次在初秋，这样，草坪草可比 3 月或 4 月施肥的草坪提前 2 ~ 3 周开始生长。尽早施肥不仅可以使绿期提前，而且有助于冷季型草坪受到的各种伤害尽早恢复，同时可在一年生杂草得到适宜萌芽温度之前形成致密的草皮。在 8 月末或 9 月初施肥，不仅可以使绿期延长到秋末或冬初，而且可以刺激草坪草二年分蘖和产生地下根茎。这种施肥措施可给优良的草坪创造最佳生活条件，而对夏季早生杂草不利。暖地型草坪草在春季、仲夏、秋初各施用1次。最后，对于高养护管理的草坪，在草坪草快速生长季节，无论是冷季型草坪草还是暖季型草坪草最好每月施肥1次。施肥要少量、多次，使草能均匀生长。草坪旺盛生长期，特别是冷季型草坪，由于垂直生长速度快，大大增加修剪频率和次数，每年应进行若干次追肥，至少在春季和秋季两次施肥不可少，之后可根据情况在春秋两季增加施肥次数。夏季一般不施肥，如果需要可在夏初使用缓释肥（有机肥），春季第一次追肥和秋季最后一次施肥除施氮磷钾复混肥外，需要根据实际追施氮肥。夏季一般不施肥，不要因草衰弱，多次追施氮肥，以免诱发病害，降低抗性。钾肥可提高草的抗性，每次施氮肥都可加入一定量的钾肥。缓效肥养分源源不断地供给草坪平衡生长，同时减少施肥次数，节省工力，提高效率。

5. 施肥方法

在草坪施肥的具体过程中，施肥方法也十分重要。方法不正确，施肥不均匀，常引起草坪色泽不均，影响美观，有的甚至引起局部灼伤。条件较好的应使用专用的施肥机械施肥，可使施肥量准确、撒施均匀，施肥效率高、效果好。常用草坪施肥方法有三种。一是颗粒撒施，把所有肥料直接撒在草皮表层，撒肥时要撒得均匀一些，否则未撒上的区域就不会得到肥料的营养。为避免某区域因施肥太多而过度刺激植物生长，可把肥料分成几份向不同方向撒，尽量撒匀，撒施后需马上对草坪浇水。二是叶面喷施，将肥料加水稀释成溶液，利用喷灌或其他设备工具喷洒在草皮表面。要求肥料溶解性能要好，不能过酸过碱，以免灼伤草叶，如速溶复合肥采用水溶法按0.5%浓度溶解后，用高压喷药机均匀喷洒，施肥量为80m^2/kg，尿素按0.5%的浓度，用水稀释后，用高压喷雾枪喷施。三是灌溉施肥，注意控制养分溶液浓度。如尿素的浓度一般为2%～3%，KH_2PO_4的浓度应在0.2%～0.3%的范围内，浓度过高也容易灼烧茎叶。肥料分布不均匀，易导致草坪草生长不一，甚至受害，尤其高浓度肥料或大剂量施用时，对其影响更为明显。

6. 施肥要求

草坪施肥要按需施肥，均匀施肥。单株草坪植物的根系所占面积很小，若肥料分布不均匀，会导致草坪草生长不均一、不整齐，甚至受害，尤其高浓度肥料或大剂量施用时，对其影响更为明显，所以，施肥要均匀地施在草坪上，并注意少施、勤施。均匀施肥需要选用适宜的机具、有较高的技术水平，施肥的机具主要有两个类型：一是适用于液体化肥的施肥机，另一种是颗粒状化肥施肥机。通常小面积的草坪可以用人工撒施，但要求施肥人员特别有经验，能够把握好手的摆动和行走速度才能做到撒施均匀一致。施肥前草坪应干燥无露水，草坪施肥后需及时浇水，以促进养分的分解和草坪草的吸收，防止肥料"烧苗"。冷季型草坪草在高温热胁迫、杂草发生等逆境条件下，一般不施肥，尤其是氮肥。若春季追肥，应根据草坪生长状况，以氮肥为主，要少施或不施，过多使用氮肥会导致草坪草旺而不壮，使得草坪草抗性降低，容易发病，还要增加修剪频率，从而加大管理成本。秋季施肥，应以磷钾肥或基肥为主，最好施用缓控释肥料等，增施磷钾肥，可减轻冻害，使草坪安全越冬。

（三）灌水

1.灌水时间

草坪何时需要灌水，是草坪管理中一个复杂但又必须解决的问题。科学浇水，是按照草坪草生长发育需水规律和土壤水分状况，适时合理灌溉，促进生长，形成健壮、整洁、美观的草坪。根据实际情况，当表土层干旱时，就应及时浇水，直至灌到土壤深层湿润，而且喷水可以冲洗掉草坪叶片上的尘土，有利于光合作用。下次再浇水时，必须要等到土壤水分无法满足草坪草生长需要时才能进行，这样不但节约用水，而且促进根系向下扩展，增大营养面积，增强草坪抗旱性，更适宜草坪生长。大多数暖季型草坪草具有较强的抗旱性，需水量仅为冷季型草坪的1/3左右，一般情况下不需要浇水，但遇到干旱或是使用频率较高的草坪（如运动场草坪）应加强灌水，以防水量的不足影响生长。由于冷季型草坪不耐热，夏季气温较高，草坪蒸发量较大，必须及时喷水或浇水。要避免傍晚浇水，以减少发病概率。

（1）灌水时间确定

首先，观察植株，当叶片色泽会由亮变暗，进而萎卷曲，叶色灰绿，终至枯黄时，需要立即灌水。其次，观察土壤干湿度，当10～15cm土层呈现浅白色，无湿润感时需要灌水。另外，利用张力计法测量土壤含水量和草坪的耗水量。把蒸发皿放在开阔区域，粗略判断土壤中损失的水分（草坪的实际耗水量一般相当于蒸发皿内损失水深的75%～85%时需要灌水）。这种方法可在封闭的草坪内应用。

一天中草坪浇水的最佳时间是太阳出来之前，夏季应尽可能安排在早上，一般不在有太阳的中午和晚上浇水。前者容易使细胞壁破裂，引起草坪草的灼伤，而且蒸发损失大，降低水分的利用效率；而晚上浇水虽然水的利用率高，但由于草坪整夜处于潮湿状态，利于细菌和微生物的滋生并侵染草坪草组织，引起草坪病害。因而许多草坪管理者喜欢早上浇灌。一般来说早晨是浇水最佳的时间，除了可以满足草坪一天生长发育需要的水分外，到晚间叶片就干燥了，还可以防止病菌的滋生。而对于运动场草坪，多在傍晚灌水，但要注意，应立即喷施杀菌剂，可有效预防因高湿引起的草坪病害。在我国南方地区越夏困难的冷季型草坪草，通常可在傍晚浇水以降温，有助于幼苗安全度过夏季的高温。

（2）灌溉原则

草坪灌溉因草种、质量、季节、土壤质地不同遵循不同的灌水原则，同时灌溉还应与其他养护管理措施相配合。草坪灌水遵循以喷灌为主，尽量避免地面大水漫灌，这样省水效率高又不破坏土壤结构，利于草坪草的生长。应在草坪草缺水时灌溉，一次浇透，成熟草坪，应干至一定程度再灌水，以便带入新鲜空气，并刺激根向床土深层扩展，喷灌时应遵循大量、少次的原则，以有利于草坪草的根系生长并向土壤深层扩展。单位时间浇水量应小于土壤的渗透速度，防止径流和土壤板结。控制总浇水量不应大于土壤田间持水量，防止坪床内积水，一般使土壤湿润深度达到 10 ～ 15cm 即可。浇水因土壤质地而异，沙土保水性能差，要小水量多次勤浇，黏土与壤土要多量少次，每次浇透，干透再浇。

2. 灌水量

（1）水源

草坪灌溉通常采用地表水（河流、湖泊、池塘等）或地下水进行灌溉。在利用地表水进行草坪灌水时，水中往往会携带一定的杂草种子，若不加以处理和控制，常常会导致杂草的入侵。

（2）灌水量的确定及影响的因素

草坪草种或品种、草坪养护水平、土壤质地以及气候条件是影响灌水量的因素。每周的灌溉量应使水层深度达到 30 ～ 40mm，湿润土层达到 10 ～ 15cm，以保持草坪鲜绿；在炎热而干旱的地区，每周灌溉量在 6mm 以上为宜，最好是每周大灌水一两次。北方冬灌湿润土层深度则增加到 20 ～ 25cm，适宜在刚刚要结冰时进行。灌冬水提高了土壤热容量和导热性，延长绿期，确保草坪越冬安全。

（3）灌水方法

草坪的灌溉方法主要有人工管灌、地面漫灌、喷灌、微喷灌、滴灌。微喷是一种现代化的精密高效节水灌溉技术，具有节水、节能、适应性强等特点。微喷主要用于花卉、苗圃、温室、庭院、花坛和小面积、条形、零星不规则形状的草坪。微喷与喷灌并没有严格意义上的区别，但其水滴细小，雾化程度高。

3. 灌水技术要点

初建草坪，最理想的灌水方式是微喷灌，出苗前每天灌水 1 ～ 2 次，土壤计划湿润层为 5 ～ 10cm，随苗出、苗壮逐渐减少灌水次数和增加灌水定额。低温季节，尽量避免白天浇水。草坪成坪后至越冬前的生长期内，土壤计划湿润层深度按 15 ～ 25cm 计算，土壤含水量不应低于田间持水量的 60%。为减少病虫害，在夏季高温季节草坪草胁迫期，应采取特殊管理技术措施喷水、灌水降温，但应减少灌水次数。灌水还应与施肥作业相配合，防止灼伤草叶，提高肥料的吸收利用率。在北方冬季干旱少雪、春季雨水稀少、土壤墒情差的地区，入冬前必须灌好"封冻水"，以充分湿润 20 ～ 25cm 土壤深度，在地表刚冻结时进行，以使草坪草根部贮存充足的水分，提高土壤热容量和导热性，增强抗旱越冬能力。对于土质偏砂性的土壤，由于蓄水保水能力较差，应在冬季晴朗天气，选择白天气温较高时灌冬水，灌至土壤表层湿润为适宜，切不可多灌形成积水，以免夜间因低温结冰形成冰盖，对草坪草造成危害。最后在早春土壤开始融化之前草坪开始萌动时灌好"返青水"，促进提早返青和生长，防止草坪草在萌芽期因春旱而影响其生长，还可以有效地抑制杂草。如果草坪践踏严重，土壤板结干硬，浇水时难以渗透，要先进行打孔疏松土壤，而后浇水，这样不影响高处草坪土壤水分的渗透，低洼地方也不致积水，有利于草坪生长均匀一致。

（四）辅助养护措施

除修剪、施肥、灌水等常规的养护措施以外，还有表施土壤、滚压、打孔、除土芯、划破草皮、松耙、清除枯草层、添加湿润剂和着色剂等辅助养护管理措施。

1. 表施土壤

草坪使用过程中土壤会发生不同程度的减少，有的甚至出现凹凸不平、匍匐茎裸露、肥力低下的情况。为了促进草坪草正常生长，保证绿地平坦均匀，表施土壤十分重要。所谓表施土壤是指将土壤、有机质和砂按照一定的比例混合均匀施入草坪的作业项目，一般土壤、砂和有机质按照 1：1：1 或 2：1：1 的比例混合，这在草坪的建植和养护管理中用途较为广泛。

（1）表施土壤的作用

表施土壤可以平整坪床，起到填低拉平的美化作用，促进草坪再生，有效防止其徒长，有利于草坪更新，还可以促进枯草层分解，防止草坪冻害，保护草坪草，延长草坪绿期。对大量产生匍匐枝的草坪，先用机具进行高密度的划破后，表施土壤，有利于清除严重的表面繁结。

（2）表施土壤的时期、次数

表施土壤一般在草坪草分蘖期或萌芽期和生长期。冷季型草坪在 3～6 月和 10~11月，暖季型草坪在 4～7 月和 9 月。表施土壤的次数因草坪利用目的和生育特点的不同而有差异。普通草坪表施次数可少一些，可加大用量。通常一般草坪一年施 1 次，运动场草坪一年施用 2～3 次。表施土壤要在疏草之前、打孔之后进行最好。高尔夫球场的草坪为具有大量匍匐枝的匍匐剪股颖、杂交狗牙根等的高档草坪需经常性的作业，应采取少量多次的作业方法。

（3）表施土壤技术要点

表施细土的材料原则上应与原坪床土壤类似，且要含水分少，不含杂草种子、繁殖体、病菌或害虫等。通常土壤材料应干燥并进行过筛消毒处理，主要采用熏蒸法。常用于草坪的熏蒸剂有溴甲烷、氯化苦、棉隆、威百亩等。施土前必须先进行草坪修剪，施肥应在施细土前进行，一次表施土壤不宜超过 0.5cm 厚，施土后要拖平整。

2. 土壤碾压

土壤碾压是指压碾或滚筒在草坪上边滚边压，滚压的重量依滚压的次数和目的而定，如为了修整坪床面适宜少次重压。可选用人力滚筒或机械进行。滚筒为空心的铁轮，筒内加水加沙，可调节滚轮的重量。一般手推轮重量为 60 ~ 200kg，机动滚轮重量为80 ~ 500kg。

（1）滚压的作用

生长季节滚压，使草坪生长点轻微受伤，枝条生长变慢，节间变短，减少修剪次数，降低养护成本，同时滚压可抑制开花、控制杂草入侵，减轻杂草危害，还可增加草坪草分蘖，增加草坪密度，促进匍匐茎生长，使匍匐茎上浮受到一定的抑制，使叶丛紧密而平整，提高草坪质量；草坪播种或铺植后滚压，使草坪种子或根部与坪床土壤紧密结合，有利于水分吸收，适宜萌发和产生新根，促进成坪；另外，还可对因结冰膨胀融化或蚯蚓等动物引起的土壤凹凸不平进行平整，可增加运动场草坪场地硬度，使场地平坦，同时滚压可使草坪形成花纹，提高草坪的使用价值和景观效果。

（2）滚压时间、方法

可利用人工或机械方法，在生长季进行滚压，但通常要视具体情况而定。例如按栽培要求适宜在春夏生育期进行，按利用要求适宜在建坪后不久、降霜期或早春开始剪草时等。滚压可结合修剪、覆土，如运动场草坪比赛前要进行修剪、灌水、滚压，可以通过不同走向滚压，使草坪草叶反光，形成各种形状的花纹。

（3）滚压注意问题

滚压一定不能过度，草坪弱小时不宜滚压，在土壤黏重、太干或太湿时不宜滚压，应结合修剪、表施土壤、灌溉等作业进行。对于用结缕草、沟叶结缕草、细叶结缕草建植的草坪在管理条件较差时很容易起丘，似馒头状，呈现凹凸不平状，此时并非土壤地面不平的缘故，所以需要加强打孔、垂直修剪、划破梳草等管理而不需要滚压。

第三章　园林花卉栽培与养护技术

第一节　园林花卉栽培设施及器具

一、温室

（一）温室及作用

温室是指覆盖着透明材料，附有防寒、加温设备的建筑。

温室的作用。对于花卉生产，温室能全面地调节和控制环境因子。尤其是温室设备的高度机械化、自动化使花卉的生产达到了工厂化、现代化，生产效率提高了数十倍，是花卉生产中最重要、应用最广泛的栽培设施。温室在花卉生产中的主要作用有：

①在不适合花卉生态要求的季节，创造出适合于花卉生长发育的环境条件，以达到花卉的反季节生产要求。

②在不适合花卉生态要求的地区，利用温室创造的条件来栽培各种类型的花，以满足人们的需求。

③利用温室可以对花卉进行高度集中栽培，实行高肥密植，以提高单位面积的产量和质量，节省开支，降低成本。

（二）温室的类型和结构

1. 根据建筑形式分类

单屋面温室：温室的北、东、西面是墙体，南面是透明层。这种温室仅有一向南倾斜的透明屋面，构造简单，适合做小面积的温室，一般跨度在 6 ~ 8m，北墙高 2.7 ~ 3.5m，墙厚 0.5 ~ 1.0m，顶高 3.6m。其优点是节能保温，投资小；其缺点是光照不均匀。

双屋面温室：这种温室通常是南北延长，东西两侧有坡面相等的透明材料。双屋面温室一般跨度在 6.0 ~ 10m，也有达到 15m 的。屋面的倾斜角要比单屋面温室的要小，一般在 28° ~ 35° 之间，使温室内从日出到日落都能受到均匀的光照，故又称全日照温室。双屋面温室的优点是光照均匀，温度较稳定；缺点是保温较差、通风不良，需要有完善的通风和加温设备。

不等屋面：温室东西向延伸，温室的南北两侧具有两个坡度相同而斜面长度不等的屋面，向南一面较宽，向北一面较窄。跨度一般在 5～8m，适合做小面积温室。与单屋面温室比，提高了光照，通风较好，但保温性能较差。

连栋式温室：连栋式温室又称连续式温室，由两栋或两栋以上的相同结构的双屋面或不等屋面温室借纵向侧柱连接起来，形成室内联通的大型温室。这种温室的优点是占地面积小，建筑费用省，采暖集中，便于经营管理和机械化生产。其缺点是光照和通风不如单栋温室好。

2. 根据温室设置的位置分类

地上式：室内与室外地面近于水平。

半地下式：四周矮墙深入地下，仅留侧窗在地面上。这类温室保温好，室内又可保持较高湿度。

地下式：仅屋顶露于地面上。这类温室保温、保湿效果好，但光照不足，空气不流通。

3. 根据屋面覆盖材料分类

玻璃面温室：以玻璃作为覆盖材料。玻璃的优点是透光度大，使用年限久（可到40 年以上），缺点是玻璃重量重，要求加大支柱粗度，这会造成温室内遮光面积加大，同时玻璃不耐冲击，易破损。

塑料温室：以塑料为屋面覆盖材料。塑料的优点是重量轻，可以减少支柱的数量，减少室内的遮光面积，价格便宜；缺点是易老化，使用寿命一般在 1～4 年，易燃、易破损和易污染。

塑料玻璃温室：以玻璃钢（丙烯树脂加玻璃纤维或聚氯乙烯加玻璃纤维）作为覆盖材料。其特点是透光率高，重量轻，不易破损，使用寿命长（一般为 15～20 年）；缺点是易燃、易老化和易被灰尘污染。

4. 根据建筑材料分类

木结构温室：屋架、支柱及门窗等都为木质。木结构温室造价低，但使用几年后，温室密闭度降低。

钢结构温室：屋架、支柱及门窗等都为钢材。优点是坚固耐用，用料较细，遮光面积小，能充分利用日光。缺点是造价高、容易生锈。

铝合金结构温室：屋架、支柱及门窗等都为铝合金。特点是结构轻、强度大、密闭度高、使用年限长，但造价高。

钢铝混合结构温室：支柱、屋架等采用钢材，门窗等与外界接触的部分是铝合金构件。这种温室具有钢结构和铝合金结构二者的长处。造价比铝合金结构低。

5. 根据温度分类

高温温室：冬季室温保持在 15℃以上。供冬季花卉的促成栽培，同时还可养护热带花卉。

中温温室：冬季室温保持在 8℃ ~ 15℃，供栽培亚热带及对温度要求不高的热带花卉。

低温温室：冬季室温保持在 3℃ ~ 8℃，用以保护不耐寒花卉越冬，也作耐寒性草花栽培。

另外还可根据加温设备的有无分为不加温温室和加温温室。

6. 根据用途分类

生产性温室：以花卉生产为主，建筑形式以适用于栽培需要和经济适用为原则，不追求外形美观。一般造型和结构都较简单，室内生产面积利用充分，有利于降低生产成本。

观赏性温室：这种温室专供展览、观赏及科普之用，一般放置于公园、植物园及高校内，外观要求美观、高大，以吸引游人流连、观赏和学习。

（三）温室内的配套设备

为了调节温室内的环境条件，必须以相应的光照、温度、湿度和灌溉设备及控制系统为配套措施。

1. 光照调节设备

补光设备补光的目的：一是为了满足花卉的光合作用的需求，在高纬度地区冬季进行花卉生产时，温室中的光照时数和光照强度均不足，因此需补充高强度的光照。二是调节光周期以调节花期，这种补光不需要很强的光照强度。常用的有人工补光和反射补光两种。

人工补光设备：目前常用的人工补光设备主要有内炽灯、荧光灯、高压水银灯、金属卤化灯、高压钠灯、小型气体放电灯等。补光灯上有反光罩，安置在距离植物 1.0 ~ 1.5m 处。

反射补光设备：在单屋面温室中，因为墙体的影响，北面、东西面的光照条件较差，所以可以通过将室内建材和墙面涂月、在墙面悬挂反光板等方法来提高温室内北部的光照条件。

遮阴设备：夏季在温室内栽培花卉时，常由于光照强度太大而导致温室内温度过高，影响花卉的正常生长发育。为了削弱光照强度，减少太阳辐射，需要对植物进行遮阴，遮阴材料以遮阳网最常用，其形式多样，透光率也各不相同，可根据所栽培植物选择合适的遮阳网。另外也可以使用苇帘或竹帘来进行遮阴。

遮光设备遮光的主要目的是通过缩短光照时间来调节花卉的花期。常用的遮光材料是黑布或黑色塑料薄膜，一般将其铺设在温室顶部及四周。

2. 温度调节设备

（1）加温设备

烟道加温设备。通过燃烧产生烟雾，然后通过炉筒或烟道散热来增加温室温度，最后将烟排除设施外。这种方法室内温度不易控制，且分布不均匀，空气干燥，室内空气质量差，但其设备投入较小，所以该法多见于简易温室及小型加温温室。

暖风加温设备。用燃料加温使空气温度达到一定指标，然后通过风道输入温室，达到升温的目的。暖风设备通常有两种：一是燃油暖风机，使用柴油作为燃料；二是燃气暖风机，使用天然气作为燃料。

热水加温设备。通过锅炉加热，将热水送至热水管，再通过管壁辐射，使室内温度增高。这种加温方法温度均衡持久，缺点是费用大。

蒸汽加温设备。用蒸汽锅炉加热产生高温蒸汽。然后通过蒸汽管道在温室内循环，散发热量。蒸汽加温预热时间短，温度容易调节，多用于大面积温室加温，但其保温性较差，热量不均匀。

电热加温设备。电热加温是采用电加热元件对温室内空气进行加热或将热量直接辐射到植株上。可根据加温面积的大小采用电加热线、电加热管、电加温片和电加温炉等不同加温方式。这种加温设备由于电费高，所以一般不大面积使用。

（2）保温设备

设施的保温途径主要是增加外围维护结构的热阻，减少通风换气，减少维护结构底部土壤传热。常见的保温设备有：

①外覆盖保温材料。一般夜间或遇低温天气时，在温室的透光屋面上覆盖保温材料来减少温室中的热量向外界辐射，以达到保温的目的。常用的保温材料有保温被、保温毯和草帘等。草帘的成本比较低，保温效果较好。保温被、保温毯外面用防水材料包裹，不怕雨雪、质量轻、保温效果好、使用年限长，但一次性投入较高。

②防寒沟。在温度较低的地区可以在温室的四周挖防寒沟，一般沟宽30cm，深50cm左右，内填干草，上面覆盖塑料薄膜，用以减少温室内的土壤热量散失。

通风、降温设备：在炎热夏季，温室需要配置降温设施，以保护花卉不会受到高温影响，能正常地生长发育。常见的降温设备有以下几种。

其一，遮阴设备。

其二，通风窗。在温室的顶部、侧方和后墙上设置通风窗，当气温升高时，将所有通风窗打开，以通风换气的方式达到降温的目的。

其三，压缩式制冷机。通过使用压缩式制冷机对温室进行降温，其降温快、效果好，但是耗能大、费用高、制冷面积有限，所以只用于人工气候室。

其四，水帘降温设备。一般由排风扇和水帘两部分组成。排风扇装于温室的一端（一般为南端），水帘装于温室的另一端（一般为北端）。水帘由一种特制的"蜂窝纸板"和回水槽组成，使用时冷水不断淋过水帘使其饱含水分，开动排风扇，随温室气体的流动、蒸发、吸收而起到降温作用。该系统适合于北方地区，而在南方地区效果不理想。

其五，喷雾设备。通过多功能微雾系统，将水以微米级的雾滴形式喷入温室，使其迅速蒸发，利用水蒸发潜热大的特点，大量吸收空气中热量，然后将湿空气排出室外，从而到达到降温的目的。

3. 给水设备

喷灌设备：喷灌是采用水泵和水塔通过管道输送到灌溉地段，然后通过喷头将水喷成细小水滴或雾状。既补充了土壤水分，又能起到降温和增加空气湿度的作用，还可避免土壤板结。

滴管设备：滴管系统由贮水池、过滤器、水泵、肥料注入器、输入管线、滴头和控制器组成。滴管从主管引出，分布各个单独植株上。滴管不沾湿叶片，省工、省水，防止土壤板结，可与施肥结合起来进行，但设备材料费用高。

二、塑料大棚

（一）塑料大棚的作用

塑料大棚是用塑料薄膜覆盖的一种大型拱棚，它与温室相比，具有结构简单、建造和拆除方便、一次性投资少等优点。

（二）塑料大棚的类型与构造

1. 按屋顶的形状分

拱圆形塑料大棚：我国绝大多数为拱圆形大棚，屋顶呈圆弧形，面积可大可小，可单栋也可连栋，建造容易，搬迁方便。

屋脊形塑料大棚：采用木材或角钢为骨架的双屋面塑料大棚，多为连栋式。

2. 按骨架材料分

竹木结构：大棚以 3 ～ 6cm 宽的竹片为拱杆，立柱为木杆或水泥柱。其优点是造价低廉，建造容易；缺点是棚内柱子多，折光率高，作业不方便，抗风雪荷载能力差。

钢架结构：使用钢筋或钢管焊接成平面或空间桁架作为大棚的骨架，这种大棚骨架强度高，室内无柱，空间大，透光性能好，但由于室内高湿的环境对钢材的腐蚀作用强，其使用寿命受到很大影响。

镀锌钢管结构：这种大棚的拱杆、纵向拉杆、立柱均为薄壁钢管，并用专用卡具连接形成整体。塑料薄膜用卡膜槽和弹簧卡丝固定，所有杆件和卡具均采用热镀锌防腐处理，是工厂化生产的工业产品，已形成标准、规范的产品。这种大棚为组装式结构，建造方便，并可拆卸迁移。棚内空间大，作业方便。骨架截面小，遮阴率低。构建抗腐蚀能力强。材料强度高，承载能力强，整体稳定性好，使用寿命长。

三、阴棚

（一）阴棚的功能

多数温室花卉属于半阴植物，如兰花，观叶花卉等，不耐夏季温室内的高温，一般到夏季需移到温室外。另外夏季扦插、播种、上盆均需遮阴。阴棚可以减少其下光照强度，降低温度，增加湿度，减少蒸腾作用，为夏季的花卉支配管理创造适宜的环境。

（二）阴棚的种类

临时性阴棚一般在春末夏初架设，秋凉时逐渐拆除。其主架由木材、竹材等构成，上面铺设苇帘或苇秆。建造时一般采用东西延长，高 2.5 ～ 3.0m，宽 6.0 ～ 7.0m，每隔 3m 设立柱一根。为了避免上、下午的阳光从东或西面照射到阴棚内，在东西两端还设置有遮阴帘，遮阴帘下缘要距离地面 60cm 左右，以利于通风。

永久性阴棚骨架用铁管或水泥柱构成，其形状与临时性阴棚相同。棚架上覆盖遮阳网、苇帘、竹帘等遮阴材料，也可以使用紫藤葡萄等藤本植物遮阴。

四、风障

风障是在栽培畦的北侧按与当地季风垂直的方向设置的一排篱笆挡风屏障。在我国北方风障常用于露地花卉的越冬，多与温床、冷床结合使用，以提高保温能力。

（一）风障的作用

风障具有减弱风速、稳定畦面气流的作用。风障一般可减弱 10% ～ 50% 的风速，通常能使五六级大风在风障前变为一二级风。风障能充分利用太阳的辐射热，提高风障保护区的地温和气温。一般增温效果以有风天最显著，无风天不显著，距离风障越近增温效果越好。

（二）风障的结构和设置

风障包括篱笆、披风和基埂三个部分。

篱笆是风障的主要部分，一般高 2.5 ～ 3.5m，通常使用芦苇、高粱秆、玉米秸秆、细竹等材料。具体方法是在垂直于风向处挖深 30cm 的长沟，载入篱笆，向南倾斜，与地面呈 70° ～ 80°，填土压实。在距地面 1.8m 左右处扎一横杆，形成篱笆。

披风是附在篱笆北面基部的柴草，高 1.3 ～ 1.7m，其下部与篱笆一并埋入沟中，中部用横杆扎于篱笆上。

基埂是风障北侧基部培起来的土埂，为固定风障及增强保温效果，高 17 ～ 20cm。

风障一般为临时设施，一般在秋末建造，到第二年春季拆除。

五、温床与冷床

温床和冷床是一种花卉栽培常用的简易、低矮的设施。不加温只利用太阳辐射热的为冷床。除了利用太阳辐射热外，还需要人为加温的为温床。

(一) 温床与冷床的作用

①提前播种：提早开花春季露地播种要在晚霜后才能进行，但春季可以利用冷床或温床把播种期提前30～40天，以提早花期。

②花卉越冬保护：在北方地区，有些一两年生花卉不能露地越冬，如三色堇、雏菊等，可以在冷床或温床中播种并越冬。

③小苗锻炼：在温室或温床育成的小苗，在移入露地前，可以先在冷床中进行锻炼，使其逐渐适应露地气候条件，而后栽于露地。

(二) 温床和冷床的结构和性能

温床和冷床的形式相同，一般为南低北高的框式结构。床框用砖或水泥砌成或直接用土墙建成，可建成半地下式，并且可以在北面建造风障以提高保温性能。床框一般宽1.2m，北面高50～60cm，南面高20～30cm，长度依地形而定。床框上覆盖玻璃或塑料薄膜。

温床的加温通常有发酵加温和电热线加温两种。发酵加温是利用微生物分解有机质所发出的热能来提高床内温度。常用的酿热物有稻草、落叶、马粪、牛粪等，使用时需提前将酿热物装入床内，每15cm左右铺一层，装入三层，每层踏实并浇水，然后顶盖封闭，让其充分发酵。温度稳定后，再铺上一层10～15cm厚的培养土，做扦插或播种用，也可用于盆花越冬。电热线加温是在床底铺设电热线，再接通电源，以提高苗床温度。这种加温方法发热迅速，温度均匀，便于控制，但成本较高。

第二节　园林花卉无土栽培

一、无土栽培的概念与特点

无土栽培是近年来在花卉工厂化生产中较为普及的一种新技术。它是用非土基质和人工营养液代替天然土壤栽培花卉的新技术。

无土栽培的优点：①环境条件易于控制，无土栽培可使花卉得到足够的水分、无机营养和空气，并且这些条件便于人工控制，有利于栽培技术的现代化。②省水省肥，无土栽培为封闭循环系统，耗水量仅为土壤栽培的 1/7 ~ 1/5，同时避免了肥料被土壤固定和流失的问题，肥料的利用率提高了 1 倍以上。③扩大了花卉种植的范围，无土栽培在沙漠、盐碱地、海岛、荒山、砾石地或沙漠都可以进行，规模可大可小。④节省劳动力和时间，无土栽培许多操作管理课机械化、自动化，大大减轻了劳动强度。⑤无杂草、无病虫、清洁卫生，因为没有土壤，病虫害等来源得到控制，病虫害减少了。

无土栽培的缺点：①一次性设备投资较大，无土栽培需要许多设备，如水培槽、营养液池、循环系统等，故投资较大。②对技术水平要求高，营养液的配置、调整与管理都要求有一些具备专业知识的人才能管理好。

二、无土栽培的类型与方法

无土栽培的方式很多，大体上可分为两类：一类是固体基质固定根部的基质培；另一类是不用基质的水培。

（一）基质培及设备

在基质无土栽培系统中，固体基质的主要作用是支持花卉的根系及提供花卉的水分和营养元素。供液系统有开路系统和闭路系统，开路系统的营养液不循环利用，而闭路系统中营养液循环使用。由于闭路系统的设施投资较高，而且营养液管理比较复杂，所以在我国基质培只采用开路系统。与水培相较，基质培缓冲性强、栽培技术较易掌握、栽培设备易建造，成本低，因此在世界各国的面积均大于水培，我国更是如此。

1.栽培基质

（1）对基质的要求

用于无土栽培的基质种类很多，主要分为有机基质和无机基质两大类。基质要求有较强的吸水和保水能力、无杂质、无病虫、卫生、价格低廉，获取容易，同时还需要有较好的物理化学性质。无土栽培对基质的理化性质的要求有以下几种。

①基质的物理性状

容重：一般基质的容重在 0.1 ~ 0.8g/cm³ 范围内。容重过大基质过于紧实，透水透气性差。容重过小，则基质过于疏松，虽然透气性好，利于根系的伸展，但不易固定植株，给管理上增加难度。

总孔隙度：总孔隙度大的基质，其空气和水的容纳空间就大，反之则小。总孔隙度大的基质较轻、疏松，利于植株的生长，但对根系的支撑和固定作用较差，易倒伏。总孔隙度小的基质较重，水和空气的总容量少。因此，为了克服单一基质总孔隙度过大和过小所产生的弊病，在实际中常将两三种不同颗粒大小的基质混合制成复合基质来使用。

大小孔隙比：大小空隙比能够反映基质中水、气之间的状况。如果大小孔隙比大，则说明空气容量大而持水量较小，反之则空气容量小而持水量大。一般而言，大小空隙比在 1.5 ~ 4 这一范围内花卉都能良好生长。

基质颗粒大小：基质颗粒的大小直接影响容重、总孔隙度、大小空隙比。无土栽培基质粒径一般在 0.5 ~ 50mm。可以根据栽培花卉种类、根系生长特点、当地资源加以选择。

②基质化学性质

pH 值：不同基质其 pH 值不同，在使用前必须检测基质的 pH 值，根据栽培花卉所需的 pH 值采取相应的调节。

电导率（EC）：电导率是指未加入营养液前基质本身原有的电导率，反映了基质含有可溶性盐分的多少，电导率将直接影响到营养液的平衡。使用基质前应对其电导率了解清楚，以便于适当处理。

阳离子代换量：阳离子代换量是指在 pH=7 时测定的可替换的阳离子含量。基质的阳离子代换量高既有不利的一面，即影响营养液的平衡，也有有利的一面，即保存养分，减少损失，并对营养液的酸碱反应有缓冲作用。一般有机基质如树皮、锯末、草炭等阳离子代换量高，无机基质中蛭石的阳离子代换量高，而其他基质的阳离子代换量都很小。

基质缓冲能力：基质缓冲能力是指基质中加入酸碱物质后，本身所具有的缓和酸碱变化的能力。无土栽培时要求基质缓冲能力越强越好。一般阳离子代换量高的，基质的缓冲能力也高。有机基质都有缓冲能力，而无机基质有些有很强的缓冲能力，如蛭石，但大多数无机基质的缓冲能力都很弱。

（2）常用的无土栽培基质

①无机基质

岩棉：岩棉是由辉绿岩、石灰岩和焦炭三种物质按一定比例，在 1600℃的高炉中融化、冷却、黏合压制而成。其优点是经过高温完全消毒，有一定形状，在栽培过程中不变形，具有较高的持水量和较低的水分张力，栽培初期 pH 值是微碱性。缺点是岩棉本身的缓冲性能低，对灌溉水要求较高。

珍珠岩：珍珠岩是由硅质火山岩在 1200℃下燃烧膨胀而成的。珍珠岩易于排水，通气，物理和化学性质比较稳定。珍珠岩不适宜单独作为基质使用，因其容重较轻，根系固定效果较差，一般和草炭、蛭石混合使用。

蛭石：蛭石是由云母类矿石加热到 800℃ ~ 1100℃形成的。其优点是质轻，孔隙度大，通透性好，持水力强，pH 值中性偏酸，含钙、钾较多，具有良好的保温、隔热、通气、保水和保肥能力。因为经过高温煅烧，无菌、无毒，化学稳定性好。

沙：为无土栽培最早应用的基质。目前在美国亚利桑那州、中东地区以及沙漠地带都用沙做无土栽培基质。其特点是来源丰富，价格低，但容重大，持水差。沙粒的大小应适当，一般以粒径 0.6 ~ 2.0mm 为好。在生产中，严禁采用石灰岩质的沙粒，以免影响营养液的 pH 值，使一部分营养失效。

砾石：一般使用的粒径在 1.6 ～ 20mm 的范围内。砾石保水、保肥力较沙低，通透性优于沙。生产中一般选用非石灰性的为好。

陶粒：陶粒是大小均匀的团粒状火烧豆页岩，采用 800℃ 高温烧制而成。内部为蜂窝状的空隙构造，容重为 500kg/m³ 陶粒的优点是能漂浮在水面上，透气性好。

炉渣：炉渣是煤燃烧后的残渣，来源广泛，通透性好、炉渣不宜单独用作基质。使用前要进行过筛，选择适宜的颗粒。

泡沫塑料颗粒：为人工合成物质，其特点为质轻，孔隙度大，吸水力强。一般多与沙、泥炭等混合应用。

②有机基质

泥炭：习称草炭，由半分解的植被组成，因植被母质、分解程度、矿质含量而有不同种类。泥炭容重较小，富含有机质，持水保水能力强，偏酸性，含花卉所需要的营养成分。一般通透性差，很少单独使用，常与其他基质混合使用。

锯末与木屑：为林木加工副产品，锯末质轻，吸水、保水力强并含有一定营养物质，一般多与其他基质混合使用。注意含有毒物质树种锯末不宜采用。

树皮：树皮的化学组成因树种的不同差异很大。大多数树皮含有酚类物质且 C/N 较高，因此新鲜的树皮应堆沤 1 个月以上再使用。树皮有多种大小颗粒可供利用，在无土栽培中最常用直径为 1.5 ～ 6.0mm 的颗粒。

秸秆：农作物的秸秆均是较好的基质材料，如玉米秸秆、葵花秆、小麦秆等粉碎腐熟后与其他基质混合使用。特点是取材广泛、价格低廉，可对大量废弃秸秆进行再利用。

炭化稻壳：其特点为质轻，孔隙度大，通透性好，持水力较强，含钾等多种营养成分，pH 高，使用中应注意调整。

（3）基质的混合

在各种基质中，有些可以单独使用，有些则需要按不同的配比混合使用。但就栽培效果而言，混合基质优于单一基质，有机与无机混合基质优于纯有机或纯无机混合的基质。基质混合总的要求是降低基质的容重，增加孔隙度，增加水分和空气的含量。基质的混合使用，以 2 ～ 3 种混合为宜。

在混合基质时，不同的基质应加入一定量的营养元素，并搅拌均匀。

（4）基质的消毒

大部分基质在使用之前或使用一茬之后，都应该进行消毒，避免病虫害发生。常用的消毒方法有化学药剂消毒、蒸气消毒和太阳能消毒等。

①蒸汽消毒

将基质堆成 20cm 高，长度根据地形而定，全部用防水防高温布盖上，用通气管通入蒸汽进行密闭消毒。一般在 70℃ ～ 90℃ 条件下消毒 1h 就能杀死病菌。此法效果良好，安全可靠，但成本较高。

②太阳能消毒

在夏季高温季节，在温室或大棚中把基质堆成 20 ~ 25cm 高，长度视情况而定，堆的同时喷湿基质，使其含水量超过 80%，然后用薄膜盖严，密闭温室或大棚，暴晒 10 ~ 15 天，消毒效果良好。

③化学药剂消毒

甲醛：甲醛是良好的消毒剂，一般将 40% 的原液稀释 50 倍，用喷壶将基质均匀喷湿，覆盖塑料薄膜，经 24 ~ 26h 后揭膜，再风干 2 周后使用。

溴甲烷：将基质堆起，用塑料管将药剂引入基质中，使用量为 100 ~ 150g/m³，基质施药后，随即用塑料薄膜盖严，5 ~ 7 天后去掉薄膜，晒 7 ~ 10 天后即可使用。溴甲烷有剧毒，并且是强致癌物，使用时要注意安全。

2. 基质培的方法及设备

槽培：槽培是将基质装入一定容积的栽培槽中以种植花卉。可用混凝土和砖建造永久性的栽培槽。目前应用较为广泛的是在温室地面上直接用砖垒成栽培槽，为降低生产成本，也可就地挖成槽再铺薄膜。总的要求是防止渗漏并使基质与土壤隔离，通常可在槽底铺 2 层薄膜。

栽培槽的大小和形状取决于不同花卉，如每槽种植两行，槽宽一般为 0.48m（内径）。如多行种植，只要方便田间管理即可。栽培槽的深度以 15 ~ 20cm 为好，槽长可由灌溉能力、温室结构以及田间操作所需走道等因素来决定。槽的坡度至少应为 4 龙，这是为了获得良好排水性能，如有条件，还可在槽底铺设排水管。

基质装槽后，布设滴灌管，营养液可由水泵泵入滴灌系统后供给植株，也可利用重力供液，不需动力。

袋培：用尼龙袋或抗紫外线的聚乙烯塑料袋装入基质进行栽培。在光照较强的地区，塑料袋表面以内色为好，以便反射阳光并防止基质升温。光照较少的地区，袋表面以黑色为好，以利于冬季吸收热量，保持袋中基质温度。

袋培的方式有两种：一种为开口筒式袋培，每袋装基质 10 ~ 15L，种植 1 株花卉；另一种为枕式袋培，每袋装基质 20 ~ 30L，种植两株花卉。无论是筒式袋培还是枕式袋培，袋的底部或两侧都应该开两三个直径为 0.5 ~ 1.0cm 的小孔，以便多余的营养液从孔中流出，防止沤根。

岩棉栽培：岩棉栽培是指使用定型的、用塑料薄膜包裹的岩棉种植垫做基质，种植时在其表面塑料薄膜上开孔，安放已经育好小苗的育苗块，然后向岩棉种植垫中滴加营养液的一种无土栽培方式。开放式岩棉栽培营养液灌溉均匀、使用准确，一旦水泵或供液系统发生故障，对花卉造成的损失也较小。

岩棉栽培时需用岩棉块育苗，育苗时将岩棉根据花卉切成一定大小，除了上下两面外，岩棉块的四周用黑色塑料薄膜包上，以防止水分蒸发和盐类在岩棉块周围积累，同时还可以提高岩棉块温度。种子可以直播在岩棉块中，也可以将种子播在育苗盘或较小的岩棉块中，当幼苗第一片真叶出现时，再移栽至大岩棉块中。

定植用的岩棉垫一般长 70 ~ 100cm、宽 15 ~ 30cm、高 7 ~ 10cm、岩棉垫装在塑料袋内。定植前将温室内土地平整，必要时铺上白色塑料薄膜。放置岩棉垫时，注意要稍向一面倾斜，并在倾斜方向把塑料底部钻 2 ~ 3 个排水孔。在袋上开两个 8cm 见方的定植孔，用滴灌的方法把营养液滴入岩棉块中，使之浸透后定植。每个岩棉垫种植 2 株。定植后即把滴灌管固定在岩棉块上，让营养液从岩棉块上往下滴，保持岩棉块湿润，促使根系迅速生长。7 ~ 10 天后，根系扎入岩棉垫，可把滴灌头插到岩棉垫上，以保持根基部干燥。

立体栽培：立体栽培也称为垂直栽培，是通过竖立起来的栽培柱或其他形式作为花卉生长的载体，充分利用温室空间和太阳能，发挥有限地面生产潜力的一种无土栽培形式。主要适合一些低矮花卉。立体栽培依其所用材料的硬度，又分为柱状栽培和长袋栽培。

①柱状栽培

栽培柱采用石棉水泥管或硬质塑料管，在管四周按螺旋位置开孔，植株种植在孔中的基质中；也可采用专用的无土栽培柱，栽培柱由若干个短的模型管构成。每一个模型管上有几个突出的杯形物，用以种植花卉。一般采取底部供液或上部供液的开放式滴灌供液方式。

②长袋状栽培

长袋状栽培是柱状栽培的简化，用聚乙烯袋代替硬管。栽培袋采用直径 15cm、厚 0.15mm 的聚乙烯膜，长度一般为 2m，内装栽培基项，装满后将上下两端结紧，然后悬挂在温室中。袋子的周围开一些 2.5 ~ 5cm 的孔，用以种植花卉。一般采用上部供液的开放式滴灌供液方式。

立柱式盆钵无土栽培：将一个个定型的塑料盆填装基质后上下叠放，栽培孔交错排列，保证花卉均匀受光。供液管道由上而下供液。

有机生态型无土栽培：有机生态型无土栽培是指也使用基质，但不用传统的营养液灌溉，而使用有机固态肥并直接用清水灌溉花卉的一种无土栽培技术。有机生态型无土栽培用固态有机肥取代传统的营养液，具有操作简单、一次性投资少、节约生产成本、对环境无污染、产品品质优良无害的优点。

（二）水培方法与类型

水培就是将花卉的根系悬浮在装有营养液的栽培容器中，营养液不断循环流动以改善供氧条件。水培方式主要有以下几种：

1.薄层营养液膜法（NFT）

仅有一薄层营养液流经栽培容器的底部，不断供给花卉所需营养、水分和氧气。

NFT 的设施主要由种植槽、贮液池、营养液循环供液系统三个主要部分组成。

种植槽：种植槽可以用面白底黑的聚乙烯薄膜临时围合成等腰三角形槽，或用玻璃钢或水泥制成的波纹瓦做槽底。铺在预先平整压实的且有一定坡降的地面上，长边与坡降方向平行。因为营养液需要从槽的高端流向低端，故槽底的地面不能有坑洼，以免槽内积水。用硬板垫槽，可调整坡降，坡降不要太小，也不要太大，以营养液能在槽内浅层流动畅顺为好。

贮液池：一般设在地平面以下，容量足够供应全部种植面积。大株形花卉以每株 3 ~ 5L 计，小株形以每株 1 ~ 1.5L 计。

营养液循环供液系统：主要由水泵、管道、过滤器及流量调节阀等组成。

NFT 供液时营养液层深度不宜超过 1 ~ 2cm，供液方法又可分为连续式或间歇式两种类型。间歇式供液可以节约能源，也可控制花卉的生长发育，它的特点是在连续供液系统的基础上加一个定时装置。NFT 的特点是能不断供给花卉所需的营养、水分和氧气。但因营养液层薄，栽培难度大，尤其在遇短期停电时，花卉会面临水分胁迫，甚至有枯死的危险。

2. 深液流法（DFT）

这种栽培方式与营养液膜技术差不多，不同之处是槽内的营养液层较深（5 ~ 10cm），花卉根部浸泡在营养液中，其根系的通气靠向营养液中加氧来解决。这种系统的优点是解决了在停电期间 NFT 系统不能正常运转的困难。

3. 动态浮根法（DRF）

该系统是指在栽培床内进行营养液灌溉时，植物的根系随营养液的液位变化而上下左右波动。营养液达到设定的深度（一般为 8cm）后，栽培床内的自动排液器将营养液排出去，使水位降至设定深度（一般为 4cm）。此时上部根系暴露在空气中可以吸收氧气，下部根系浸在营养液中不断吸收水分和养料，不会因夏季高温使营养液温度上升、氧气溶解度降低，可以满足植物的需要。

4. 浮板毛管法（FCH）

该方法是在 DFT 的基础上增加一块厚 2cm、宽 12cm 的泡沫塑料板，板上覆盖亲水性无纺布，两侧延伸入营养液中。通过毛细管作用，使浮板始终保持湿润。根系可以在泡沫塑料板上生长，便于吸收水中的养分和空气中的氧气。此法根际环境稳定，液温变化小，根际供氧充分。

三、无土栽培营养液的配制与管理

（一）营养液的配制

1. 营养液的配制原则

营养液必须含有植物生长所必需的全部营养元素。高等植物必需的营养元素有 16

种，其中碳、氢、氧由水和空气供给，其余 13 种由根部从土壤溶液中吸收，所以营养液均是由含有这 13 种营养元素的各种化合物组成。

含各种营养元素的化合物必须是根部可以吸收的状态，也就是可以融于水的呈离子态的化合物。通常都是无机盐类，也有一些是有机螯合物。

营养液中各种营养元素的数量比例应符合植物生长发育的要求，而且是均衡的。

营养液中各营养元素的无机盐类构成的总盐浓度及其酸碱反应应是符合植物生长要求的。

组成营养液的各种化合物，在栽培植物的过程中，应在较长时间内保持其有效状态。

组成营养液的各种化合物的总体，在根吸收过程中造成的生理酸碱反应应是比较平衡的。

2. 营养液的组成

营养液是将含有各种植物营养元素的化合物溶解于水中配制而成，其主要原料就是水和各种含有营养元素的化合物。

水无土栽培中对用于配制营养液的水源和水质都有一些具体的要求。

①水源。自来水、井水、河水、雨水和湖水都可用于营养液的配制。但无论用哪种水源都不应含有病菌，不影响营养液的组成和浓度。所以使用前必须对水质进行调查化验，以确定其可用性。

②水质。用来配制营养液的水，硬度以不超过 10mmol/L 为好，pH 在 6.5 ~ 8.5 之间，溶氧接近饱和。此外，水中重金属及其他有害健康的元素不得超过最高容许值。

含有营养元素的化合物根据化合物纯度的不同，一般可以分为化学药剂、医用化合物、工业用化合物和农业用化合物。考虑到无土栽培的成本，配制营养液的大量元素时通常使用价格便宜的农用化肥。

3. 营养液配制的方法

因为营养液中含有钙、镁、铁、猛、磷酸根和硫酸根等离子，配制过程中掌握不好就容易产生沉淀。为了生产上的方便，配制营养液时一般先配制浓缩储备液（母液），然后再稀释，混合配制工作营养液（栽培营养液）。

母液的配制。母液一般分为 A、B、C 三种，称为 A 母液、B 母液、C 母液。A 母液以钙盐为主，凡不与钙作用而产生沉淀的盐类都可配成 A 母液。B 母液以磷酸根形成沉淀的盐配制而成。C 母液由铁和微量元素配制而成。

工作液的配制。在配制工作营养液时，为了防止沉淀形成，配制时先加九成的水，然后依次加入 A 母液、B 母液和 C 母液，最后定容。配置好后调整酸度，测试营养液的 pH 值和 EC 值，看是否与预配的值相符。

（二）营养液管理

同一植物的不同生育期营养液浓度不同。要经常用电导仪检查营养液浓度的变化。

pH 值管理：在营养液的循环过程中随着植物对离子的吸收，由于盐类的生理反应会使营养液 pH 值发生变化，即变酸或变碱。此时就应该对营养液的 pH 值进行调整。所使用的酸一般为硫酸、硝酸，碱一般为氢氧化钠、氢氧化钾。调整时应先用水将酸（碱）稀释成 1 ~ 2mol/L，缓慢加入储液池中，充分搅匀。

溶存氧管理：在营养液循环栽培系统中，根系呼吸作用所需的氧气主要来自营养液中的溶解氧。增氧措施主要是利用机械和物理的方法来增加营养液与空气接触的机会，增加氧气在营养液中的扩散能力，从而提高营养液中氧气的含量。

供液时间与次数：无土栽培的供液方法有连续供液和间歇供液两种，基质栽培通常采用间歇供液的方式。每天供液 1 ~ 3 次，每次 5 ~ 10min。供液次数多少要根据季节、天气、植株大小、生育期来决定。水培有间歇供液和连续供液两种。间歇供液一般每隔 2h 一次，每次 15 ~ 30min。连续供液一般是白天连续供液，夜晚停止。

营养液的补充与更新：对于非循环供液的基质培，由于所配营养液一次性使用，所以不存在营养液的补充与更新。而循环供液方式存在营养液的补充与更新问题。因在循环供液过程中，每循环 1 周，营养液被植物吸收、消耗，营养液量会不断减少，回液量不足 1 天的用量时，就需要补充添加。营养液使用一段时间后，组成浓度会发生变化，或者会发生藻类、发生污染，这时就要把营养液全部排出，重新配制。

第三节　园林花卉的促成及抑制栽培

一、促成及抑制栽培的意义

花期调控是采用人为措施，使花卉提前或延后开花的技术。其中比自然花期提前的栽培称促成栽培，比自然花期延迟的栽培称抑制栽培。我国自古就有花期调控技术，有开出"不时之花"的记载。现代花卉产业对花卉的花期调控有了更高的要求，根据市场或应用需求，尤其是在元旦、春节、五一劳动节、国庆节等节日用花，需求量大、种类多，按时提供花卉产品，具有显著的社会效益和经济效益。

二、促成及抑制栽培的原理

（一）阶段发育理论

花卉在其一生中或一年中经历着不同的生长发育阶段，最初是进行细胞、组织和器官数量的增加，体积的增大，这时花卉处于生长阶段，随着花卉体的长大与营养物质的积累，花卉进入发育阶段，开始花芽分化和开花。如果人为创造条件，使其提早进入发育阶段，就可以提前开花。

（二）休眠与催醒休眠理论

休眠是花卉个体为了适应生存环境，在历代的种族繁衍和自然选择中逐步形成的生物习性。要使处于休眠的园林花卉开花，就要根据休眠的特性，采取措施催醒休眠，使其恢复活动状态，从而达到使其提前开花的目的。如果想延迟开花，那么就必须延长其休眠期，使其继续处于休眠状态。

（三）花芽分化的诱导

有些园林花卉在进入发育阶段以后，并不能直接形成花芽，还需要一定的环境条件诱导其花芽的形成。这一过程称为成花诱导。诱导花芽分化的环境因素主要有两个方面，一是低温，二是光周期。

低温春化。多数越冬的二年生草本花卉，部分宿根花卉、球根花卉及木本花卉需要低温春化作用。若没有持续一段时期的相对低温，始终不能成花。温度的高低与持续时间的长短因种类不同而异。多数园林花卉需要0℃~5℃，天数变化较大，最大变动4~56天，并且在一定温度范围内，温度越低所需时间越短。

光周期诱导。很多花卉生长到某一阶段，每天都需要一定时间的光照或黑暗才能诱导成花，这种现象叫光周期现象。长日照条件能促进长日照花卉开花，抑制短日照花卉开花。相反短日照条件能促使短日照花卉开花而抑制长日照花卉开花。所以可以人为改变光周期，以改变花期。

三、促进及抑制栽培的技术

（一）促成及抑制栽培的一般园艺措施

根据花卉的习性，在不同时期采取相应的栽培管理措施，可以应用播种、修剪、摘心及水肥管理等技术措施调节花期。

1.调节花卉播种期和栽培期

不需要特殊环境诱导、在适宜的生长条件下只要生长到一定的大小即可开花的花卉种类，可以通过改变播种期和栽培期来调节开花期。多数一年生草本花卉属日中性，对光周期长短无严格要求，在适宜的地区或季节可分期播种。如翠菊的矮性品种，春季露地播种，6～7月开花。7月播种，9～10月开花。2～3月在温室播种，5～6月开花。

二年生花卉在低温下形成花芽和开花。在温度适宜的季节，或冬季在温室保护下，也可调节播种期使其在不同时期开花。如金盏菊在低温下播种30～40天开花，自7～9月陆续播种，可于12月至翌年5月先后开花。

2. 采用修剪、摘心、抹芽等栽培措施

月季花、茉莉、香石竹、倒挂金钟、一串红等在适宜的条件下一年中可以多次开花，可以通过修剪、摘心等措施预订花期。如半支莲从修剪到开花2～3个月。香石竹从修剪到开花大约1个月。此类花卉可以根据需花的时间提前一定时间对其进行修剪。如一串红从修剪到开花，约20天，五一期间需要的一串红可以在4月5日前后进行最后一次修剪，十一期间需要的一串红在9月5日前后进行最后一次修剪。

3. 肥水控制

人为地控制水分，强迫休眠，再于适当时期供给水分，则既可解除休眠，又可发芽、生长、开花。采用此法可促使梅花、桃花、海棠、玉兰、丁香、牡丹等木本花卉在国庆节开花。氮肥和水分充足可促进营养生长而延迟开花，增施磷肥、钾肥有助于抑制营养生长而促进花芽分化。菊花在营养生长后期追施磷、钾肥可提早开花约1周。

（二）温度处理

温度处理。调节花期主要是通过温度的作用调节休眠期、成花诱导与花芽形成期、花茎伸长期等主要进程而实现对花期的控制。大部分越冬休眠的多年生草本和木本花卉以及越冬期呈相对静止状态的球根花卉，都可以采用温度处理。大部分盛夏处于休眠、半休眠状态的花卉，生长发育缓慢，防暑降温可提前度过休眠期。

1. 增温处理

促进开花。对花芽已经形成正在越冬休眠的种类，由于冬季温度较低而处于休眠状态，自然开花需要待来年春季。若移入温室给予较高的温度（20℃～25℃），并增加空气湿度，就能提前开花。一些春季开花的秋播草本花卉和宿根花卉在入冬前放入温室，一般都能提前开花。木本花卉必须是成熟的植株，并在入冬前已经形成花芽，且经过一段时间的低温处理，否则不会成功。

利用增温的方法来催花，首先要预定花期，然后再根据花卉本身的习性来确定提前加温的时间。在加温到20℃～25℃、相对湿度增加到80%以上时，垂丝海棠经10～15天就能开花，牡丹开花需要30～35天。

延长花期。有些花卉在适宜的温度下，有不断生长，连续开花的习性。但在秋冬季节气温降低时，就要停止生长和开花。若能在停止生长之前及时移入温室，使其不受低温影响，提供继续生长发育的条件，就可使它连续不断地开花。如月季、非洲菊、茉莉、美人蕉、大丽花等就可以采用这种方法来延长花期。要注意的是在温度下降之前，要及时加温、施肥、修剪，否则一旦气温下降影响生长后，再加温就来不及了。

2.降温处理

延长休眠期以推迟开花。一般多在早春气温回升之前。将一些春季开花的耐寒、耐阴、健壮、成熟及晚花品种移入冷室，使其休眠延长来推迟开花。

冷室的温度要求在 1℃～5℃。降温处理时要少浇水，除非盆土干透，否则不浇水。

预定花期后一般要提前 30 天以上将其移到室外，先放在避风遮阴的环境下养护，并经常喷水来增加湿度和降低温度，然后逐渐向阳光下转移，待花蕾萌动后再正常浇水和施肥。

减缓生长以延迟开花。较低的温度能延迟花卉的新陈代谢，延迟开花。这种措施大多用于含苞待放或开始进入初花期的花卉。如菊花、天竺葵、八仙花、月季、水仙等。处理的温度也因植物种类而异。

降温避暑。很多原产于夏季凉爽地区的花卉，在适宜的温度下，能不断地生长、开花。但遇到酷暑，就停止生长，不再开花，如仙客来、倒挂金钟。为了满足夏季观花的需要，可以采用各种降温措施使它们正常生长，进行花芽分化，或打破夏季休眠的习性，使其开花不断。

模拟春化作用而提前开花。改秋播为春播的草花，为了使其在当年开花，可以低温处理萌动的种子或幼苗，使其通过春花作用，在当年就可开花，适宜的处理温度为 0℃～5℃。

降低温度提前度过休眠期。休眠器官经一定时间的低温作用后，休眠即被解除，再给予转入生长的条件，就可以使花卉提前开花。如牡丹在落叶后挖出，经过 1 周的低温贮藏（温度为 1℃～5℃），再进入保护地加温催花，元旦就可以开花。

（三）光周期处理

光周期处理的作用是通过光照处理成花诱导、促进花芽分化、花芽发育和打破休眠。长日照花卉的自然花期一般为日照较长的春夏季，而要长日照花卉在日照短的秋冬季节开花，可以用灯光补光来延长光照时间。相反，在春夏季不让长日照花卉开花可以用遮光的方法把光照时间变短。对于短日照花卉，在日照长的季节，进行遮光，促进开花，相反给予长日照处理，就抑制开花。

1.光周期处理时期的计算

光周期处理开始的时期是由花卉的临界日长和所在地的地理位置来决定的。如北纬 40°，在 10 月初到翌年 3 月初的自然日长小于 12h，对于临界日长为 12h 的长日照花卉，如果要在此期间开花的话就要进行长日照处理。花卉光周期处理中计算日长小时数的方法与自然日长有所不同。每天日长的小时数应从日出前20min 至日落后20min 计算，因为在日出前20min和日落后20min之内太阳的散射光会对花卉产生影响。

2.长日照处理

用于长日照花卉的促成栽培和短日照花卉的抑制栽培。

（1）方法

长日照处理的方法较多，常用的主要有以下几种：

延长明期法：在日落后或日出前给予一定时间的照明，使明期延长到该花卉的临界日长小时数以上。实际中较多采用的是日落后补光。

暗中断法：在自然长夜的中期给予一定时间的照明，将长夜隔断，使连续的暗期短于该花卉的临界暗期小时数。通常冬季加光4h，其他时间加光1～2h。

间隙照明法：该法以"暗中断法"为基础，午夜不用连续照明，而改用短的明暗周期，一般每隔10min闪光几分钟。其效果与暗中断法相同。

（2）长日照处理的光源与照度

照明的光源通常用白炽灯、荧光灯，不同花卉适用光源有所差异，短日照花卉多用白炽灯，长日照花卉多用荧光灯。不同花卉照度有所不同。紫菀在10lx以上，菊花需要50lx以上，一品红需要100lx以上。50～100lx通常是长日照花卉诱导成花的光强。

3.短日照处理

在日出之后至日落之前利用黑色遮光物对花卉进行遮光处理，使日长短于该花卉要求的临界小时数的方法称为短日照处理。短日照处理以春季和夏初为宜。盛夏做短日照处理时应注意防止高温危害。

遮光程度：遮光程度应保持低于各类花卉的临界光照度，一般不高于22lx，对于一些花卉还有特定的要求，如一品红不能高于10lx，菊花应低于7lx。

（四）应用花卉生长调节剂

花卉栽培中使用一些植物生长调节剂，如赤霉素、萘乙酸等对花卉进行处理，并配合其他养护管理措施，可促进提前开花，也可使花期延后。

1.促进诱导成花

矮壮素、嘧啶醇可促进多种花卉花芽分化。乙烯利、乙炔对凤梨科的花卉有促进成花的作用，赤霉素对部分花卉有促进成花作用。另外赤霉属可替代二年生花卉所需低温而诱导成花。

2.打破休眠，促进花芽分化

常用的有赤霉素、激动素、吲哚乙酸、萘乙酸、乙烯等。通常用一定浓度的药剂喷洒花蕾、生长点、球根或整个植株，可以促进开花；也可以用快浸和涂抹的方式，于花芽分化期对其进行处理，这对大部分花卉都有效果。

3. 抑制生长，延迟开花

常用的有三碘苯甲酸、矮壮素。在花卉旺盛生长期处理花卉，可明显延退其花期。

应用花卉生长调节剂对花卉花期进行控制时，应注意以下事项：

①相同药剂对不同花卉种类、品种的效应不同。如赤霉素对有些花卉，如万年青有促进成花的作用，对多数花卉如菊花，具有抑制成花的作用。相同的药剂因浓度不同，会产生截然不同的效果。如生长素低浓度时促进生长，高浓度抑制生长。相同药剂在相同花卉上，因使用时期不同也会产生不同效果，如 IAA 对藜的作用，在成花诱导之前使用可抑制成花，而在成花诱导之后使用则促进开花。

②不同生长调节剂使用方法不同。由于各种生长调节剂被吸收和在花卉体内运输的特性不同，因而各有其适宜的施用方法。如矮壮素、B9、CCC 可叶面喷施；嘧啶醇、多效唑可土壤浇灌；6- 苄基腺嘌呤则需进行涂抹。

③环境条件的影响。有些生长调节剂以低温为有效条件，有些以高温为有效条件，有些需在长日照条件中发生作用，有的则在短日照条件下起作用。所以在使用时，需按照环境条件选择合适的生长调节剂。

第四节　园林花卉露地栽培与养护

一、一、二年生草本花卉的栽培与养护

（一）概念及特点

1. 一年生花卉

一年生花卉是指生活周期，即经营养生长至开花结实，以及最终死亡在一个生长季内完成的花卉。典型的一种为一年生花卉，即在一个生长季内完成全部生活史的花卉。另一种是多年生作一年生栽培的花卉，本身是多年生花卉，但在当地作一年生栽培。原因为这类花卉不耐寒，在当地露地环境中多年生栽培时，不能安全越冬，或栽培两年后生长不良，观赏价值降低，如一串红、矮牵牛、藿香蓟等。一年生花卉通常在春季播种，夏秋开花结实，入冬前死亡。

一年生花卉依其对温度的要求分为三种类型：①耐寒性花卉。苗期耐轻霜，不仅不受害，在低温下还可以继续生长。②半耐寒性花卉。遇霜冻受害甚至死亡。③不耐寒花卉。遇霜立即死亡，生长期要求高温条件。

一年生花卉多数喜阳光，喜排水良好而肥沃的土壤。花期可以通过调节播种期、进行光照处理或加施生长调节剂进行控制。

2.二年生花卉

二年生指从播种到开花、结实和枯亡，整个生命周期在两年内（跨年度在两个生长季内）完成的花卉。通常包括下述两类花卉。典型的二年生花卉，即在两个生长季内完成全部生活史的花卉。多年生作二年生栽培的花卉，本身是多年生花卉，但在当地作二年生栽培。原因是这类花卉喜冷凉，怕热，在当地露地环境中多年生栽培时对气候不适应，会生长不良或栽培2年后生长变差，观赏价值降低。如三色堇、雏菊、金鱼草等。

二年生花卉通常在秋季播种，种子发芽，营养生长，翌年春季至初夏开花、结实，在炎热来临时枯死。

二年生花卉耐寒力强，有耐零度以下低温的能力，但不耐高温。苗期要求短日照，于0℃～10℃低温条件下通过春化阶段，成长阶段则要求长日照，并随即在长日照下开花。

（二）繁殖要点

一、二年生花卉以播种繁殖为主，多年生作一、二年生栽培的种类，有些也可以进行扦插繁殖，如一串红、矮牵牛、彩叶草等。

一年生花卉在春季晚霜过后，气温稳定在花卉种子萌发的最低温度时可以露地播种，但为了提早开花，也可以在温室、温床、冷床等保护地提早播种育苗。为了延迟花期，也可以延迟播种，具体时间依计划用花时间而定。

二年生花卉通常在秋季播种，保证出苗后根系和营养体有一定的时间生长即可。

（三）栽培要点

一、二年生花卉的露地栽培分两种情况。一是直接在应用地栽植商品种苗，这时的栽培实质上是管理。另一种是从种子期开始培育花苗，一般是先在花圃中育苗，然后在应用地使用，也可以在应用地直接播种，这时的栽培则包括育苗和管理两方面的内容。

1.自育苗的栽培

露地一、二年生花卉对栽培管理条件要求比较严格，在花圃中要占用土壤、灌溉和管理条件最优越的地段。栽植过程如下：

整地作畦→播种→间苗→移栽→（摘心）→定植→管理或

整地作畦→播种→间苗→移栽→越冬→移栽（摘心）→定植→管理

（1）选地与整地

选地。绝大多数花卉要求肥沃、疏松、排水良好的土壤。其中土壤的深度、肥沃度、质地与构造等，都会影响到花卉根系的生长与分布。一、二年生花卉对土壤水肥条件要求较高，因此栽培地应选择管理方便、地势平坦、光照充足、水源便利、土壤肥沃的地块。一般一年生花卉忌干燥及地下水位低的沙土，秋播花卉以黏土为宜。

整地。整地不仅可以增进土壤的风化和有益微生物的活动，增加土壤中可溶性养分含量，还可以将土壤中的病菌害虫翻至表层，暴露于日光或严寒等环境中，将其杀灭。

整地的时间因露地栽植时间的不同而不同。一般情况下，春季使用的土地应在上一年秋季进行，秋季使用的土地应在上茬花苗出圃后进行。整地深度依花卉种类及土壤状况而定。一、二年生花卉生长周期短，根系入土不深，30cm 即可。整地的深度还因土壤质地不同而有异，沙土宜浅，黏土宜深。如果土质较差，还应将表层 30～40cm 深处换以好土，同时根据需要施入适量有机肥。

（2）育苗

播种。根据种子的大小采用合适的方法进行播种。

间苗。播种苗长出 1～2 枚真叶时，拔出过密的幼苗，同时拔出混杂其间的其他种或品种的杂苗及杂草。间苗时同时要去弱留强，去密留稀。从幼苗出土到长成定植苗需间苗 2～3 次，剪下来的健壮小苗也可另行栽植。间苗后及时灌水，使幼苗根系与土壤密接。

移栽。经间苗后的花卉幼苗生长迅速，为了扩大营养面积继续培育，还需分栽 1～2次，即移栽，移栽通常在花苗长出 4～5 枚真叶时进行，过小操作不便，过大易伤根。

摘心。摘除枝梢顶芽称为摘心，摘心可以控制植株的高度，使植株矮化，株丛紧凑，可以促进分枝，增加枝条数目，开花繁多，摘心还可以控制花期。草花一般可摘心 1～3次。适宜摘心的花卉有万寿菊、一串红、百日草、半枝莲等。但主茎上着花多且花茎大或自然分枝能力强的种类不宜摘心，如鸡冠花、凤仙花、三色堇等。

（3）定植

将移栽过的花苗按绿化设计要求栽植到花坛、花境等应用地土壤中称为定植。移栽时要使土壤干湿适宜。避开烈日、大风天气。定植一般在阴天或傍晚进行。定植包括起苗和栽植两个步骤。

起苗。起苗在幼苗长出 4～5 枚真叶或苗高 5cm 时进行，幼苗和易移栽成活的可以裸根移栽，大苗和难成活的带土移栽。起苗时应在土壤湿润的状态下进行，土壤干旱干燥时，应在起苗前一天或半天将苗床浇一次水。裸根移栽的苗，将花苗带土挖出，然后将苗根附着的土块轻轻抖落，随即进行栽植。带土移栽的苗，先将幼苗四周的土铲开，然后从侧方将苗挖出，需保持完整的土球。

栽植。按一定的株行距挖穴或以移栽器打孔栽植。裸根苗将根系舒展于穴中，不卷曲，防止伤根。然后覆土，再将松土压实。带土球苗填土于土球四周，再将土球四周的松土压实，避免将土球压碎。栽植深度与原种深度一致或深 1～2cm。移栽完毕后，以喷壶充分灌水。若光照过强，还应适当遮阴。花苗恢复生长后进行常规管理即可。

（4）栽后管理

灌溉与排水。灌溉用水以清洁的河水、塘水、湖水为好。井水、自来水贮存 1～2天后再用。已被污染的水不宜使用。

灌溉的次数、水量及时间主要根据季节、天气、土质、花卉种类及生长期等不同而异。花卉的四季需水不同，浇水应灵活掌握。春季逐渐进入旺盛生长时期，浇水量要逐渐增多。夏季花卉生长旺盛，蒸腾作用强，浇水量应充足。秋冬季节花卉生长缓慢，应逐渐减少浇水量。但秋冬季开花的花卉，应给予较充足的水分，以避免影响生长开花。冬季气温低，许多花卉进入休眠或半休眠期，要严格控制浇水量，同时还要看花卉的生长发育阶段，旺盛生长阶段宜多浇水，开花期应多浇水，结实期宜少浇水。最后要看土壤质地、深度和结构。黏土持水力强，排水难，壤土持水力强，多余水易被排出，沙土持水力弱。一个基本原则是保证花卉根系集中分布层处于湿润状态，即根系分布范围内的土壤湿度达到田间最大持水量的 70% 左右。如遇表土较浅，下有黏土盘的情况，应少量多次，深厚壤土，一次性将水灌足，待现干后再灌；黏土水分渗入慢，灌水时间应适当延长，最好采用间隙法。

一天中灌溉时间因季节而异。一般春秋季宜在上午 9 ~ 10 时进行；夏季宜在早晨 8 时前、下午 18 时后进行；冬季宜在上午 10 时以后、下午 3 点以前进行。原则上浇水时水温应与土温接近，温差不应超过 5 无。

灌溉一般用胶管、塑料管引水灌溉。大面积的灌溉，需用灌溉机械进行沟灌、漫灌、喷灌和滴灌。

施肥。一、二年生花卉因生长发育时间较短，对肥料的需求相对较少。基肥可结合整地过程施入土中。为补充基肥的不足，有时还需要进行追肥，以满足花卉不同生长发育阶段的需求。幼苗时期，主要促进茎叶的生长，追肥应以氮肥为主，以后逐渐增加磷、钾比例。施肥前要先松土，施用后立即浇水，避免中午前后和有风的时候追肥，也可用根外追肥的方式。

中耕除草。中耕除草的作用在于疏松表土，减少水分蒸发，增加土温，增强土壤的通透性，促进土壤中养分的分解，以及减少花、草争肥而有利于花卉的正常生长。雨后和灌溉之后，没有杂草也需要及时进行中耕。苗小中耕宜浅，以后可随着苗木的生长而逐渐增加中耕深度。

整形。一、二年生花卉主要有以下几种整形形式：

丛生形：生长期间多次进行摘心，促使其萌发多数枝条，使植株成低矮丛生状。

单干形：保留主干，疏出侧枝，并摘除全部侧蕾，使养分向顶蕾集中。

多干形：留主枝数个，使其能开出较多的花。

修剪摘心。摘除正在生长的嫩枝顶端。摘心可以促使侧枝萌发，增加开花枝数，使植株矮化，株形圆整，开花整齐。摘心也有抑制生长、推迟开花的作用。

抹芽。剥去过多的腋芽或挖掉脚芽，限制枝数的增加或过多花朵的产生，使营养相对集中、花朵充实、花朵大，如菊花、牡丹等。

剥蕾。剥去侧蕾和副蕾，使营养集中供主蕾开花，保证花朵的质量，如芍药、牡丹、菊花等。

越冬防寒。防寒越冬是对耐寒能力较差的花卉进行的一项保护措施。我国北方地区寒冷季节露地栽培二年生的花卉必须进行防寒工作，否则易发生低温伤害。防寒方法很多，因地区及气候而异，常用的方法有以下几种：

覆盖法：霜冻到来之前，在畦面上覆盖干草、落叶、马粪、草帘等，直到翌年春季。

培土法：冬季将地上部分枯萎的宿根、球根花卉或部分木本花卉，壅土压埋或开沟压埋。待春暖后，将土扒开，使其继续生长。

灌水法：冬灌能减少或防止冻害，春灌有保温、增温效果。由于水的热容量大，灌水后能提高土的导热量，使深土层的热量容易传导到土面，从而提高近地表空气温度。

浅耕法：浅耕可降低因水分蒸发而产生的冷却作用，同时因土壤疏松，有利于太阳热的导入，对保温和增温有一定效果。

2. 商品苗的栽培

露地栽培的一、二年生花卉，可以使用花卉生产市场提供的育成苗，直接栽植在应用位置，商品苗尤其是穴盘苗有良好的根系，生长较好，使用方便、灵活，但受限于市场提供的种类。

二、宿根花卉的栽培与养护

（一）概念及特点

宿根花卉是指开花、结果后，冬季整个植株或仅地下部分能安全越冬的一类草本观赏花卉，其地下部分的形态正常，不发生变态，包括落叶宿根花卉和常绿宿根花卉。

落叶宿根花卉指春季萌芽，生长发育开花后，遇霜地上部分枯死，而根部不死，以宿根越冬，待来春继续萌发生长开花的一类草本观赏花卉。如菊花、芍药、萱草、玉簪等。

常绿宿根花卉指春季萌发，生长发育至冬季，地上部分不枯死，以休眠或半休眠状态越冬，至翌年春天继续生长发育的一类草本观赏花卉。北方大多保护越冬或温室越冬，如中国兰花、君子兰等。

宿根花卉的常绿性及落叶性会随着栽培地区及环境条件的不同而发生变化。如菊花在北方是落叶宿根花卉，在南方则是常绿或半常绿宿根花卉。

原产温带的耐寒、半耐寒的宿根花卉具有休眠特性，其休眠器官芽或莲座枝需要冬季低温解除休眠，翌年春，萌芽生长，通常由秋季的低温与短日照条件诱导休眠器官形成，春季开花的种类越冬后在长日照条件下开花，如风铃草等，夏秋开花的种类需短日照条件下开花或由短日照条件促进开花，如秋菊、长寿花、紫菀等。

原产热带、亚热带的常绿宿根花卉，通常只要温度适宜即可周年开花。夏季温度过高可能导致半休眠，如鹤望兰等。

113

（二）宿根花卉的繁殖栽培要点

1. 繁殖要点

宿根花卉繁殖以营养繁殖为主，包括分株、扦插等。最普遍、最简单的方法是分株。为了不影响开花，春季开花的种类应在秋季或初冬进行分株，如芍药、荷包牡丹。而夏季开花的种类宜在早春萌芽前分株，如萱草、宿根福禄考；还可以用根蘖、吸芽、走茎、匍匐茎繁殖。此外，有些花卉也可以采用扦插繁殖，如荷兰菊、紫菀等。有时为了获得大量的植株也可采用播种繁殖，播种因种而异，可秋播或春播。播种苗有时 1 ~ 2 年后开花，也有的 5 ~ 6 年后才开花。

2. 栽培要点

宿根花卉的栽培管理与一、二年生花卉的栽培管理有相似的地方，但由于其自身的特点，应注意以下几个方面：

宿根花卉植株生长强壮，与一、二年生花卉比较，根系强大，有不同粗壮程度的主根、侧根和须根，并且主、侧根可存活多年。栽植宿根花卉应选排水良好的土壤，一般幼苗期喜腐殖质丰富的土壤，在第二年后则以黏质土壤为佳。栽植前，整地深度应达30 ~ 40cm，甚至 40 ~ 50cm，并应施入大量有机肥，以长期维持良好的土壤结构。

由于一次栽种后生长年限较长，植株在原地不断扩大占地面积，因此要根据花卉的生长特点，设计合理密度和种植年限。株行距根据园林布置设计的目的和观赏时期确定。如鸢尾株行距为 30 ~ 50cm，2 ~ 3 年分株移植一次。

播种繁殖的宿根花卉，期育苗期应注意浇水、施肥、中耕除草等工作，定植以后一般管理比较粗放，施肥可以减少。但要使其生长茂盛、花朵大，最好在春季新芽抽生时施以追肥，花前、花后可再追肥一次，秋季落叶时可在植株四周施以腐熟厩肥或堆肥。

宿根花卉与一、二年生花卉相比，耐旱，适应环境的能力较强，因此浇水的次数可少于一、二年生花卉。但在其旺盛的生长期，仍需按照各种花卉的习性，给予适当的水分。在休眠前则应逐渐减少浇水。

宿根花卉的耐寒性较一、二年生花卉强，冬季无论地上部分落叶的，还是常绿的，均处于休眠、半休眠状态。常绿宿根花卉在南方可露地越冬，在北方应温室越冬。落叶宿根花卉，大多数可露地越冬，其通常采用的措施有覆盖法、培土法、灌水法等。

三、球根花卉的栽培与养护

（一）概念及特点

球根花卉的地下部分具肥大的变态根或变态茎。植物学上称为球茎、块茎、鳞茎、块根、根茎等，园林花卉生产中总称为球根。所以，球根花卉可以根据其球根的形态分为以下几种：

鳞茎类。鳞茎类指地下部分茎极度短缩，呈扁平的鳞茎盘，在鳞茎盘上着生多数肉质鳞片的花卉。它又可分为有皮鳞茎和无皮鳞茎。有皮鳞茎是指鳞叶在鳞茎盘上呈层状排列，在肉质鳞叶的最外层有一膜质鳞片包被着，如水仙、风信子、郁金香等。这一类花卉贮藏时可置于通风阴凉处干藏。无皮鳞茎是指鳞叶在鳞茎盘上呈覆瓦状排列，在肉质鳞叶的最外层没有膜质鳞片包被，如百合等。这一类花卉在贮藏时需埋于湿润的砂中。

球茎类。球茎类指地下茎膨大呈球形，其内部全为实质，表面环状节痕明显，上有数层膜质外皮，在其（球茎）顶端有较肥大的顶芽，侧芽不发达，如唐菖蒲、香雪兰等。

块茎类。块茎类指地下茎膨大呈块状，它的外形不规则，表面无环状节痕，块茎顶端通常有几个发芽点，如大岩桐、马蹄莲等。

根茎类。根茎类指地下茎膨大呈粗长的根茎，为肉质，具有分枝，上面有明显的节与节间，在每一节上通常可发生侧芽，尤以根茎顶端处发生较多，生长时平卧。如美人蕉、鸢尾、荷花等。

块根类。块根类指地下根膨大呈块状，芽着生在根茎分界处，块根上无芽，富含养分。如大丽花、花毛茛等。

根据球根花卉的生长发育习性又可将球根花卉分为以下几种：

一年生球根花卉：球根每年更新，母球生长季结束时因营养耗尽而解体，并形成新的子球延续种族。一年生球根花卉是耐寒的球根花卉，包括郁金香、藏红花等。适应自然条件下寒冷的冬季，必须在低温下至少度过几周才能正常开花，自然条件下栽培，应于秋季种植，越冬后在春季抽芽发叶露出土面并开出鲜艳的花朵。

多年生球根花卉：母球在生长季结束以后不解体，多年生的种类。多年生球根花卉多数是不耐寒的球根花卉，如仙客来、花叶芋等。也有一些耐寒的种类，如百合。自然条件下这类花卉大都有明显的休眠期，栽培条件适宜时，这类花卉可常年生长和开花。

（二）繁殖要点

有性繁殖。球根花卉的有性繁殖主要用于新品种的培育，另外用于营养繁殖率较低的球根花卉，如仙客来等。在商品生产中主要用播种繁殖。球根花卉的种子繁殖方法、条件及技术要求与一、二年生花卉基本相同。

无性繁殖。无性繁殖方法在球根花卉繁殖中广泛应用，常见的有分球法、扦插法、组织培养法。以分球法最为常见。

（三）栽培管理要点

球根花卉栽培过程一般为：整地→施肥种植种球→生长期管理→采收→贮藏。

1. 整地

①球根花卉对整地、施肥、松土的要求较宿根花卉高，特别是对土壤的疏松度及耕作层的厚度要求较高。因此，栽培球根花卉的土壤应适当深耕（30～40cm，甚至

40 ~ 50cm），并通过施用有机肥料、掺和其他基质材料改善土壤结构。栽培球根花卉施用的有机肥必须充分腐熟，否则会导致球根腐烂。磷肥对球根的充实及开花极为重要，钾肥需要中等的量，氮肥不宜多施。我国南方及东北等地区土壤呈酸性反应，需施入适量的石灰加以中和。

②土壤消毒的方法有高温消毒、土壤浸泡和药剂消毒等。

高温消毒。利用高温杀死有害微生物，很多病菌60℃高温30min即能致死，病毒经过90℃高温处理10min，杂草种子需80℃高温处理10min。因此，球根花卉蒸汽消毒一般70℃ ~ 80℃高温处理60min。

土壤浸泡。常在温室中采用土壤浸泡的方法进行消毒，在不同种植球根花卉的季节，将土壤做成60 ~ 70cm宽的畦，灌水淹没，并覆盖塑料薄膜，2 ~ 3周后去膜耕地并检测土壤pH值和电解质浓度。

2. 施肥种植种球

球根花卉种植时间集中在春秋两个季节，一部分在春季3 ~ 5月，另一部分在秋季9 ~ 11月。

球根较大或数量较少时，可进行穴栽。球小而量多时，可开沟栽植。如果需要在栽植穴或沟中施基肥，要适当加大穴或沟的深度，撒入基肥后覆盖一层园土，然后栽植球根。

球根栽植的深度因土质、栽植目的及种类不同而有差异。黏质土壤宜浅些，疏松土壤可深些。为繁殖子球或每年都挖出来采收的宜浅，需开花多、花朵大的或准备多年采收的可深些，栽植深度一般为球高的3倍。但晚香玉及葱兰以覆土到球根顶部为宜，朱顶红需要将球根的1/4 ~ 1/3露出土面，百合类中的多数种类要求栽植深度为球高的4倍以上。

栽植的株行距依球根种类及植株体量大小而异，如大丽花为60 ~ 100cm，风信子、水仙20 ~ 30cm，葱兰、番红花等仅为5 ~ 8cm。

3. 生长期管理

浇水一年生球根栽植时土壤湿度不宜过大，湿润即可。种球发根后发芽展叶，正常浇水保持土壤湿润。

多年生球根应根据生长季节灵活掌握水分管理。原则上休眠期不要浇水，夏秋季节休眠的只有在土壤过分干燥时给予少量水分，防止球根干缩即可，生长期则应供给充足的水分。

施肥球根花卉喜磷肥，对钾肥需求量中等，对氮肥要求较少，追肥注意肥料比例，在土壤中施足基肥。磷肥对球根的充实及开花极为重要，有机肥必须充分腐熟，否则易招致球根腐烂。追肥的原则略同于浇水，一般在旺盛生长季节定期施肥。应注意观花类球根花卉要多施磷钾肥，从而保证花大色艳而花莛挺直。观叶类球根花卉应保证氮肥的供应，同时也要注意不要过量，以免花叶品种美丽的色斑或条纹消失。对于喜肥的球根种类应稍多施肥料，保证植株健壮生长，开出鲜艳的花朵。休眠期则不施肥。

4. 采收

球根花卉停止生长进入休眠后，大部分的种类需要采收并进行贮藏，休眠期过后再进行栽植。有些种类的球根虽然可留在地中生长多年，但如果作为专业栽培，仍然需要每年采收，其原因如下：①冬季休眠的球根在寒冷地区易受冻害，需要在秋季采收贮藏越冬。夏季休眠的球根，如果留在土中，会因多雨湿热而腐烂，也需要采收贮藏。②采收后，可将种球分出大小优劣，便于合理繁殖和培养。③新球和子球增殖过多时，如不采收、分离，常因拥挤而生长不良，而且因为养分分散，植株不易开花。④发育不够充实的球根，采收后放在干燥通风处可促其后熟。⑤采收种球后可将土地翻耕，加施基肥，以有利于下一季节的栽培；也可在球根休眠期栽培其他作物，以充分利用土壤。

采收要在生长停止、茎叶枯黄而没脱落时进行。过早采收，养分还没有充分积聚于球根，球根不够充实，过晚采收则茎叶脱落，不易确定球根在土壤中的位置，采收球根时易受损伤，子球容易散失。采收时土壤要适度湿润，挖出种，除去附土，阴干后贮藏。唐菖蒲、晚香玉等翻晒数天让其充分干燥。

大丽花、美人蕉等阴干到外皮干燥即可，以防止过分干燥而使球根表面皱缩。秋植球根在夏季采收后，不宜放在烈日下暴晒。

5. 贮藏

贮藏前要除去种球上的附土和杂物，剔除病残球根。如果球根名贵而又病斑不大，可将病斑用刀剔除，在伤口上涂抹防腐剂或草木灰等留用。容易受病害感染的球根，贮藏时最好混入药剂或用药液浸洗消毒后贮藏。

球根的贮藏方法因球根种类不同而异。对于通风要求不高，需保持一定湿度的球根种类如大丽花、美人蕉等，可采用埋藏或堆藏法。量少时可用盆、箱装，量大时堆放在室内地上或窖藏。贮藏时，球根间填充干沙、锯末等。对要求通风良好、充分干燥的球根，如唐菖蒲、球根鸢尾、郁金香等，可在室内设架，铺上席箔、苇帘等，在上面摊放球根。如设多层架子，层间距需为30cm以上，以利通风。少量球根可放在浅箱或木盘上，也可放在竹篮或网袋中，置于背阴通风处贮藏。

球根贮藏所要求的环境条件也因球根种类不同而异。春植球根冬季贮藏，室温应保持在4℃～5℃，不能低于0℃或高于10℃。在冬季室温较低时贮藏，对通风要求不严格，但室内也不能闷湿。秋植球根夏季贮藏时，首要的问题是保持贮藏环境的干燥和凉爽，不能闷热和潮湿。

球根贮藏时，还应注意防止鼠害和病虫的危害。

多数球根花卉在休眠期进行花芽分化，所以其贮藏条件的好坏，与以后开花有很大关系，不可忽视。

四、水生花卉的栽培与养护

（一）概念及特点

1. 水生花卉的含义

水生花卉是指终年生长在水中、沼泽地、湿地上，观赏价值高的花卉，包括一年生花卉、宿根花卉、球根花卉。

2. 类型

按其生态习性及与水分的关系，可分为挺水类、浮水类、漂浮类、沉水类等几类。

挺水类：根扎于泥中，茎叶挺出水面，花开时离开水面，是最主要的观赏类型之一。对水的深度要求因种类不同而异，多则深达 1 ~ 2m，少则至沼泽地。属于这一类的花卉主要有荷花、千屈菜、香蒲、菖蒲、石菖蒲、水葱、水生鸢尾等。

浮水类：根生于泥中，叶片漂浮水面或略高出水面，花开时近水面。浮水类是主要的观赏类型，对水的深度要求也因种类而异，有的深达 2 ~ 3m。主要有睡莲、芡实、王莲、菱、若菜等。

漂浮类：根系漂于水中，叶完全浮于水面，可随水漂移，在水面的位置不易控制。属于这一类型的主要有凤眼莲、满江红、浮萍等。

沉水类：根扎于泥中，茎叶沉于水中，是净化水质或布置水下景色的素材，许多鱼缸中使用的即是这类花卉。属于这一类的有玻璃藻、黑藻、莼菜等。

3. 特点

绝大多数水生花卉喜欢光照充足、通风度好的环境。但也有能耐半阴条件者，如菖蒲、石菖蒲等。

水生花卉因其原产地不同对水温和气温的要求不同。其中较耐寒的有荷花、千屈菜、慈姑等，可在我国北方地区自然生长。而王莲等原产热带地区的在我国大多数地区需行温室栽培。水生花卉耐旱性弱，生长期间要求有大量水分（或有饱和水的土壤）和空气。它们的根、茎和叶内有通气组织的气腔与外界互相通气，吸收氧气以供应根系需要。

（二）繁殖要点

水生花卉多采用分生繁殖，有时亦采用播种繁殖。分株一般在春季萌芽前进行。播种法应用较少，大多数水生花卉种子干燥后即丧失发芽能力，成熟后即行播种，或贮藏在水中。

（三）栽培要点

栽培水生花卉的水池应具有丰富的塘泥，其中必须具有充足的腐熟有机质，并且要求土质黏重。由于水生花卉一旦定植，追肥比较困难，因此，须在栽植前施足基肥。已栽植过水生花卉的池塘一般已有腐殖质的沉积，视其肥沃程度确定是否施肥。新开挖的池塘必须在栽植前加入塘泥并施入大量的有机肥料，如堆肥、厩肥等。

各种水生花卉，因其对温度的要求不同而需采取不同的栽植和管理措施。耐寒的水生花卉直接栽在深浅合适的水边和池中，冬季不需保护。休眠期间对水的深浅要求不严。半耐寒的水生花卉栽在池中时，应在初冬结冰前提高水位，使根丛位于冰冻层以下，即可使其安全越冬。少量栽植时，也可掘起贮藏。或春季用缸栽植，沉入池中，秋末连缸取出，倒出积水。冬天保持缸中土壤不干，放在没有冰冻的地方即可。不耐寒的种类通常使用盆栽，沉到池中，也可直接栽到池中，秋冬掘出贮藏。

有地下根茎的水生花卉一旦在池塘中栽植时间较长，便会四处扩散，以致与设计意图相悖。因此，一般在池塘内需建种植池，以保证其不四处蔓延。漂浮类水生花卉常随风而动，应根据当地情况确定是否种植，种植之后是否需要固定位置。如需固定，可加拦网。

清洁的水体有益于水生花卉的生长发育，水生花卉对水体的净化能力是有限的。水体静止容易滋生大量藻类，水质变浑浊，小范围内可以使用硫酸铜除去。较大范围的可利用生物抗结，放养金鱼藻或河蚌等软体动物。

五、培养土的材料及其配制

培养土又叫营养土，是人工配制的专供盆花栽培用的一种特制土壤。盆栽观赏花卉由于盆土容积有限，花卉的根系局限于花盆中，要求培养土必须养分充足，具有良好的物理性质。一般盆栽花卉要求培养土，一要疏松，空气流通，以满足根系呼吸的需要；二要水分渗透性能良好，不会积水；三要能固持水分和养分，不断供应花卉生长发育的需求；四要培养土的酸碱度适应栽培花卉的生态要求；五是不允许有害微生物和其他有害物质的滋生和混入。因此，培养土必须按照要求进行人工配制。

（一）配制培养土的材料

用于配制培养土的材料很多，配制培养土要有良好的材料，但也要从实际出发，就地取材，降低费用。

1. 园田土

园田土又叫园土，指耕种过的田地里耕作层的熟化土壤。这是配制培养土的基本材料，也是主要成分，需经过堆积、暴晒、粉碎、过筛后备用。

2. 腐叶土和山林腐殖土

腐叶土是由人工将树木的落叶堆积腐熟而成。秋季将各种落叶收集起来，拌以少量的粪肥和水，经堆积腐熟而成。腐熟后摊开晒干，过筛备用。腐叶土是配制培养土应用最广泛的一种材料。

山林腐殖土是指在山林中自然堆积的腐叶土。若离林区较近，可到山林中挖取已经腐烂变成黑褐色，手抓成粉末状，比较松软的腐叶土。

腐叶土含有大量的有机质，疏松，透气、透水性能好，保水保肥能力强，质轻，是优良的盆栽用土，适于栽植多种盆花，如各种秋海棠、仙客来、大岩桐以及多种天南星科观叶观赏花卉、多种地生兰花、多种观赏蕨类花卉等。

3. 堆肥土

堆肥土又称腐殖土。各种花卉的残枝落叶、各种农作物秸秆及各种容易腐烂的垃圾废物都可以作为原料，经过堆积腐熟、过筛后，便可作为盆栽用土。堆肥土稍次于腐叶土，但仍是优良的盆栽用土。堆肥土使用前要进行消毒处理，需要杀灭害虫、虫卵、病菌及杂草种子。

4. 泥炭

泥炭土又称草炭土。泥炭土是由低洼积水处生长的花卉不断积累后在淹水、嫌气条件下形成，为酸性或中性土。泥炭土含有大量的有机质，疏松，透气、透水性能好，保水保肥能力强，质地轻，无病菌和虫卵，是优良的盆花用土。

在我国西南、华中、华北及东北有大量泥炭土分布。目前，在世界上的盆栽观赏花卉，尤其是观赏花卉生产中，多以泥炭土为主要的盆栽基质。

5. 河沙

河沙常作为配制培养土的透水材料，以改善培养土的排水性能。河沙的颗粒大小随栽培观赏花卉的种类而异，一般情况下沙粒直径在 0.2 ~ 0.5mm 之间为宜，但作为扦插基质，颗粒应在 1 ~ 2mm 之间。

6. 珍珠岩

珍珠岩是粉碎的岩浆岩加热至 1000℃ 以上膨胀形成的，具有封闭的多孔性结构，质轻通气好、无营养成分。

7. 蛭石

蛭石属硅酸盐材料，在 800℃ ~ 1100℃ 高温下膨胀而成，疏松、透气、保水，配在培养土中使用。容易破碎而致密，破碎后会使通气和排水性能变差，最好不做长期盆栽花卉的材料用。如作扦插基质，应选较大的颗粒。

8. 草木灰

草木灰即秸秆、杂草燃烧后的灰，南方多为稻壳在寡氧条件下烧成的灰，叫砻糠灰。草木灰能增加培养土疏松、通气、透水的性能，并可提高钾素营养，但需堆积 2 ~ 3 个月，待碱性减弱后才能使用。

9. 锯末

锯末经堆积腐熟后，晒干备用。锯末是配制培养土较好的材料，与园土或其他基质混合配制，适宜栽植各类盆花。

10. 煤渣

煤渣作盆栽基质，需经过粉碎、过筛，筛去粉末和直径 1mm 以下的渣块，选留直径 2 ～ 5mm 的颗粒，与其他基质配合使用。

11. 树皮

树皮主要是松树皮和较厚而硬的树皮，具有良好的物理性能，作为附生花卉的栽培基质。破碎成 1.5 ～ 2cm 的碎块，但其只作为填充料，而且必须经过腐熟后才能使用，能够代替蕨根、苔藓作为附生花卉的栽培基质。

12. 苔藓

苔藓又叫泥炭藓，是生长在高寒地区潮湿地上的苔藓类植物，我国东北和西南高原林区都有分布。苔藓十分疏松，有极强的吸水能力和透气能性。泥炭藓以白色为最好，茶褐色次之，是一些兰花较好的栽培基质。

13. 蕨根

蕨根是指紫萁的根，呈黑褐色，耐腐朽，是热带附生兰花及天南星科观赏花卉、凤梨科观赏花卉及其他附生观赏花卉栽培中十分理想的材料。用蕨根和苔藓一起作为盆栽材料，既透气、排水又能保湿。常与苔藓配合使用栽植热带附生类喜阴观赏花卉，达到的效果很好。

14. 陶粒

陶粒是用黏土经燃烧而成的大小均匀的颗粒，一般分为大号和小号，大号直径约为 1.5cm，小号直径大约为 0.5cm。栽培喜好透气性的花卉时，可先在花盆底部铺一些大陶粒，然后铺小陶粒，再放培养土，以提高透气性，达到的效果非常好。

（二）培养土的配制

盆花种类繁多，原产地不同，对盆土的要求也不尽相同。根据各类观赏花卉的要求，应将所需材料按一定比例进行混合配制。一般盆花常规培养土的配制主要有三类，其配制比例如下：

①疏松培养土园土 2 份，腐叶土 6 份，河沙 2 份。

②中性培养土园土 4 份，腐叶土 4 份，河沙 2 份。

③黏性培养土园土 6 份，腐叶土 2 份，河沙 2 份。

以上各类培养土，可根据不同观赏花卉种类的要求进行选用。一般幼苗移栽和多浆花卉宜选用疏松培养土。宿根、球根类观赏花卉宜选用中性培养土。木本类观赏花卉宜选用黏性培养土。

在配制培养土时，还应考虑施入一定数量的有机肥做基肥，基肥的用量应根据观赏花卉的种类、植株大小而定。基肥应在使用前 1 个月与培养土混合。

（三）培养土的消毒

培养土的消毒方法与无土栽培基质的消毒方法相同。

六、园林花卉的盆栽技术

（一）上盆

在盆花栽培中，将花苗从苗床或育苗容器中取出移入花盆中的过程称上盆。上盆时，首先应注意选盆，一般标准是容器的直径或周径应与植株冠幅的直径或周径接近或相等。其次应根据花卉种类选用合适的花盆，根系深的花盆要用深桶花盆，不耐水湿的花卉选用大水孔的花盆。花盆选好后，对新盆要退火，即新瓦盆应先浸水，使盆壁充分吸水后再上盆栽苗，防止盆壁强烈吸水而损伤花卉根系。旧花盆使用前应刮洗干净，以利于通气透水。

上盆方法：先用瓦片盖住盆底排水孔，填入粗培养土 2 ~ 3cm，并加入一层培养土，放入植株，再向根的四周填加培养土，把根系全部埋住后，轻提植株使根系舒展，并轻压根系四周培养土，使根系与土壤密接，然后继续加培养土至盆口 2 ~ 3cm 处。上完盆后应立即浇透水，需浇 2 ~ 3 遍，直至排水孔有水排出，放在蔽阴处 4 ~ 5 天后，逐渐见光，以利缓苗，缓苗后可正常养护。

（二）换盆和翻盆

换盆。随着植株的不断长大，需将小盆逐渐换成与植株相称的大盆，在换盆的同时更换新的培养土。

翻盆。只换培养土不换盆，以满足花卉对养分的需要。

更换次数。一般一、二年生花卉从小苗至成苗需换盆 2 ~ 3 次，宿根花卉、球根花卉成苗后 1 年换 1 次，木本花卉小苗每年换盆 1 次，木本花卉大苗 2 ~ 3 年换盆或翻盆 1 次。

更换时间。换盆和翻盆的时间多在春季。多年生花卉和木本花卉也可以在秋冬停止生长时进行；观叶盆栽应该在空气湿度大的雨季进行；观花花卉除花期不宜换盆外，其他时间均可。

换盆或翻盆前，应停止浇水，使盆土稍干燥，便于植株倒出。倒出植株后，先除去根部周围的土。但必须保留根系基部中央的护根土。剪去烂根和部分老根，然后放入花盆，填入新的培养土。浇透水放置荫蔽处 4 ~ 5 天后，可逐渐见光，待完全恢复正常生长后，即转入正常养护。

（三）转盆

为了防止植株偏向一方生长，破坏株形，应定期转盆，使植株形态匀称，越喜光的花卉，影响越大。生长期影响大，休眠期影响小。生长快影响大，生长慢影响小。一般生长旺盛时期时需 7 ~ 10 天转一次盆，生长缓慢时期 15 ~ 20 天转一次盆，每次转盆180°。

（四）盆花施肥

盆花施肥应根据肥料的种类，严格掌握施肥方法和施肥量。盆栽观赏花卉因土壤容量和特定生长环境条件所限，应掌握"少、勤、巧、精"的施肥原则。

盆栽花卉的基肥应在上盆或换盆、翻盆时施用，适宜的肥料有饼肥、粪肥、蹄片和羊角等。基肥的施用量不要超过盆土的 20%，需与培养土混合均匀施入。

追肥以薄肥勤施为原则，通常可以撒施和灌施。撒施是将腐熟的饼肥等撒入花盆中，但注意要求撒到花盆边缘，不能太靠近植株，撒后浇水。灌施时如果是饼肥或粪肥，需要经浸泡发酵后，再稀释才能使用，稀释浓度为 15% ~ 25%。如果施用化学肥料，追施过量易对花卉造成伤害，因此应进行灌施，不同肥料种类的施用方法及施用量不同，一般为：

氮肥：主要有尿素、硫酸铵、硝酸铵等，在观食花卉生育过程中宜做追肥，用0.1% ~ 0.5% 的溶液追施。

磷肥：主要有过磷酸钙、钙镁磷肥、磷矿粉等，可用 1% ~ 2% 的浸泡液（浸泡一昼夜）做追肥，也可以用 0.1% 的水溶液做根外追肥。磷酸二钱可用 0.1% ~ 0.5% 的水溶液作追肥。

钾肥：主要有硫酸钾、硝酸钾、氢氧化钾等，适于球根类观赏花卉，可以做基肥和追肥。基肥用量为盆土的 0.1% ~ 0.2%，追肥为 0.1% ~ 0.2% 的水溶液。

（五）盆花浇水

1. 浇水原则

盆花的浇水原则是"干透浇透，浇透不浇漏"，干透是指当盆土表层 2cm 的土壤发干的时候。栽培时一般可以通过"看、捏、听、提"的方法来判断。"看"一般指当盆土表面失水发白时，则是浇水的适宜时间。土壤颜色深时说明盆土不缺水，不需浇水。"捏"指当手摸盆土表面，如土硬，用手指捏土成粉状，说明需要浇水。若土质松软，手捏盆土呈片状，则不需浇水。"听"指当用手指或木棍轻敲盆壁，如声音清脆时，说明盆土已干，需要浇水。若声音沉闷，则不需要浇水。"提"指如用塑料盆栽种时，可用一只手轻轻提起盆，若花盆底部很轻，则表示缺水。如果很沉，则不需要浇水。当有少量的水从排水孔流出时就是"浇透"了。如果水呈柱状从排水孔中流出则是"浇漏"了，"浇漏"后培养土中大量的养分会随水流出，会造成花卉营养不良。

2. 盆花浇水时的注意事项

水质。盆栽花卉的根系生长局限在一定的空间里，因此对水质的要求比露地花卉高。

一般可供饮用的地下水、湖水、河水可作适宜的浇花用水。但硬水不适于浇灌原产于南方酸性土壤的观赏花卉。原产于热带和亚热带地区的观赏花卉，最理想的用水是雨水。自来水中氯的含量较多，水温也偏低，不宜直接用来浇花，应将自来水存放 2 ~ 3 天，使氯挥发，待水温和气温接近时再浇花。水温和土温的差距不应超过 5℃。

浇水量。根据花卉的种类及不同生育阶段确定浇水次数、浇水时间和浇水量。草本花卉本身含水量大、蒸腾强度也大，所以盆土应经常保持湿润。木本花卉则可掌握干透浇透的原则。蕨类植物、天南星科植物、秋海棠科植物等喜湿花卉要保持较高的空气湿度。多浆植物等旱生花卉要少浇水。生长旺盛时期要多浇，开花前和结实期要少浇，盛花期要适当多浇，如果盆花在旺盛生长季节需水量大时，可每天向叶面喷水，以提高空气湿度。一般高温、高湿会导致病虫害的发生，低温、高湿易发生烂根现象，浇水时应多加注意。进入休眠期时浇水量应依花卉种类的不同而减少或停止，解除休眠进入生长期时浇水量逐渐增加。

有些花卉对水分特别敏感，若浇水不慎会影响其生长和开花，甚至死亡。如大岩桐、蟆叶秋海棠、非洲紫罗兰、荷包花等叶面有茸毛，不宜喷水，否则叶片易腐烂，尤其不应在傍晚喷水。有些花卉的花芽与嫩叶不耐水湿，如仙客来的花芽、非洲菊的叶芽，水湿太久易腐烂。墨兰、建兰叶片发现病害时，应停止叶面喷水等。

不同栽培容器和栽培土对水分的需求不同，瓦盆通过蒸发丧失的水分比花卉消耗的多，因此浇水要多些；塑料盆保水率强，一般供水达到瓦盆水量的 1/3 就足够了。疏松土壤多浇，黏重土壤少浇。

3. 浇水方法

浸盆。多用于播种育苗与移栽上盆期，先将盆坐入水中，让水沿盆底排水孔慢慢地由下而上渗入，直到盆土表面见湿时，再将盆由水中取出。这种方法既能使土壤吸收充足水分，又能防止盆土表层发生板结，也不会因直接浇水而将种子、幼苗冲出。此法可视天气或土壤情况每隔 2 ~ 3 天进行一次。

喷水。向植株叶面喷水，可以增加空气湿度，降低温度，冲洗掉叶片上的尘土，有利于光合作用，一般夏季天气炎热、干燥时，应适当喷水。尤其是那些原产于热带和亚热带的观赏花卉，夏季应经常喷水；冬季休眠期，要少喷或不喷。

此外，盆栽花卉还可以施行一些特殊的水分管理，如找水、放水、扣水等。找水是补充浇水，即对个别缺水的植株单独补浇，不受正常浇水时间和次数的限制。放水是指生长旺季结合追肥加大浇水量，以满足枝叶生长的需要。扣水即在花卉生长的某一阶段暂停浇水，进行干旱锻炼或适当减少浇水次数和浇水量。

第四章　园林树木栽植技术

第一节　园林树木栽植程序

一、准备工作

（一）明确设计意图，了解栽植任务

在栽植前必须对工程设计意图有深刻的了解，才能完美表达设计要求。

①加强对树种配置方案的审查，避免因树种混植不当而造成的病虫害发生。如槐树与泡桐混植，会造成椿象、水木坚航大发生；桧柏应远离海棠、苹果等蔷薇科树种，以避免苹桧锈病的发生；银杏树作行道树栽植应选择雄株，要求树体规格大小相对一致，不宜采用嫁接苗；作景观树应用，则雌、雄株均可。

②必须根据施工进度编制翔实的栽植计划及早进行人员、材料的组织和调配，并制定相关的技术措施和质量标准。

③了解施工现场地形、地貌及地下电缆分布与走向，了解施工现场标高的水准点及定点放线的地上固定物。

（二）踏勘现场

在了解设计意图和工程概况后，负责施工的主要人员必须亲自到现场进行细致的踏勘与调查，主要了解以下内容：

①各种地上物（如房屋、原有树木、市政或农田设施等）的去留及需要保护的地物（如古树名木等）。要拆迁的应如何办理有关手续与处理办法。

②现场内外交通、水源、电源情况，现场内外能否通行机械车。交通不便，则需确定开通道路的具体方案。

③施工期间生活设施的安排。

④施工地段土壤的调查，以确定是否需要换土，估算客土量及其来源和用工量等。

（三）制订施工方案

根据规划设计制订施工方案。

①制订施工进度计划（表4-1）。分单项进度与总进度计划，规定起止日期。

表4-1　工程进度计划

工程地点	工程项目	工程量	单位	定额	用工	进度				备注	工程地点	工程项目	工程量
						月日	月日	月日	月日				

②制订劳动计划。根据工程任务量及劳动定额，计算出每道工序所需用的劳动力和总劳动力，并确定劳动力来源、使用时间及具体的劳动组织形式。

③制订工程材料工具计划（表4-2）。根据工程需要提出苗木、工具、材料的供应计划，包括用量、规格、型号及使用期限等。

表4-2　工程材料工具计划

工程地点	工程项目	工具材料	单位	规格	需用量	使用日期	备注

④制订苗木供应计划（表4-3）。苗木是栽植工程中最重要的物质，按照工程要求保证及时供应苗木，才能保证整个施工按期完成。

表4-3　工程用苗计划表

苗木品种	规格	数量	出苗地点	供苗日期	备注

⑤制订机械运输计划（表4-4）。根据工程需要提出所需用的机械、车辆，并说明所需机械、车辆的型号、日用台班数及使用日期。

表4-4　机械车辆使用计划

工程地点	工程项目	车辆机械名称	型号	台班	使用日期	备注

⑥制定技术和质量管理措施。如制定操作细则、确定质量标准及成活率指标、组织技术培训、落实质量检查和验收方法等。

（四）种植地准备

1. 现场清理

在工程施工前，进驻施工现场，则需对施工现场进行全面清理，包括拆迁或清除有碍施工的障碍物、按设计图要求进行地形整理。

2. 地形准备

依据设计图进行种植现场的地形处理，是提高栽植成活率的重要措施。地形整理是指从土地的平面上将绿化区与其他区划分开来，根据绿化设计图样的要求整理出一定的地形，此项工作可与清除地上障碍物相结合。必须使栽植地与周边道路、设施等的标高合理衔接，排水降渍良好，并清理有碍树木栽植和植后树体生长的建筑垃圾和其他杂物。

3. 土壤准备

在栽植前对土壤进行测试分析，明确栽植地点的土壤特性是否符合栽植树种的要求，特别是土壤的排水性能，尤应格外关注；是否需要采用适当的改良措施。

原是农田菜地的土质较好，侵入物不多，只需要加以平整，不需换土。如果在建筑遗址、工程弃物、矿渣炉灰等地修建绿地，需要清除渣土更换好土。常用的改土方法是：若土壤黏土过重，则在土壤中掺入沙土或适量的腐殖质；若土壤偏酸性或偏碱性，则可施用石灰或酸性肥料加以调节；若土壤较贫瘠，则可在栽植土中拌入一定比例的腐熟有机肥。若土壤完全不适合植物生长，则可以采用客土。

（五）苗木准备

苗木必须符合以下要求：

①根系发达而完整，主根短直，接近根茎一定范围内要有较多的侧根和须根，起苗后大根系无劈裂。

②苗干粗壮通直（藤本除外），有一定的适合高度，不徒长。

③主侧枝分布均匀，能构成完美树冠，要求丰满。其中常绿针叶树，下部枝叶不枯落成裸干状。干性强并无潜伏芽的某些针叶树（如某些松类、冷杉等），中央领导枝要有较强优势，侧芽发育饱满，顶芽占有优势。

④无病虫害和机械损伤。

二、定点、放线

依据施工图进行定点测量放线，是关系到设计景观效果表达的基础。

绿地的定点放线有坐标定点法、仪器测放法、目测法等。不管采用哪种放线法都应力求准确，从植苗木的树丛范围线应按图示比例放出；从植范围内的植物应将较大的放于中间或后面，较小的放在前面或四周；自然式栽植的苗木，放线要保持自然，不得等距离或排列成直线。

行道树的定点放线主要是以路牙石为标准，无路牙石的以道路中心线为标准，无路牙石的以道路树穴中心线为标准。用尺定出行位，作为行位控制标记，然后用白灰标出单株位置。对设计图纸上无精确定植点的树木栽植，特别是树丛、树群，可先画出栽植范围，具体定植位置可根据设计思想、树体规格和场地现状等综合考虑确定。一般情况下，以树冠长大后株间发育互不干扰、能完美表达设计景观效果为原则。行道树栽植时要注意树体与邻近建（构）筑物、地下工程管路及人行道边沿等的适宜水平距离。

三、刨坑（挖穴）

刨坑的质量好坏对植株以后的生长有很大的影响，城市绿化植树必须保证位置准确，符合设计意图。

起挖严格按定点放线标定的位置、规格挖掘树穴。乔木和灌木类栽植树穴的平面形状没有硬性规定，多以圆形、方形为主，以便于操作为准，可根据具体情况灵活掌握，树穴的大小和深浅应根据树木规格和土层厚薄、坡度大小、地下水位高低及土壤墒情而定；绿篱类的界木树穴的挖掘前应深挖土壤，使土壤疏松，开挖成条状沟或者边挖穴边栽植。

确定刨坑规格，必须考虑不同树种的根系分布形态和土球规格，平生根系的土坑要适当加大直径，直生根的土坑要适当加大深度。总之，不论裸根苗还是带土球苗，刨坑规格要较根系或土球大些或深些。

掌握好坑形和地点，以定植点为圆心，按规格在地面画一圆圈，从四周向下刨挖，要求挖成穴壁平直、穴底平坦，切忌挖成锅底形。栽植穴深层土壤病菌多，根切口易受感染，导致烂根，影响根系的呼吸、吸收和传导；用土壤消毒颗粒剂对栽植土壤进行杀菌消毒处理，防止根部腐烂。

刨坑时，对质地良好的土壤，要将上部表层土和下部底层（心土）分开堆放。表层土壤在栽种时要填在根部。土质瘠薄时可拌和适量堆肥或腐叶土。若刨坑部位为建筑垃圾、白灰、炉渣等有害物质时，应加大刨坑规格，拉运客土种植。

挖穴时碰到地下障碍物或公共设施时，应与设计人员或有关部门协商，适当改动位置。

四、起苗

（一）起苗前的准备

首先要根据苗木的质量标准和规格要求，在苗圃中认真选择符合要求挖掘的对象，并做好记号，以免漏挖或错挖。为了有利于挖掘，少伤苗木根系，若苗圃地过湿应提前开沟排水；若过干燥应提前数天灌水。另外，起苗前还要准备好起苗工具及各种包装、捆扎材料等。

常绿树尤其是分枝低、侧枝分权角度大的树种，以及冠丛较大的灌木或带刺灌木，为了使挖掘、搬运方便及不损伤苗（树）木，掘前应用草绳将树冠适度地捆拢。对分枝较高、树干裸露、皮薄光滑的树木，因其对光照与温度的反应敏感，若栽植后方向改变易发生日灼和冻害，在挖掘时应在主干较高处的北面标记"N"字样，以便按原来方向栽植。

（二）起苗方法

起苗方法有两种：裸根起苗和带土球起苗。

1. 裸根起苗

大多数落叶园林树木和栽植容易成活的其他小苗均可采用裸根起苗。起小苗时，沿苗行方向距苗木一定距离（根据带根系的幅度确定）挖一道沟，沟深与主要根系的深度相同，并在沟壁苗的一侧挖一个斜槽，根据要求的根系长度截断根系，再从苗的另一侧垂直下锹，轻轻放倒苗木并打碎根部泥土，尽量保留须根，挖好的苗木立即打泥浆。

根系的完整和受损程度是决定挖掘质量的关键，树木的良好有效根系是指在地表附近形成的由主根、侧根和须根所构成的根系集体。一般情况下，经移植养根的树木挖掘过程中所能携带的有效根系，水平分布幅度通常为主干直径的 6 ~ 8 倍；垂直分布深度为主干直径的 4 ~ 6 倍，一般多在 60 ~ 80cm，浅根系树种多在 30 ~ 40cm。绿篱用扦插苗木的挖掘，有效根系的携带量通常为水平幅度 20 ~ 30om，垂直深度 15 ~ 20cm。

当遇到规格较大的树木较粗的骨干根时，应用手锯锯断，并保持切口平整，坚决禁止用铁锹去硬铲。对有主根的树木，在最后切断时要做到操作干净利落，防止发生主根劈裂。

为了提高成活率，起苗前如天气干燥，应提前 2 ~ 3 天对起苗地灌水，使土质变软、便于操作，多带根系。而野生和直播实生树的有效根系分布范围，距主干较远，故在计划挖掘前，应提前 1 ~ 2 年挖沟盘根，以培养可挖掘携带的有效根系，提高移栽成活率。树木起出后要注意保持根部湿润，避免因日晒风吹而失水干枯，并做到及时装运、及时种植。距离较远时，根系应打浆保护。

2. 带土球起苗

一般常绿树苗木、珍贵树种苗木和较大的花灌木，为了提高栽植成活率，需要带土球起苗，以达到少伤根、缩短缓苗期、提高成活率的目的。这种方法的优点是栽植成活率高，但其施工费用较高。因此，在裸根栽植能成活的情况下，尽量不用带土球起苗。

土球的大小视植物的种类、苗木的大小、根系的分布、栽植成活的难易、土壤的质地以及运输条件来确定。乔木土球直径为苗木胸径（落叶）或地径（常绿）的 8 ~ 10 倍，土球厚度应为土球直径的 4/5 以上，土球底部直径为球直径的 1/3，形似苹果状；灌木、绿篱土球苗，土球直径为苗木高度的 1/3，厚度为球径的 4/5 左右。

带土球的苗木是否需要包扎及怎样包扎，依土球大小、土质松紧度、根系盘结程度和运输距离而定。一般近距离运输、土质较坚实不易掉落，土球较小的情况下，可以不进行包扎或只进行简单包扎。如果土球直径不超过50cm，且土质不松散，可用稻草、蒲包、草包、粗麻布或塑料布等软质材料在穴外铺平，然后将土球挖起修好后放在包装材料上，再将其向上翻起绕干基扎牢；也可用草绳沿土球径向几道，再在土球中部横向包扎一道，使径向草绳固定即可。如果土球较松，应在坑内包扎，并考虑要在掏底包扎前系数道腰箍。另外，在北方冬季土壤结冻时，采用冰坨起苗，挖出来的土球就是一个冻土团，不需包扎，可直接运输。

五、运输

挖起并包装好的裸根苗，装运前应按标准检查质量、清点树种、规格、数量并填写清单。装车前要淘汰损伤过度栽植不能成活的树木，再一次核对苗木的数量、种类及规格是否符合要求。

装车时要轻抬轻放，在车厢底部垫好草袋或其他软物，避免苗木与车厢摩擦损伤苗木。装车时要将苗木根系向前，树梢向后，先装大苗、重苗，大苗间隙填放小规格苗，按一定顺序轻轻放好，不能压得太紧。装车时注意树干与车厢接触处要用软物垫起，树梢不要拖地。尤其是不能损伤主轴分枝树木的枝顶或顶芽，以免破坏树形。

带土球的苗木应抬着上车，防止土球松散。带土球苗装车时，如果苗高不超过 2m 可以直立摆放在车上；苗高在 2m 以上的，要平放或斜放在车上。装车时将土球向车厢前、树冠向后码放整齐，同时要用木架或软物将树冠架稳、垫牢挤严。土球大的只码一层，土球小的可以码放 2 ~ 3 层，且土球之间必须码紧以防摇摆破坏土球。在运输过程中，土球上不要站人和压放重物。

在苗木运输过程中，要有专人跟车押运。运输距离较短时，要尽快运到栽植地，中途不要停车，运到后及时卸车；如运输距离较长，苗木易被风吹干，押运人员要定期检查，若发现发热或湿度不够，要及时为苗木浇水，中途休息时要将运苗车停在避荫处。用塑料包根的苗木，当温度过高时，打开包通气降温。苗木运到后，立即检查苗木根系情况，如根系较干要浸水 1 ~ 2d。目前在远距离、大规格裸根苗的运输中，已采用集装箱运输，既简便又安全。

苗木运到栽植地后要及时卸车。裸根苗在卸车时要轻拿轻放，按顺序从上到下分层卸下苗木，不能抽取，防止损伤苗木。小心轻放，杜绝装卸过程中乱堆乱放的野蛮作业。卸带土球小苗时要抱球轻放，不要提拉树干；卸土球大的苗木时，可以用木板斜搭在车厢上，将土球苗移到木板上，顺势平滑将苗木卸下，注意不能滚卸，以免损坏土球，或用机械吊卸。

六、栽植

（一）配苗或散苗

配苗是将运进的准备栽植的苗木按设计要求再分级，使苗木之间在栽植后趋于一致，达到栽植有序的最佳景观效果。如街道两侧的行道树树高、胸径都基本一致时，观赏效果好，美化效果突出。在进行乔木配苗时，一般高差不超过 50cm，胸径不超过 1cm。

散苗是将苗木按图纸及定点木桩上标示，散放在栽植地的定植穴旁对号入座，散苗时要细心核对，避免散错，以达到设计的景观效果。散苗要与栽植同步，做到边散边栽、散完栽完，尽量减少树木根系暴露在外的时间，以减少树木水分消耗，提高栽植成活率。

（二）栽苗

散苗后将苗木放入坑内扶直，提苗到适宜深度，分层埋土压实、固定的过程即为栽苗。栽苗时要注意如下事项：

①埋土前再次仔细核对设计图，保证栽植的树种、规格、平面位置和高度符合设计要求，若发现问题应及时调整。

②将树冠丰满完好的一面，朝向主要的观赏方向，如入口处或主行道。若树冠高低不匀，应将低冠面朝向主面、高冠面置于后向，使之有层次感。在行道树等规则式种植时，如树木高矮参差不齐、冠径大小不一，应预先排列种植顺序，形成一定的韵律或节奏，以提高观赏效果。如树木主干弯曲，应将弯曲面与行列方向一致，以作掩饰。对人员集散较多的广场、人行道，树木种植后，种植池应铺设透气护栅。

③栽植深度一般应与原土痕平齐或稍低于地面 3～5cm，裸根乔木苗一般较原根茎土痕深 1～3cm，带土球苗木一般较原根茎土痕深 2～3cm，灌木一般可与原土痕平齐（栽植过深，容易造成根系缺氧，树木生长不良，逐渐衰亡；栽植过浅，树木容易干枯失水，抗旱性差）。

④栽植裸根苗时一般按"三埋二踩一提苗"栽植法操作。具体如下：栽植时，一人扶正苗木，一人先填入拍碎的湿润表层土，约达穴的 1/2 时，轻提苗，使根自然向下舒展，避免曲根和转根，然后用脚踏实或用木棒夯实土壤，然后继续填土直到比穴边稍高一些，再次踩实，最后盖上一层土。具体栽植时可在上述方法的基础上适当简化。

⑤栽植带土球苗木时，首先应量好穴的深度与土球的高度是否一致，若有差别应及时深挖或填土，调正后再放苗入穴，以避免盲目入穴造成土球地来回搬动。土球入穴后应先在土球的底部四周垫少量细土将土球固定，并使树干直立，然后解除草绳等包扎材料，将不易腐烂的材料一律取出，解绳时尽量不造成土球松散。为防栽后灌水土塌树斜，填入表土至一半时，应用木棍将土球四周砸实，再填至满穴并砸实（注意不要弄碎土球）。最后把捆拢树冠的草绳等解开取下。

第二节　大树移植与非适宜季节园林树木栽植技术

一、大树移植技术

（一）大树移植概述

大树移植是指对树干和胸径为 10 ～ 40cm、树高为 5 ～ 12m、树龄为 10 ～ 50 年或更长的壮龄树木或成年树木进行的移植。大树移植即移植大型树木的工程。大树移植条件较复杂，要求较高，一般农村和山区造林很少采用，经常用于城市园林布置和城市绿化。许多重点工程建设往往需要以最短的时间和最快的速度营建绿色景观，体现其绿化美化的效果，这些可通过大树移植手段得以实现。

1.大树移植的特点

（1）大树移植见效快

大树移植能在短时间内迅速显现绿化效果，较快地发挥城市绿地的景观功能和生态效益、社会效益，缩短了城市绿化的周期。

（2）移植周期长

为有效保证大树移植的成活率，一般要求在移植前的一段时间就要做必要的移植处理；从断根缩坨到起苗、运输、栽植以及后期的养护管理，移植周期需要几个月或几年时间。

（3）大树移植成活困难

大树移植成活困难主要由以下几方面原因造成：

第一，树木越大，树龄越老，细胞再生能力越弱，损伤的根系恢复慢，新根生发能力较弱，给成活造成困难。

第二，树木在生长过程中，根系扩展范围很大，使有效地吸收根处于深层和树冠投影附近，而移植所带土球内吸收根很少，且高度木栓化，故极易造成树木移栽后失水死亡。

第三，大树的树体高大，枝叶蒸腾面积大，为使其尽早发挥绿化效果和保持原有优美姿态，多不进行过重修剪，因而地上部蒸腾面积远远超过根系的吸收面积，树木常因脱水而死亡。

（4）工程量大、费用高

由于树体规格大、移植的技术要求高，单纯依靠人力无法解决，往往需要动用多种机械。另外，为了确保移植成活率，移植后必须采用一些特殊的养护管理技术与措施，往往需要耗费巨大的人力、财力和物力。

2. 大树移植前的准备

（1）做好规划与计划

进行大树移栽事先必须做好规划与计划，包括栽植的树种规格、数量及造景要求等。许多大树移植失败的原因，是由于事先没有对备用大树采取促根措施，而是临时应急，直接从郊区、山野移植造成的。对树木的移植还要设计出移植的步骤、线路、方法等，保证移植的大树能起到良好的绿化美化效果。

（2）大树选择

对可供移植的大树实地调查，包括树种、树龄、干高、干粗、树高、冠径、树形进行测量记录，注明最佳观赏面的方位，并摄影。调查记录土壤条件，周围情况；判断是否适合挖掘、包装、吊运；分析存在的问题和解决措施。此外，还应了解大树的所有权、是否属于被保护对象等。选中的树木应立卡编号，在树干上做一明显标记。

适宜移植的大树应具备以下条件：

①适宜本地生长的树种，尤其是乡土树种。

②选用长势好的青壮龄大树。

③选择浅根性和萌根性强并易于移植成活的树种。萌芽力、再生能力强、移植成活率高的树种有杨树、柳树、梧桐、悬铃木、榆树、朴树等；移植较难成活的树种有白皮松、雪松、圆柏、柳杉等；移植很难成活的树种有云杉、冷杉、金钱松、胡桃等。

④选择树体生长正常、无严重病虫害感染及未受机械损伤的树木。

⑤枝条丰满，树形要合适。如行道树应选择干直、冠大、分枝点高、有良好遮阴效果的树体；庭荫树要注意树姿造型。所以，应根据设计要求，选择符合绿化需要的大树。

（3）缩坨断根

缩坨断根即切根处理，是为了使主要的吸收根回缩到主干根基附近，缩小土球体积，减少土球重量，同时促进距根茎较近的部位发生次生根和再生较多须根，提高栽植成活率。

（4）树冠修剪切根后根系受伤严重，需要对常绿阔叶树树冠进行适度修剪，针叶树因无隐芽可萌发，只能适当疏枝以减少蒸腾。

①全株式平衡修剪：原则上保留原有的枝干树冠，只将徒长枝、交叉枝、病虫枝及过密枝剪去，适用于雪松、广玉兰等萌芽力弱的树种，栽后树冠恢复快、绿化效果好。

②截枝式平衡修剪：只保留树冠的 1 级分枝，将其上的 2 ~ 3 级侧枝截去，如香樟等一些生长较快、萌芽力强的树种。

③截干式平衡修剪：只适宜悬铃木等生长快、萌芽力强的树种，将整个树冠截去，只留一定高度的主干。由于截口较大易引起腐烂，应将截口用蜡或沥青封口。

对于树体大、叶片薄、蒸腾量大、树冠的叶量密集、树龄较大的树木，修剪强度大，萌芽力弱、常绿树种则可轻剪。另外，在树木的休眠期可轻剪。在保证树木移植成活的基础上，修剪要尽量保持树体的形态。

（5）收冠与支撑

大树修剪后至移栽前用麻绳将树冠适当捆扎收紧，并在绳着力点垫软物，以免擦伤树皮，还要注意松紧度，不能折伤侧枝，保护树冠的完整。

大树较高并有倾斜时，挖掘前用毛竹竿将树体支撑牢固，以便挖掘时防止大树倒伏，确保大树和操作人员的安全。

（二）大树挖掘与包装

大树移植方式因树种、规格、生长习性、生态环境及移植时期而异。通常可分为带土球移植和裸根移植两类。带土球移植又可分为软材包装移植和木箱包装移植两种。

1. 大树带土球挖掘与软材包装

带土球移植在起掘前 1 ~ 2 天，根据土壤干湿情况，适当浇水，以防挖掘时土壤过干而导致土球松散。另外，需准备好挖掘工具、包扎材料、吊装机械以及运输车辆等。规格确定之后，以树干为中心，按比土球直径的操作沟，其深度与确定的土球高度相等。当掘到应挖深度的 1/2 时，应随挖随修整土球，将土球修成倒苹果形，使之表面平滑，底部宽度约为最宽处的 1/3，在土球底部向内刨挖一圈底沟，宽度在 5 ~ 6cm，这样有利于草绳绕过底面时不松脱。修整土球时如遇粗根，要用剪枝剪或小手锯锯断，切不可盲目用锹断根，以免弄散土球。

软材包装不需要木箱板、铁皮等材料和某些工具材料，只需备足蒲包片、麻袋、草绳等物即可。软材包装适用于生长在壤土、黏壤土或黏土等不易松散的土壤上的树木（土球不超过 1.3m 时可用软材）。

土球包扎是将预先湿润过的草绳于土球中部缠腰绳，一人拉紧草绳，土壤是黏土，可直接打花箍，如果是其他土壤要先用蒲包或塑料膜将土球裹严，再打花箍，边打花箍边进一步掏空球底，只要树不倒下，所留中心土柱越小越好，这样在树体倒下时土球不易破碎，且易切断垂直根系，但若过小则树体易倒，不利于进一步包扎，一般中心土柱约为土球直径的 1/4。

2. 大树带土球挖掘与木箱包装

对于必须带土球移植的树木，土球规格如果过大（如直径超过 1.3m 时），很难保证吊装运输的安全和不散坨，应改用木箱包装移植。用木箱包装，可移植胸径 15 ~ 30cm 或更大的树木以及沙性土壤中的大树。

掘苗前，应先踏勘从起树地点到栽植地点的运行路线，使超宽超高的大树能顺利运行。

（1）掘苗

掘苗时，以树干为中心，以树木胸径 7 ~ 10 倍再加 5cm 为标准画成正方形，将正方形内的表面浮土铲除掉，然后沿线印外缘挖一宽 60 ~ 80cm 的沟，沟深应与规定的土台高度相等。修平的土台尺寸稍大于边板规格，以保证箱板与土台紧密靠实，每一侧面都应修成上大下小的倒梯形，一般上下两边相差 10 cm 左右。挖掘时，如遇到较大的侧根，可用手锯锯断，其锯口应留在土台里。

（2）装箱

先将土台的 4 个角用蒲包包好，再将箱板围在土台四面，用钢丝绳或螺钉使箱板紧紧围住土块。上下两道钢丝绳的位置，应在距离箱板上下两边各 15 ~ 20cm 处。在钢丝绳的接口处装上紧线器，并将紧线器松到最大。收紧紧线器时，必须两道同时进行。将钢丝绳收紧到一定程度时，应用锤子捶打钢丝绳，如发出"铛铛"之声，表明已收得很紧，即可进行下一道工序。

而后将土块底部两边掏空，中间只留一块底板时，应立即上底板，并用木墩、油压千斤顶将底板四角顶紧，再用 4 根方木将木箱板 4 个侧面的上部支撑住，防止土台歪倒。接着再向中间掏空底土，迅速将中间一块底板钉牢。最后修整土台表面，铺盖一层蒲包片，钉上盖板。

3. 大树裸根挖掘

落叶大乔木、灌木在休眠期均可裸根移栽。近年来，在适宜植树季节，对大规格樟树断头后采用裸根移栽，成活率较高。大树裸根移栽其根盘大小为胸径的 8 ~ 10 倍。

掘苗前应对树冠进行重剪，尤其是悬铃木、槐树等易萌芽的树种可在规定的留干高度进行"断头"修剪，但要注意避免枝干劈裂。

挖掘裸根大树的操作程序与挖土球苗一样，挖掘过程中土球外围的根系应全部切断，切口要平滑不得劈裂。

在土球挖好后用锹铲去表土，再用两齿耙轻轻去掉粗根附近的土壤，尽量少伤须根，保留护心土。掘出后应喷保湿剂或蘸泥浆，用湿草包裹等，应保持根部湿润。

（三）大树吊装和运输

1. 带土球软材包装大树的吊运

大树移植中吊装是关键，起吊不当往往造成泥球损坏、树皮损伤甚至移植失败。通常采用吊杆法吊装，可最大限度地保护根部，但是应该注意对树皮采取保护措施。一般用麻袋对树干进行双层包扎，包扎高度干围成一圈，用钢丝绳进行捆扎，并要用紧线器收紧捆牢，以免起吊时松动而损伤树皮。起吊时将钢丝绳和拔河绳用活套结固定在离土球 40 ~ 60cm 树干处，并在树干上部系好揽风绳，以便控制树干的方向和装车定位。另一种吊装方法是土球起吊法，先用拔河绳打成"O"形油瓶结，托于土球下部，然后将拔河绳绕至树干上方进行起吊。其缺点是起吊时土球容易损坏。

2. 带土球方木箱包装大树的吊运

吊运、装车必须保证树木和木箱的完好以及人员的安全。装运前，应先计算土球重量，以便安排相应的起重工具和运输车辆。

吊装带木箱的大树，应先用一根较短的钢丝绳，横着将木箱围起，把钢丝绳的两端扣放在箱的一侧，即可用吊钩钩好钢丝绳，缓缓起吊。当树身慢慢躺倒，木箱尚未离地面时，应暂时停吊，在树干上围好蒲包片，捆好脖绳，将绳的另一端也套在吊钩上。继续将树身缓缓起吊。用砖头或木块将土球支稳，防止土球摇晃。

装车时，树冠向后，用两根较粗的木棍交叉成支架放在树干下面，支架交叉处捆绑松软物体，避免运输过程中支架擦伤树皮。树冠应用草绳围拢紧，以免树梢垂下拖地。

土球的运输途中要有专人负责押运，苗木运到施工现场后要立即卸车，押运苗木的人员，必须了解所运苗木的树种、规格和卸苗地点；对于要求对号入位的苗木，必须知道具体卸苗地址。车上备有竹竿，以备中途遇到低的电线时，能挑起通过。

（三）裸根大树的吊运

用人力或吊车装运树木时，应轻抬轻放。装车与软材包装移植法相同。在长途运输时，树根与树身要加覆盖，以防风吹日晒。并适当喷水保湿。运到现场后要逐株抬下，不可推下车。

（四）移植大树的定植

带土球方木箱包装大树移植前应根据设计要求定点、定树、定位。栽植大树的坑穴，应比木箱直径大 50 ~ 60cm，深度比木箱的高度深 20 ~ 30cm，并更换适于树木根系生长的腐殖土或培养土。在坑底中心部位要堆一个厚 70 ~ 80cm 的方形土堆，以便放置木箱。吊装入穴时，要将树冠最丰满面朝向主要观赏方向。

栽植深度以土球或木箱表层与地表平行为标准。不耐水湿的树种和规格过大的树木，宜采用浅穴堆土栽植，即土球高度的 4/5 入穴后，然后堆土成丘状，这样根系透气性好，有利于根系伤口的愈合和新根的萌发。树木入穴定植后应先用支柱将树身支稳，再拆包装物，并在土球上喷 0.001% 萘乙酸，每株剂量 500g 以促进新根萌发，然后填土，每填 20 ~ 30cm 应夯实一下，直至填满为止。

填土完毕，在树穴外缘筑一个高 30cm 的土坡，浇透定植水。第一次要浇足，隔一周后浇第二次水，以后根据不同树种的需要和土壤墒情合理浇水。

带土球软材包装种植方法与方木箱种植方法基本相同，所不同的是，树木定位后先用揽风绳临时固定，剪去土球的草绳，剪碎蒲包片，然后分层填土夯实，浇水 3 次。

裸根大树在种植时要看准树木位置、朝向，争取一次栽植成功，并将树木扶正，同时从四周进行填土。先填表土，后填底层土。若土质太差，则须另换客土填入。土壤比较干燥时，可先向穴内灌入养根水（又称底水），待水渗入土层并看不到积水时再填土，轻轻压实,最后加填一层疏松土壤,埋至根茎部以上20～30cm作蓄水土坪,树木成活后,一般在第二年将多埋的土壤挖去并整平,根茎部露出地面。

(五) 提高大树移植成活的措施

1.ABT 生根粉的使用

采用软材包装移植大树时,可选用 ABT 生根粉 1 号、3 号处理树体根部,有利于树木在移植和养护过程中损伤根系的快速恢复,促进树体的水分平衡,提高移植成活率达 90.8% 以上。掘树时,对直径大于 3cm 的断根伤口喷涂 150mg/LABT 生根粉 1 号,以促进伤口愈合。修根时,若遇土球掉土过多,可用拌有生根粉的黄泥浆涂刷。

2. 保水剂的使用

保水剂现广泛应用于大树移植中,主要应用的保水剂为聚丙乙烯酰胺和淀粉接枝型高吸水性树脂。保水剂的使用,除提高土壤的通透性,还具有一定的保墙效果,提高树体抗逆性,另外可节肥 30% 以上,尤其适用于北方以及干旱地区大树移植时使用。

在挖栽植穴时将挖出的土留少部分在一边,其余土与保水剂混合均匀,栽植穴底部回填部分保水剂混合土,将树木置于穴中,回填余下的混合土,根部土球顶部比地面低 5cm,再将先前放置一边的普通土覆盖在表面,培土做好浇水用的贮水穴,然后浇透水。

3. 输液促活技术

移植大树时尽管可带土球,但仍然会失去许多吸收根系,而留下的老根再生能力差,新根发生慢,吸收能力难以满足树体生长需要。截枝去叶虽可降低树体水分蒸腾,但当供应(吸收水分)小于消耗(蒸腾水分)时,仍会导致树体脱水死亡。为了维持大树移植后的水分平衡,通常采用外部补水(土壤浇水和树体喷水)的措施,但有时效果并不理想,灌溉方法不当时还易造成渍水烂根。采用向树体内输液给水的方法,即用特定的器械把水分直接输入树体木质部,可确保树体获得及时、必要的水分,从而有效提高大树移植的成活率。

4. 树冠喷施抗蒸腾剂

抗蒸腾剂可以在起苗前和栽植后喷施。起苗前没有及时喷施抗蒸腾剂的,栽植后根据树种及规格及时向树冠(主要是叶背面,由于气孔只分布在叶背面)喷稀释 10～20 倍的蒸腾剂,均匀喷施于植物表面,以不滴为宜。喷施后,通过在植物表面形成一层可以进行气体交换而减少水分通过的膜和调节气孔开张度来降低蒸腾速率,使气孔关闭,从而减少树冠水分散失,抵御高温干旱,增加植物的营养,增强枝叶的恢复力、再生力,提高树木的成活率和存活率。进行树冠喷水宜在清晨或傍晚进行(每天上午 10 点以前或下午 5 点以后),增加叶片水分吸收。

二、非适宜季节园林树木栽植技术

有时由于有特殊需要的临时任务或由于其他工程的影响，不能在适宜季节植树。这时候的移植要选择长势旺盛、植株健壮、根系发达、无病虫害、规格及形态均符合设计要求的苗木；起苗时尽量加大土球少伤根，修剪量适度增大；移植过程中尽量缩短起挖到栽植的时间；运输和栽植后主要保水保湿，必要时采取营养液输送、使用抗蒸腾剂、挂移动水袋等措施。

非适宜季节园林树木栽植可按有无预先计划分成两类。

（一）有预先移植计划的栽植方法

当已知建筑工程完工期时不在适宜种植季节，仍可于适合季节进行掘苗、包装，并运到施工现场高质量假植养护，待土建工程完成后，立即种植；通过假植后种植的树木，只要在假植期和种植后加强养护管理，一般能够达到较高的成活率。

1. 常绿树的移植

先于适宜季节将树苗带土球掘起包装好，提前运到施工地假植。先装入较大的箩筐中；土球直径超过 1m 的应改用木桶或木箱。按前述每双行间留车道和适合的株距放好，筐、箱外培土，进行养护待植。

2. 落叶树的移植

为了提高成活率，应预先于早春未萌芽时带土球掘（挖）好苗木，并适当重剪树冠。所带土球的大小规格可仍按一般规定或稍大，但包装要比一般的加厚、加密些。如果只能提供苗圃已在去年秋季掘起假植的裸根苗。应在此时人造土球（称作"假坨"）并进行寄植。其间应当适当施肥、浇水、防治病虫、雨季排水及适当疏枝、控徒长枝、去蘖等。

等到施工现场能够种植时可进行如下工作：提前将筐外所培之土扒开，停止浇水，风干土筐，如果发现已腐朽的应用草绳捆缚加固；吊装时，吊绳与筐间应垫块木板，以免勒散土坨；入穴后，尽量取出包装物，填土夯实；经多次灌水或结合遮阴保其成活后，酌情进行追肥等养护。

（二）临时特需的移植技术

无预先计划，因临时特殊需要在不适合季节移植树木，可按照不同类别树种采取不同措施。

1. 常绿树移植

应选择春梢已停、两次梢未发的树种；起苗应带较大土球。对树冠进行疏剪或摘掉部分叶片。做到随掘、随运、随栽；及时多次灌水，叶经常喷水，晴热天气应结合遮阴。易日灼的地区，树干裸露者应用草绳进行裹干，入冬注意防寒。

2.落叶树移植

应选春梢已停长的树种，疏剪尚在生长的徒长枝以及花、果。对萌芽力强，生长快的乔、灌木可以行重剪。最好带土球移植。栽后要尽快促发新根；可灌溉配以一定浓度的（0.001%）生长素。晴热天气，树冠枝叶应遮阴加喷水。易日灼地区应用草绳卷干。适当追肥，剥除蘖枝芽，应注意伤口防腐。剪后晚发的枝条越冬性能差，当年冬应注意防寒。

第三节　园林树木修剪的方法与作用

整形修剪是提高城市绿化水平的一项很重要的技术措施，是园林绿化栽培及养护中的经常性工作之一。园林树木的景观价值需要通过树形、树姿来体现，园林树木的生态价值要通过结构来提高。一个好的植物景观，一定要经常进行修剪和维护才能长时间地保持良好的观赏效果。所有这些，都可以在整形修剪技术的应用中得以调整和完善。

一、园林植物整形修剪的含义

（一）整形修剪的概念

整形，是指通过对树木施行修剪等措施，使之形成栽培者需要的树体结构和造型的过程。

修剪，是对树木的部分枝、叶等器官采取剪截、疏删的技术措施。它是调节树体结构、培养树木造型、促进生长平衡、恢复树木生机的手段。

整形是目的，修剪是手段。整形修剪也可以作为一个词来理解，是贯穿园林树木整个生命周期的管理措施。对于幼树来说，整形修剪是通过修整树姿将其培养成骨架结构合理、具有较高观赏价值的树形。对于成年树和老树，整形修剪是通过枝芽的除留来调节树木器官的数量，促进整株均衡生长，达到调节或恢复树木生长势、维持或更新造型的目的。

（二）整形修剪的作用

1.培养良好的树形，增强景观效果

园林绿化通常讲究观赏效果，一方面强调绿化布局中的树木配置，另一方面也重视树形树姿。任何树木如果不采取整形修剪措施，放任生长，难以达到园林绿化的设计要求。整形修剪可以表达树木自然生长所难以完成的不同栽培功能，创造和保持合理的树体结构，培养形成优良的树形树姿，使树木能够充分发挥其景观效果。

2. 调控树体结构，保障树木健壮生长

修剪、整形通过调控树体结构，合理配备枝叶，可以调节养分和水分的运转与分配，调节树体各部分的均衡关系，保证树木的健康生长；可以改善通风透光，调节树木与环境的关系，适应不同的立地环境，减少病虫害。

3. 塑造特殊造型

在一些儿童乐园或小游园等园林，模仿动物、建筑或其他物体的形态，可以将树木培养成绿门、树屏、绿塔、绿亭、熊猫、孔雀等各种几何或非几何图形，构成具有一定特色的园景。在盆景制作中，通过修剪、蟠扎、雕琢等手法，可以控制树体的大小，将大自然中的大树微缩到盆钵中，形成优美的造型。

4. 调控开花结实

花和果实是大多数园林植物突出的观赏特征，但开花结果与植物枝叶的生长常常出现养分的竞争。修剪可以调节营养生长与开花结实的矛盾，调控开花结实。

5. 延长树木的寿命

自然生长的树木，结构乱、树形差、寿命短、最佳观赏期短。通过修剪可以使之生长健壮，促进老树的复壮更新，延长其寿命和最佳观赏期。

6. 预防和避免安全隐患

园林中有的树木会出现结构不稳、树冠偏斜，因病虫危害或风雪造成的枝叶干枯、腐烂等现象，给行人、车辆或市政设施造成危害。修剪可以及时解决树木与环境之间的矛盾，预防和避免这些安全隐患，保障人们的生命财产安全。

二、修剪技术及运用

（一）修剪的基本方法及其作用

由于修剪时期和部位的不同，采用的修剪方法也不一样。归纳起来，修剪的基本方法有短截、疏剪、回缩、长放、环剥、环割、刻芽、扭梢等，根据修剪对象的实际情况灵活运用。

1. 短截

将一年生枝条剪去一部分叫短截。生产上常分不同程度短截，其反应规律不同。

短截可刺激剪口下的侧芽萌发，增加枝条数量；改变主枝的长势，短截越重抽枝越旺；改变顶端优势；控制花芽形成和坐果，促进营养生长和开花结果。

（1）轻短截

剪去枝条的 1/5 ~ 1/4，剪后形成中短枝多、单枝长势弱、可缓和树势。主要用于观花、观果类树木强壮枝修剪。修剪后，形成大量中短枝，易分化更多的花芽。

（2）中短截

剪去枝条的 1/3 ~ 1/2，剪在枝条中上部饱满芽部位，剪后中长枝多，成枝力高，长势旺。主要用于各级骨干枝、延长枝的培养，及某些弱枝的复壮。

（3）重短截

在枝条的中下部剪截，一般剪去枝条的 2/3 ~ 3/4、重短截对局部的刺激大，对全树生长都有影响，主要适用于弱树、老树和老弱枝的复壮更新。

（4）极重短截

在春梢基部留 2 ~ 3 个芽，其余全部剪去，修剪后萌发 1 ~ 2 个弱枝，但有可能抽生一根特强枝，去强留弱，可控制强枝旺长，缓和树势。一般生长中等的树木反应较好，多用于改造直立旺枝和竞争枝。

2. 疏剪

疏剪是将一年生枝或多年生枝从基部剪除，也叫疏枝。

疏剪主要疏去膛内过密枝，减少树冠内枝条的数量，使枝条均匀分布，改善树冠内通风透光条件，增强光合作用；控制强枝，控制增粗生长，疏剪量的大小决定着长势削弱程度；疏去病虫枝、伤残枝等，减少病虫害发生；枝叶生长健壮，有利于花芽分化和开花结果；疏剪轮生枝，防止掐脖现象，疏剪重叠交叉枝，为留用枝生长腾出空间。

疏枝的对象主要是疏去病虫枝、伤残枝、干枯枝、弱枝，影响树形的交叉枝、重叠枝、并生枝、衰老下垂枝、竞争枝、徒长枝、根蘖枝等。

注意，疏枝对全树的总生长量有削弱作用，但对树体的局部有促进作用。疏强留弱或者疏剪枝条过多，会对树木的生长产生较大的削弱作用；疏剪多年生的枝条，对树木生长的削弱作用较大，一般宜分期进行。

3. 回缩

回缩又叫缩剪，是指对多年生枝进行剪截。在树木生长势减弱、部分枝条开始下垂、树干中下部出现光秃现象时，在多年生枝的适当部位，选一健壮侧生枝做当头枝，在分枝前剪截除去上部枝条。

回缩能改变主枝的长势，有利于更新复壮；改变发枝部位，转主换头，改变延伸方向，改善通风透光。

4. 环剥与环割

用刀在树干或枝条基部的适当位置，剥去一定宽度的一圈树皮，称为环剥。环剥宽度，掌握在枝干粗度的 1/10 左右。

用刀在树干或枝条基部的适当位置，环状切割几圈，深达木质部，割断韧皮部而不剥去树皮，称为环割。

剥去枝干上的一圈树皮或割断韧皮部，切断了皮层向下的运输线，阻碍了叶片光合产物下运，提高了环剥口以上部位有机营养的含量，抑制了根系的旺盛生长，削弱了生长势较旺的树木或枝条的生长势，抑制了树木的营养生长，因而有利于开花结果。

5. 刻伤

在短枝或芽的上方，用刀横刻皮层，深达木质部，这叫刻伤，也叫目伤。在芽的上部刻伤，可以暂时阻碍养分再向上运输，而使刻伤下部的芽得到充足的养分，有利于芽的萌发抽枝。

6. 扭梢与折梢

在生长季内，将生长过旺的枝条，特别是背上直立枝、徒长枝，在枝条的中下部（半木质化时）将其扭曲下垂，称为扭梢。将枝条折伤而不折断，称为折梢。扭梢与折梢，只伤其木质部，不破坏韧皮部；阻碍了水分、养分向生长点输送，削弱生长势，有利于形成短花枝。

7. 开张角度

常用开张角度的方法有拉枝、连三锯法、撑枝或吊枝、转主换头、里芽外蹬。

（1）拉枝

为加大开张角度可用绳索等拉开枝条，一般经过一个生长季，待枝的开张角基本固定后解除拉绳。

（2）连三锯法

多用于幼树，在枝大且木质坚硬，用其他方法难以开张角度的情况下采用。其方法是在枝的基部外侧一定距离处连拉三锯，深度不超过木质部的1/3，各锯间相距3～5cm，再行撑拉，这样易开张角度。但影响树木骨架牢固，尽量少用或锯浅些。

（3）撑枝或吊枝

大枝需改变开张角时，可用木棒支撑或借助上枝支撑下枝，以开张角度。如需向上撑抬枝条，缩小角度，可用绳索借助中央主干把枝向上拉。

（4）转主换头

转主时需要注意原头与新头的状况，两者粗细相当可一次剪除；粗细悬殊应留营养桩分年回缩。

（5）里芽外蹬

可用单芽或双芽外蹬，改变延长枝延伸方向。

除上述基本方法外，还包括摘心、摘叶、除芽（抹芽）、摘蕾、摘果、去蘖、断根等。

（二）常用的整形修剪术语

①分枝点：主干与树冠交界的区域。

②冠高比：树冠高度与主干高度的比值。

③不同生长方向的枝条：直立生长的枝，叫直立枝；和水平线有一定角度，向上斜生的枝，叫斜生枝；成水平生长的枝叫水平枝；先端向下垂的枝叫下垂枝；枝条向树冠中心生长的称为向内枝。

④互相影响的枝条：两个枝条在同一平面内，上下重叠的枝条称为重叠枝；两个枝条在同一水平面，平行生长的枝条称为平行枝；两个枝条相互交叉生长的称为交叉枝；从一节或一芽并生二枝或二枝以上的称为并生枝。

⑤整形带：在苗木主干上要求形成下级主枝的发枝部位，每一整形带要求有 6～8 个充实饱满的芽。

⑥层距：每层主枝中最上一个主枝的上方至上一层主枝中最下一个主枝的下方之间的距离。

⑦方位角：以中央领导干为中心向圆的水平方向分布，两个主枝间的夹角。方位角可用来说明主枝分布方向及其在树冠中所占的空间大小。

⑧开张角：主枝斜向上生长与主干间形成的分杈角度。由于主枝生长过程中受到风、雨、光及修剪等因素影响，使其延伸方向发生变化，通常主枝基部与主干的夹角称为基角；中部与主干平行线形成的夹角称为腰角；前部枝梢与主干平行线形成的夹角称为梢角。

⑨竞争枝：在骨干枝先端的强旺枝上短截时，剪口下的两个或三个芽萌发新梢，其长势相当，第二、三芽抽生的旺枝与第一芽抽生的强枝争夺养分和水分，称为竞争枝。

⑩剪口芽：剪截枝条时剪口下的第一芽。短截时剪口芽的选留很重要，需促发强枝应选择壮芽，剪口芽为弱芽可缓和树势。

⑪延长枝：骨干枝上最先端的枝，起到引导树冠向外扩展、骨干枝向所需方位延伸的作用。

⑫主枝邻近同层主枝相距较远，不会出现掐脖现象，但因位置高低差异，各主枝的长势不同，修剪时应注意平衡主枝长势。

⑬主枝邻接：同层主枝着生于中央领导干上，枝与枝之间距离很近，长粗后如同在同一圆周线上，称为主枝邻接。类似轮生枝，使主枝着生部位以上的主干增粗生长转慢，筛选粗细悬殊，中央主干长势转弱，这种现象称作掐脖。为此，在养护中如主枝邻接应加大开张角，控制主枝增粗，防止掐脖。

⑭轮生枝：在骨干枝上（一般在中央领导干上）着生于同一圆周线上的一些枝，紧密排列成一圈，称为轮生枝。

⑮转主换头：主枝延伸方向常因修剪反应、风、光等影响，发生开张角、方位角的不恰当变化，或与侧枝或其他上下左右的枝条发生矛盾，选用方向适宜的枝来代替原主枝头进行的缩剪方法，称作转主换头。

⑯营养桩：缩剪大枝时为了辅养换主枝，采取分年分段缩剪，所留用的一段枝称作营养桩。当换主枝生长到一定粗度后，疏除营养桩。

⑰抬枝和压枝：主枝的前部生长旺盛，为促进后部生长和形成花芽进行使枝开张角度的处理称作压枝；主枝过度开张，生长衰弱时，选用向上枝为枝头进行缩剪，称为抬枝。

（三）整形修剪技术的具体运用

1. 骨干枝的培养与更新

（1）骨干枝的培养

定植后当年恢复生长，多留枝叶，进入休眠后对适当位置选留主枝，轻剪留壮芽，其他枝条要开张角度，防止与主枝竞争。

平衡主枝的长势，次年休眠期选强枝做延长枝，壮芽当头短截，如枝多可适当疏枝，控制增粗，使各主枝生长平衡；防止中央领导干长势过旺。

控制主干与主枝的生长势平衡。主干上部生长强旺时，为避免抑制主枝，应采取措施削弱顶端优势；主枝生长强旺时，影响侧枝形成，可加大主枝梢角，选留斜生侧枝，平衡主侧枝的长势。主要通过调整角度大小，利用延长枝或剪口芽的强弱、方向及疏枝等方法加以调节，防止主强于侧或主侧倒置的情况出现。

（2）骨干枝的更新

树体生长显著衰弱，新梢很短，内膛枝大量枯死，树冠外围不发长枝，修剪反应迟钝，表明树体出现衰老症状，应及时更新骨干枝，恢复树势，延长寿命。

更新前控制结实，多留枝叶，深垦土壤，重施肥水，恢复树势，通常需2～3年；轻剪多用短截，选留壮枝壮芽，适当抬高枝的角度，促发新枝；疏剪细弱密枝，徒长枝尽量利用。

更新准备完成后应根据骨干枝的衰弱程度进行回缩，回缩到生长较好的部位，用斜生枝壮枝壮芽当头。对留下的所有分枝都要做相应的回缩与短截，壮枝壮芽当头；对徒长枝进行改造利用。

更新过程中萌发的一年生枝应部分长放，部分短截，促发新枝；同时对全树整体营养有所安排，控制生殖生长，防止复壮更新后昙花一现，再度衰老。

2. 侧枝短截法

短截时，先选择正确的剪切部位，应在侧芽上方约0.5cm处，以利于愈合生长；剪口平整略微倾斜；短截枯枝时要剪到活组织处，不留残桩；短截时要注意选留剪口芽，一般多选择外侧芽，尽量少用内侧芽和傍侧芽，防止形成内向枝、交叉枝和重叠枝；有些树种如白蜡、条条戚等其侧芽对生，为防止内向枝过多，在短截时应把剪口处的内侧芽抹掉。

3. 侧枝疏剪法

疏枝时必须保证剪口下不留残桩，正确的方法是在分枝的接合部隆起部分的外侧剪切，剪口要平滑，利于愈合。

4. 大枝锯切法

大枝通常枝头沉重，锯切时易从锯口处自然折断，将锯口下母枝或树干皮层撕裂。

为防止出现这种现象，可从待剪枝的基部向前约30cm处自下向上锯切，深至枝径的1/2，再向前3～5cm自上而下锯切，深至枝径的1/2左右，这样大枝便可自然折断，最后把留下的残桩锯掉。

5. 修剪伤口的处理

修剪小枝可不进行伤口的保护处理，而修剪中大枝时（一般伤口直径在2～3cm以上），必须在修剪后做好伤口的保护处理，即使伤口平滑，消毒后仍需涂抹保护剂。

一般剪口的斜切面与芽的方向相反，其上端与芽端相齐，下端与芽之腰部相齐。

剪口芽方向是将来延长枝的生长方向。剪口芽方向向内，可填补内膛空位；剪口芽方向向外，可扩张树冠。垂直方向，每年修剪其延长枝时，所留的剪口芽的位置方向与上年的剪口芽方向相反。斜生的主枝，剪口芽应留外侧或向树冠空疏处生长的方向。剪口应平滑，不得劈裂。枝条短截时应留外芽，剪口应位于留芽位置上方0.5cm。

第四节　园林树木的养护

一、园林树木的损伤与修复

（一）自然灾害及其防治

我国地域辽阔，自然条件非常复杂，树木种类繁多，分布区域又广，常会遇到各种自然灾害，必须进行很好的防治，才能保证树木健壮生长。

我国北方地区遇到的自然灾害有冻害、霜害、雪害、日灼、雷击、风害等，有些频繁发生，危害严重，常给树木生长造成很大的损失。

1. 冻害

温度降到0℃以下会对树木造成伤害。冻害是指树木因受低温的伤害而使细胞和组织受伤，甚至死亡的现象，常发生在树木休眠期。低温使树木组织细胞间隙结冰甚至发生质壁分离、胞膜或胞壁破裂。一般是由于秋季新梢停长晚，树体贮藏养分少，组织不充实，抗寒性弱，抵御不了冬季过度低温的侵袭而受冻害。花芽受冻，是在春季花芽开始活动或萌发时，遇到早春回寒而受冻。冻害的表现有冻拔、冻裂、冻旱等。

①冻拔是由于土壤含水量过高，土壤结冻膨胀连同根系一同带起，翌春开化，土壤下沉造成根系裸露，严重影响树木生长发育的现象。

②冻裂，又称破肚子，由于树木内外受热不均，当外部已开始冷却收缩，却正值内部高温膨胀时，干体发生裂缝的现象。冻裂易使树液外流或感染病虫，常发生于多年生大径木树干部。

③冻旱，又叫抽条，是指冬春期间因土壤水分冻结，树木根系不能吸收，而地上枝条的蒸腾作用却持续进行，造成枝条失水过多，树体水平失衡。当枝条失水超过一定限度时，便逐渐干缩死亡，生产上把这种灾害现象称"抽条"。抽条在我国北方冬春寒冷干燥地区普遍发生，严重影响着园林树木生产的发展。

低温不是冻旱抽条的直接原因，因为发生抽条地区的冬季极端低温远没有达到枝条严重受冻的温度。因此，低温使土壤冻结，且冻层加厚（70～100cm以上），影响根系正常吸水，加剧枝条水分吸收少、失去多的生理平衡失调。所以，抽条实际上是冬季的生理干旱，是冻害的结果。

幼树在秋季因肥水过多，枝条往往贪青徒长，组织不充实，成熟度低。当低温出现时，枝条受冻害后表现自上至下脱水、干缩，即发生抽条。这是冻旱抽条的主要内在因素。

比较而言，对园林树木构成严重威胁的是前两种伤害。

建园时，应做到适地适温适树，或选择小气候好、不易发生冻害的地段栽植，或用砧木建园法栽植。在水肥管理上，促前控后，并采用摘心或喷布多效唑的方法控制秋梢生长，增加树体贮藏养分，提高抗寒力。秋末根茎培土防寒，或全株埋土防寒，灌"冻水"、浇"春水"。

2. 霜害

霜害是指早春或晚秋由于急剧降温至0℃甚至更低，空气中的饱和水汽与树体表面接触，凝结成霜，使幼嫩组织或器官产生伤害的现象。

北方地区多属大陆性气候，冬春温度变幅很大。春季气温回升较快，但时有寒流袭击，由于寒流入侵而剧烈降温，水汽凝结成霜，使花芽、花蕾、花器或幼果受冻而形成灾害，俗称晚霜。秋冬季由于温度高，生长推迟，枝芽来不及老化，突然降温，易受秋霜的危害，又称早霜。热带树种没有做好防寒措施，也容易受到霜冻危害。

花芽受到霜冻后，芽体变为褐色或黑色，鳞片松散或芽体爆裂，不能萌发，而后干枯脱落。花蕾和花器受到霜冻后，萼片变成深褐色，花瓣和柱头萎蔫，进而脱落。幼果受到霜冻后，轻者畸形，重者干枯脱落。幼叶受到霜冻后，叶缘变色，叶片萎蔫，甚至干枯。

霜冻应采取以下预防措施：

①正确选择园地，防止霜冻：选择空气畅通，地势较高的丘陵、斜坡地和阳坡地，以防冷空气沉积，造成霜害。

②选择抗寒品种，抵御霜冻：在品种选择上，应选择抗寒性能好、适应气温波动能力强、开花期晚的品种；也可考虑搭配早、中、晚花期不同的品种，以防严重霜害造成全园绝收。

③重视营造防护林带，创造良好的小气候。

④延迟萌动，避开霜冻：一是春季多次灌水或喷灌，可显著降低温度，延退萌芽；

二是树枝、树干涂白，可延迟萌芽 3～5 天；三是树冠喷布生长调节剂。

⑤改善林园霜冻前的小气候，减轻霜冻可用熏烟、喷水、加热、鼓风等。

⑥遮盖防霜：在低矮树种或幼树的树冠上面，用苇席、草帘、苫布、塑料膜等材料覆盖，可阻挡外来冷空气侵袭，保留地面辐射热量，保持树冠层温度，可收到很好的防霜冻效果。但这种方法需人力、物力较多，操作难度大，不适宜大面积的林园。

为了有效防霜，降低防霜成本，准确预测林园气温，掌握春季花芽发育至开花、长出幼果的不同阶段遭受冻害的临界温度是十分必要的。

3. 雪害

降雪是我国北方地区常见的一种天气现象，它既给冬春干旱寒冷的大地带来可贵的水分和被褥，也对树体及其生长发育造成危害。树体越冬期间，雪量较大的地区，常因树冠上积雪过多而使大枝被压裂或压断。常绿树受害比较严重，竹子经常被压折，单层纯林比复层混合林受害严重。

可采取以下方法防止雪害。

①在积雪易成灾地区，应在雪前给树木大枝设立支柱。

②枝条过密者应进行适当修剪。

③在雪后及时振落积雪。

4. 日灼

日灼又称日烧，是由太阳辐射热引起的生理病害。在夏季，由于温度高、水分不足，蒸腾作用减弱，致使树体温度难以调节，造成枝干的皮层或果实的表面局部温度过高而灼伤，严重者会引起局部组织死亡。

夏季当土壤温度高至 40℃以上时，会灼伤小树根颈的形成层，在根茎处形成一个几毫米宽的坏死环带，若是幼苗会死亡。

七叶树幼树修枝过重，主干暴露，因皮层薄很容易在夏季高温发生日灼，受伤后不能愈合，极易再感染真菌病害。

对此类树木修剪时，应注意向阳面保留枝条，有叶遮阴，则降低日晒程度，可以避免日灼发生；合理调整树冠与树高的比例，减少树干被直接照射的危险；移植时尽量保留多的根系，可以提高其抗逆性；树干涂白也能起到保护作用。

5. 雷击

全国每年都有许多树木遭雷击。遭雷击的树木树皮可能被烧伤或剥落；树干可能劈裂；上部枝条可能被劈伤，而下部树干完好；木质部可能破碎或烧毁而外部无症状。

防治雷击，对珍贵的树木应安装避雷针；撕裂的树皮应削至健康的部分，并进行整形、消毒、涂漆；劈裂的大枝应及时复位加固并进行合理的修剪，对伤口进行处理。

6. 风害

在多风地区，树木会出现偏冠和偏心现象。偏冠会给树木整形修剪带来困难，偏心的树木易遭受冻害和日灼。北方冬季和早春的大风，易使树木枝梢抽干枯死。春季旱风，常将新梢嫩叶吹焦，吹干柱头，不利于授粉受精，并缩短花期。

预防风害可采取以下措施：

①在风口风道易遭风害地区选择深根性、耐水湿、抗风力强的树种，如枫杨、无患子、柳树、香樟等。株行距要适度，采用低干矮冠整形。

②改良栽植地（土质偏沙）土壤质地，大穴换土，适当深栽。

③培育壮根良苗，大树移栽时，根盘不能起挖过小，栽后立即立支柱。

④合理疏枝，控制树形。树冠庞大招风，根冠比失调。

⑤对幼树、名贵树种可设置风障。

（二）树体的保护和修补

1. 树干涂白

（1）作用

减弱地上部分因吸收太阳辐射造成的树干局部日灼（盛夏），延迟树木的萌芽，避免早春（冬春）霜害。防治蛀干害虫、蚂蚁等危害。

为了减轻树干冻裂、冻伤及日灼，并防治在树干粗皮下越冬的害虫，于冬春季给树干上刷涂白剂。

（2）涂白剂配方

常用 10 份水、3 份生石灰、0.5 份食盐、0.5 份石硫合剂原液，可加少量动植物油配制而成。配置时先化开石灰，倒入油脂搅拌均匀，再加入水拌成石灰乳，最后放入石硫合剂及盐水。

（3）方法

涂白涂 1 米高。先用粉笔定一横线，然后涂刷。5 月、9 月各涂一次。树木根茎部分由于停止生长晚、翌春解除休眠早，此时抗寒力较低，易受低温伤害。

2. 树干包扎

（1）缠草绳

在冬季，野兔和牲畜时常侵入林园啃食树皮，采食细枝，严重影响树体的正常生长和结果。因此，在树干上缠草绳。

（2）缠草绳加塑料膜

对于抗寒力较差的树种，特别是从南方引种到北方的树种，冬季需要对树干缠草绳加塑料膜来保温防寒。对于一些珍贵树种或古树名木，最好搭建棚架防寒。

3. 树体支撑

为防止各种原因造成树木倾斜，在树木主干或主枝的下方或侧方设立硬质支杆，承托上方的重量来减轻主枝或树干的压力。要求下端不动摇，上端止于重力支点。

①上端可以使月牙枕、凹形手。

②上端也可以从支撑点向上钻孔，用螺栓固定。螺栓孔应钻穿树干，在上端用垫片及螺栓帽固定（埋头孔）。此法适用于小树。

③在支撑点位置水平钻孔，横向插入螺栓，两头突出几厘米；也可用月牙枕顶住树干及螺栓二端。

4. 皮部伤口的治疗

伤口是因病虫害、兽害、风折、日灼、不合理修剪等造成。树木受伤后，会在伤口的形成层长出愈合组织，覆盖整个伤面，使树皮得以修复。愈伤组织生长的速度，一般每年长宽 1.2 ~ 1.3cm，快的可达到 2cm。

（1）旧伤口

先刮净腐朽部分，再用利刃将健全皮层边缘削平呈弧形，然后用药剂（2% ~ 5% 硫酸铜溶液、0.1% 升汞溶液、石硫合剂原液）消毒，最后再涂保护剂。常用的保护剂有铅油、紫胶、沥青、树木涂料、液体接蜡、桐油、聚氨酯、虫胶清漆、树脂乳剂等。

松香、酒精、油脂和松节油按 8 : 3 : 1 : 0.5 的比例配置。配置时将松香和油脂一起文火加热融化，稍冷后，慢慢加入松节油和酒精的混合物，充分搅拌冷却后即可使用。

（2）新伤口

用含有 0.01% ~ 0.1% 的萘乙酸膏涂抹在伤口表面，促其加速愈合。

一般每年检查或重涂 1 ~ 2 次。发现涂料起泡、开裂或剥落就要及时采取措施。对老伤口重涂时，最好先用金属刷轻轻去掉全部漆泡和松散的漆皮，除愈合体外，其余暴露的伤面都应重涂。

5. 树洞

（1）树洞形成的原因

木质部伤口长期受风吹雨淋导致木质部腐朽，形成树洞。树洞是树木的边材或心材，或从心材到边材出现的任何孔穴，主要发生在大枝分叉处、干基、根部。

（2）进程

由木腐菌引起的腐朽进展很慢，其速度与树木的年生长量相当。尽管心材空洞并不会影响树木的生长，但会削弱树体的结构。

（3）树洞处理的原则

尽可能保护伤面附近的自我保护系统，抑制蔓延造成新的腐朽；尽量不破坏树木的输导系统，不降低树木的机械强度。必要时可加固树洞；对树洞进行科学的整形与处理，加速愈伤组织的形成与洞口的覆盖。

（4）树洞处理的方法

小的树洞目前常用填充法：先将树洞口周围切除 0.2 ~ 0.3cm 的树皮带，露出木质部后注入填料，使外表面与露出的木质部相平。聚氨酯塑料是一种最新的填充剂，材料坚韧、结实、稍有弹性，易与心材和边材黏合；操作简便，容易灌注，膨化与固化迅速，易于形成愈伤组织。

大的树洞总的趋势是保持洞口的开口状态，对其内部进行彻底清理、消毒、刷涂料。清理时应在保护好自我保护系统（障壁保护系统）的情况下清除腐朽的木质部。

二、园林树木养护管理技术

（一）提高园林树木养护管理意识

首先要定期组织养护管理人员进行培训，包括养护技术培训、生物知识培训、制度培训、道德培训等。其次要建立健全考核制度、竞岗制度，调动养护管理人员的工作积极性，使其全身心投入园林树木养护管理工作中。最后要组建高水平的树木养护管理队伍，提供人力资源支撑，实现全方面管理。

（二）完善园林树木养护管理制度

结合园林工程建设方案、周围环境特点，制定具有针对性的树木养护管理制度。要明确具体的管理内容，包括养护方法、养护时间、养护标准等，所有管理人员都要严格按照制度标准开展工作。为了保证工作质量、降低工作量，要注重新技术尤其是信息技术的使用，建设园林信息监测系统、实时监控系统等，提高养护管理工作的时效性。

（三）加强园林树木养护工作管控

在正式开展树木养护管理工作前，必须要做好充足的准备工作，对园林中的树木进行信息查询，掌握树木的生态习性和养护要点，从而更好地开展养护工作。如夏季雨季来临前开挖排水沟，避免在暴雨来临时出现大量积水问题，可以第一时间排出多余的水分。如果园林遭到局部破坏，要派出工作人员快速修复，避免出现意外事故或树木死亡。养护管理严格按照养护流程进行，充分发挥树木养护工作效益。

（四）采取合理园林树木养护技术

1. 控制土壤含水量

为确保树木健康生长必须要严格控制土壤含水量，如果土壤中的含水量过高，不仅直接影响根系对水分吸收，还提高了根腐病、虫害等发生率，严重的会导致树木死亡；如果土壤含水量较低，则无法满足树木正常发展的水分供给，出现发育不良、生长畸形等问题，严重的还会导致树木枯死。在含水量控制中，考虑到不同种类树木的喜水情况不同，可在不同季节采取相应的控水措施。对于喜水性较低的树木，如松树等，要在周围开挖排水沟，在植株周围做坡，让水分快速排出。对于喜水性较高的树木，也要在积水时排灌，避免长期积水烂根。如果夏季炎热且降水少，则要配合人工灌溉，通常是要保持土壤湿润、无积水。

2. 合理施肥

对于新建园林来说，树木养护管理更为重要。新栽植树木需要一定适应期，特别是龄期小于 3 年的树木，必须要提供充足的养分，确保苗木健康生长。要着重施加有机肥，提前开挖施肥沟，避免肥料过于集中而烧根。采用多元化肥料，避免长期使用某一种肥料，否则会引发树木生长不良。所采用的腐熟肥料要保证腐熟程度达标，确保吸收率。在施肥前要特别关注天气预报，确保 3 天内无降水，否则会受到雨水冲刷降低肥力。

3. 科学防治病虫害

防治病虫害有助于树木健康生长、保持美观性。尽可能不使用化学药剂，建议采用物理防治法和生物防治法。物理防治病虫害，可以每隔一定距离设置杀虫灯、黏虫板、性诱剂等，减少害虫数量。生物防治法，可以通过引入、保护天敌的方式，如赤眼蜂、瓢虫、益鸟等，构建园林中的小生态，维持园林的生态平衡，也可以采用生物药剂，如阿维菌素等。

4. 适时除草与修剪

杂草会抢夺土壤养分，可以采用人工除草、化学除草方式。人工除草不会造成环境污染，但费时费力，因此只适用于小面积除草。大面积除草依然要选择除草剂，要严格控制除草剂使用量。除草完毕需要进行监控，观察树木的生长发育情况。除草时可以配合修剪工作，灌木、乔木等大型植被发育速度快，要定期修剪，保证树木美观性。修剪主要是将病枝、弱枝等剪掉，并适当对树冠进行造型。

第五章　园林植物虫害的防治

第一节　病害的基础知识

一、植物病害的基本概念

（一）植物病害的概念

园林植物与人类的生活及生产关系密切,园林植物除了为人类提供舒适优美的宜居、休闲环境外,还提供人们重要的生活和经济来源,关乎人们的衣、食、住、行等多个方面。

园林植物如种苗、球根、鲜切花或植株在生长发育或贮藏、运输过程中,往往会遭受病原物侵染或处在不适宜的环境条件中,影响植物的生长发育,首先是植物的正常生理代谢受到干扰,进而导致植物的叶、花、果等部位发生变色、畸形和腐烂等病变,甚至全株死亡,降低产量及质量,造成一定的经济损失,影响植物的生产及观赏价值,这时我们称植物发生了病害。

（二）植物病原

引发植物病害的主要因素叫病原。根据病原的致病特点,我们将病原分为两大类,一类是生物性病原,也叫传染性病原或侵染性病原,这类病原所引起的病害叫侵染性病害,其特点是具有传染性,在田间发病的症状表现往往有发病中心,呈点、片发生,消除病原后植物很难在短时间内恢复原状,如月季白粉病、月季黑斑病等。

另一类是非生物性病原,这类病原主要是由一些不适宜植物生长的环境因子,如不适宜的温度、湿度、重金属污染、光照等情况引起的,这种病害在发病部位观察不到具体的病原物,有些可以通过环境条件的改善得以缓解,又叫非侵染性病害或生理性病害。

1. 侵染性病原

侵染性病害的病原物主要包括真菌、细菌、病毒、植原体、线虫、寄生性种子植物等。

（1）真菌

真菌是一种真核生物,没有叶绿素,没有根、茎、叶分化,为异养微生物。按照林业分类系统,通常将真菌门分为鞭毛菌亚门、接合菌亚门、子囊菌亚门、担子菌亚门和半知菌亚门。其中，担子菌亚门大部分种类属于高等真菌，一部分种类为园林植物病原菌，多数种类具有食用和药用价值，如银耳、金针菇、牛肝菌、灵芝等，但也有豹斑毒伞、马鞍等有毒种类。半知菌亚门中约有 300 个属是农作物和森林病害的病原菌，还有一些属能引起人类和一些动物皮肤病的病原菌，如稻瘟病菌，可以引起苗瘟、节瘟和谷里瘟等。

真菌大小差别很大，大的如蘑菇、木耳、灵芝等，小的要借助于电子显微镜才能看到，如病毒、类菌质体等。真菌形态可分为营养体和繁殖体。营养体由许多的丝状物即菌丝组成，如夏季黄瓜上白色的毛状物就是其营养体。高等真菌的菌丝多数具有隔膜，称有隔菌丝，真菌菌丝是获得养分的机构；菌丝可以生长在寄主细胞内或细胞间隙。生长在寄主细胞内的真菌，由菌丝细胞壁和寄主原生质直接接触而吸收养分；生长在寄主细胞间隙的真菌，尤其是专性寄生真菌，从菌丝体上形成吸器，伸入寄主细胞内吸收养分，吸器的形状有小瘤状、分枝状、掌状等。

（2）细菌

细菌是所有生物中数量最多的一类。细菌的个体非常小，目前已知最小的细菌只有 0.2μm 长，因此大多只能在显微镜下看到。细菌一般是单细胞，细胞结构简单，外层是有一定韧性和强度的细胞壁。细胞壁外常围绕一层黏液状物质，其厚薄不等，比较厚而固定的黏质层称为夹膜。在细胞壁内是半透明的细胞膜，它的主要成分是水、蛋白质和类脂质、多糖等。细胞膜是细菌进行能量代谢的场所。细胞膜内充满呈胶质状的细胞质。细胞质中有颗粒体、核糖体、液泡、气泡等内含物，但无高尔基体、线粒体、叶绿体等。细菌的细胞核无核膜，是在电子显微镜下呈球状、卵状、哑铃状或带状的透明区域。它的主要成分是脱氧核糖核酸，而且只有一个染色体组。

基于这些特征，细菌属于原核生物。植物细菌性病害主要发生于被子植物。目前已知的植物细菌性病害有 200 余种。细菌的形态一般为球状、杆状和螺旋状三种，引起植物发病的基本上都是杆状菌，其两端略圆或尖细，一般宽 0.5 ~ 0.8μm、长 1 ~ 3μm。在显微镜的油镜下才能看得到，大多数喜欢通气的环境，最适合的温度为 26℃ ~ 30℃，细菌繁殖迅速，感染植物在适宜条件下发病较快。绝大多数植物病原细菌不产生芽孢，但有一些细菌可以生成芽孢。芽孢对光、热、干燥及其他因素有很强的抵抗力。如果条件适宜，芽孢 20 ~ 30min 就繁殖一代。繁殖的方式就是一个变两个、两个变四个的裂变式。所以植物体内含菌量越高，发病也就越快，植物细菌性病害需及时抢救。尽管如此，细菌性病害的防治效果仍甚微，故一定要做到提前预防，种前土壤和种子都要消毒处理，管理时尽量避免造成伤口，发现病株及时拔除、销毁，并对其所在环境进行消毒处理。

大多数植物病原细菌都能游动，其体外生有丝状的鞭毛。鞭毛数通常为 3 ~ 7 根，多数着生在菌体的一端或两端，称极毛；少数着生在菌体四周，称周毛。细菌鞭毛的有无、数目、着生位置是分类上的重要依据。

（3）病毒

病毒是一类不具细胞结构，具有遗传、复制等生命特征的微生物。病毒比细菌更小，一般光学显微镜下不可见，只有借助电子显微镜才能见到其真面目。不同类型的病毒粒体大小差异很大，形态多为球状、杆状、纤维状、多面体等，病毒结构极其简单，仅由核酸和蛋白质衣壳组成。病毒只寄生于活体细胞，完全从宿主活体细胞获得能量进行代谢，离开宿主细胞不能存活，遇到宿主细胞会通过吸附、进入、复制、装配、释放子代病毒而显示典型的生命体特征，所以病毒是介于生物与非生物间的一种原始的生命体。

病毒通过自我复制方式繁殖，繁殖更迅速，病毒颗粒侵入植物体内会后，迅速随植物体液扩散到植物体全身，使植物整体带毒。其传播途径主要是接触传染，多借助媒介昆虫、伤口等传播。但其抗高温能力差，一般在50℃~60℃的条件下，10min左右就能失毒，55℃~75℃高温就能致死，所以高温能在一定程度上控制病毒病的发生。

（4）植原体

植原体原称类菌原体，植原体类似于细菌但没有细胞壁，为目前发现的最小的、最简单的原核生物。植原体主要分布于植物韧皮部以及刺吸式媒介昆虫的肠道、淋巴、唾液腺等组织内，常导致植物丛枝、黄化、蕨叶等，影响植物生长。植原体常借助媒介昆虫取食、无性繁殖材料、菟丝子寄生等进行传播，但对四环素、土霉素等抗生素敏感。

（5）线虫

线虫是无脊椎动物中线形动物门的一类微小生物体，植物受线虫危害后所表现出来的症状与一般病害表现出来的症状类似，同时，由于线虫体型较小，常需要借助显微镜等植物病理学的研究工具来进行研究，所以常将线虫作为病害病原物的一种，即作为线虫病来研究，植物线虫一般为雌雄异体，有些则为雌雄同体。它对植物的破坏除寄生于植物体外，还可传播真菌、细菌、病毒等病害，加重植物发病，是一类重要的植物病原物。常见的植物病原线虫多为不分节的乳白色透明线形体，雌雄异体，少数雌虫可发育为梨形或球形，线虫长一般不到1mm，宽0.05~0.1mm。线虫虫体通常分为头部、颈部、腹部和尾部。头部的口腔内有吻针和轴针，用以刺穿植物并吮吸汁液。

植物线虫生活史简单，由卵孵化成幼虫，再经3~4次蜕皮变成成虫，交配后雄虫死亡，雌虫产卵，线虫完成生活史的时间长短不一，有的需要一年，有的只需几天至几周。

繁殖力很强，每次产卵量达500~3000粒，繁殖快的种类完成一代需几天或几个星期的时间，通常为害植物的根和茎，也可为害叶片，如仙客来线虫病、水仙茎线虫病、菊花叶枯线虫病等。

（6）寄生性种子植物

寄生性种子植物指由于缺少足够的叶绿体或某些器官退化而依赖他种植物体内营养物质生活的某些种子植物。主要属于桑寄生科、旋花科和列当科，此外也有玄参科和樟科等，约计 2500 种。其中桑寄生科超过总数之半，主要分布在热带和亚热带。寄生性种子植物由于摄取寄主植物的营养或缠绕寄主而使寄主植物发育不良。但有些寄生性种子植物如列当、菟丝子等有一定的药用价值。根据对寄主的依赖程度可分为绿色寄生植物和非绿色寄生植物两大类。绿色寄生植物又称半寄生植物，有正常的茎、叶，营养器官中含有的叶绿素能进行光合作用，制造营养物质；但同时又产生吸器从寄主体内吸取水和无机盐类，如桑寄生。非绿色寄生植物又称全寄生性植物，无叶片或叶片退化，无光合作用能力，其导管和筛管与寄主植物的导管和筛管相通，可从寄主植物体内吸收水、无机盐、有机营养物质进行新陈代谢，如菟丝子。

2. 非侵染性病原

非侵染性病原，也叫非生物性病原，主要是不适宜园林植物生长发育的环境条件。如温度过高引起灼伤，低温引起冻害，土壤水分不足导致枯萎，排水不良、积水造成根系腐烂，直至植物枯死，营养元素不足引起缺素症，还有空气和土壤中的有害化学物质及农药使用不当，等等。这类非生物因子引起的病害，不能相互传染，没有侵染过程，也称非传染性病害。常大面积成片发生，全株发病。

非生物性病原对园林植物的影响的特点：

（1）病株在田间的分布具有规律性

一般比较均匀，往往是大面积成片发生。不先出现中心株，没有从点到面扩展的过程。

（2）症状具有特异性

①除了高温热灼和药害等个别病原能引起局部病变外，病株常表现全株性发病，如缺素症、旱害、涝害等。②株间不互相传染。③病株只表现病状，无病症，病状类型有变色、枯死、落花落果、畸形和生长不良等。

（3）病害发生与环境条件栽培管理措施有关

因此，若用化学方法消除致病因素或采取挽救措施，可使病态植物恢复正常，但常因为程度的不同，在症状上有一定差别。

在园林植物病害的消长过程中，人的作用非常重要。人类活动可以抑制或助长病害的发生发展，实践证明，许多病害都可经人为因素传播。

二、园林植物病害的症状及类型

园林植物受到病原物侵染或受到不良环境条件影响后，会发生一系列的生理、组织病变，常导致其外部形态的不正常表现，这种不正常表现称为症状，主要包括病状和病症两个方面。

（一）园林植物病害的症状

植物病害的症状分为病状和病症，病状为植物本身的不正常表现，如变色、坏死、畸形、腐烂和枯萎等；病症则为病部出现的病原物营养体和繁殖体结构，如霉层、小黑点、粉状物等。植物发生病害，病部或早或迟都会出现病状，但不一定出现病症。一般来讲，由真菌、细菌、寄生性种子植物和藻类等引起的病害，其病部多表现明显的病症，如不同颜色的霉状物、不同大小的粒状物等。

由病毒、植原体、类病毒和多数线虫等因素引起的病害，其病部生长后期无病症出现。非侵染性病害是由不适宜的环境因素引起的，所以也无病症出现。凡有病症的病害都是病状先出现，病症后出现。植物病害的症状有相对的稳定性，因此常作为病害诊断的重要依据。

（二）病状的类型

1.变色

病部细胞叶绿素被破坏或叶绿素形成受阻，花青素等其他色素增多而出现不正常的颜色，最后造成色素比例失调，但其细胞并没有死亡。叶片变色最为明显，叶片变为淡绿色或黄绿色的称为褪绿，叶片发黄的称为黄化，叶片变为深绿色与浅绿色浓淡不同的称为花叶。花青素形成过盛则叶片变紫红色。

植物病毒、植原体和非生物因子（尤其是缺素）常可引起植物变色。在实践中要注意植物正常生长过程中出现的变色与发病变色的区别。由植物病毒引起的变色，反映出病毒在基因水平上对寄主植物的干扰和破坏。

2.坏死

植物的细胞和组织受到破坏而死亡，称为"坏死"在叶片上，坏死常表现为叶斑和叶枯。叶斑指在叶片上形成的局部病斑。病斑的大小、颜色、形状、结构特点和产生部位等特征都是病害诊断的重要依据。病斑的颜色有黑斑、褐斑、灰斑、白斑等。病斑的形状有圆形、近圆形、梭形、不规则形等，有的病斑扩大受叶脉限制，形成角斑，有的沿叶肉发展，形成条纹或条斑。不同病害的病斑，大小相差很大，有的不足 1mm，有的长达数厘米甚至 10cm 以上，较小的病斑扩展后可汇合连接成较大的病斑。典型的草瘟病病斑由内向外可分为崩坏区（病组织已死亡并解体，呈灰白色）、坏死区（病组织已坏死，呈褐色）和中毒区（病组织已中毒，呈黄色）三个层次，坏死组织沿叶脉向上下发展，逸出病斑的轮廓，形成长短不一的褐色坏死线。许多病原真菌侵染禾草引起叶斑缺崩坏死，坏死部发达，其中心淡褐色，边缘浓褐色，外围为宽窄不等的枯黄色中毒部晕圈。有的病害叶斑由两层或多层深浅交错的环带构成，称为"轮斑""环斑"或"云纹斑"。叶枯是指叶片较大范围的坏死，病健部之间往往没有明晰的边界。禾草叶枯多由叶尖开始逐渐向叶片基部发展，而雪霉叶枯病则主要从叶鞘或叶片基部与叶鞘相连处开始枯死。叶柄、茎部、穗轴、穗部、根部等部位也可发生坏死性病斑。

3. 腐烂

植物细胞和组织被病原物分解破坏后发生腐烂，按发生腐烂的器官或部位可分为根腐、根茎腐、茎基腐、穗腐等，多种雪腐病菌还引起禾草叶腐。含水分较多的柔软组织，受病原和酶的作用，细胞浸解，组织溃散，造成软腐或湿腐。腐烂处水分散失，则为干腐。依腐烂部位的色泽和形态不同，还可区分为黑腐、褐腐、白腐、绵腐等。幼苗的根和茎基部腐烂，导致幼苗直立死亡的，称为立枯，导致幼苗倒伏的，则称为猝倒。

4. 枯梢

枝条从顶端向下枯死，甚至扩展到主干上。枯梢一般由真菌、细菌或生理原因引起，如马尾松枯梢病等。

5. 萎蔫

植物的根部和茎部的维管束受病原菌侵害，发生病变，水分吸收和水分输导受阻，引起叶片枯黄、萎凋，造成黄萎或枯萎。植株迅速萎蔫死亡而叶片仍维持绿色的称为青枯。由生物性病原引起的萎蔫一般不能恢复。一般来说，细菌性萎蔫发展快，植物死亡也快，常表现为青枯；而真菌性萎蔫发展相对缓慢，从发病到表现需要一定的时间，一些不能获得水分的部分表现出缺水萎蔫、枯死等症状。

6. 畸形

植物被侵染后发生增生性病变或抑制性病变导致病株畸形。前者有瘿瘤、丛枝、发根、徒长、膨肿，后者有矮化、皱缩。此外，病组织发育不均导致卷叶、蕨叶、拐节、畸形等。细菌、病毒和真菌等病原物均可造成畸形，它们共同的特征是当感染寄主后，或自身合成植物激素，或影响寄主激素的合成，从而破坏植物正常激素调控的时空程序。

7. 溃疡

枝干皮层、果实等部位局部组织坏死，形成凹陷病斑，病斑周围常为木栓化愈伤组织所包围，后期病部常开裂，并在坏死的皮层上出现黑色的小颗粒或小型的盘状物。一般由真菌、细菌或日灼等引起。

植物传染性病害多数经历一个由点片发病到全田发病的流行过程。在草坪上点片分布的发病中心极为醒目，称为"病草斑""枯草斑"，其形态特征是草坪病害诊断的重要依据，因而需仔细观察记载枯草斑的位置、大小、颜色、形状、结构以及斑内病株生长状态等特征。通常斑内病株较斑外健株矮小衰弱，严重发病时枯萎死亡，但是，有时枯草斑中心部位的病株恢复生长，重现绿色，或者死亡后为其他草种取代，仅外围一圈表现枯黄，呈"蛙眼"状。

三、病症的类型

常见的病症类型有如下几种：

①霉状物：病原真菌的菌丝、各种孢子梗和孢子在植物表面形成的肉眼可见的特征。一般来说，霉状物由真菌的菌丝、分生孢子或泡囊梗及孢子囊等组成。根据霉层的质地可分为霜霉、绵霉和霉层；根据霉层的颜色可分为青霉、灰霉、赤霉、黑霉、绿霉等。

②粉状物：病原真菌在病部产生各种颜色的粉状物，如白粉、黑粉、红粉等。

③点状物：病原真菌在病部产生的不同大小、形状、色泽、排列的点状结构，一般是病原真菌的繁殖机构，包括分生孢子盘、分生孢子器、子囊壳、闭囊壳等。

④颗粒状物：主要是病原真菌的菌核，是病原真菌的菌丝扭结成的休眠结构，如雪腐病、灰霉病、丝核菌综合征和白绢病的菌核等。

⑤线状物：有些病原真菌在病部产生线状物，如禾草红丝病病叶上产生的毛发状红色菌丝束。

⑥锈状物：锈菌在病部产生的黑色、褐色或其他颜色的点状物，按大小与形态可区分为小粒点、小疣点、小煤点等，为病菌的分生孢子器、分生孢子盘、子囊壳或子座等。

⑦脓状物：细菌病害在病部溢出的含细菌菌体的脓状黏液，露珠状。空气干燥时，脓状物风干，呈胶状。

⑧伞状物或其他结构：包括病原真菌产生的伞状物、马蹄状物、角状物等。如草地上"仙人圈"发生处产生伞菌子实体，呈伞状。麦角菌在禾草或谷物类作物穗部产生的角状菌核，称为"麦角"。

此外，在植物病部产生的索状物、伞状物、马蹄状物、膜状物均属病症，寄生性种子植物在植物病部产生的菟丝子等寄生植物体也属病症。

第二节　园林植物病虫害的防治原理与方法

一、植物病虫害防治的原理

植物病虫害发生与流行的原因，一方面是存在病源、虫源，并且有足够发生基数的病虫对植物的成功入侵；另一方面是需要有适宜病虫害发生、繁殖的环境条件。园林植物病虫害防治的基本途径应充分考虑以上条件，综合运用多种方法，合理控制病虫发生数量，切断病虫传播途径，创造有利于植物及天敌而不利于病虫发生发展的环境条件，达到合理控制病虫害发生的良好效果。

植物病虫害防治运用的主要原理如下：一是消灭和控制病原物、虫源，从源头上加以控制。采用改变播种期、深翻改土，结合整形修剪等多种手段，力求铲除、阻断、抑制病原物与虫源，控制病虫害的发生发展。二是保护寄主植物。通过加强水肥管理等生态措施、保护和利用生物天敌、化学保护等多种保护性措施，促进寄主植物的健康生长。三是提高寄主植物的抗性。通过健壮栽培管理、抗性育种等措施提高寄主植物的抗病、抗虫能力，减少因病虫危害造成的损失。四是治疗病虫株。在做好病虫害预测预报的基础上，对已发生病虫害的植株，采取控温控湿等物理措施、喷施农药等化学防治措施、人工释放天敌等人工干预措施，及时治疗发病植株，减少或避免因病虫危害造成的损失。

二、植物病虫害防治的方法

目前，植物病虫害的防治方法常见的有植物检疫、园林栽培管理措施、物理机械防治、生物防治和化学防治等基本的防治方法。这几类方法各有利弊，在园林植物病虫害的综合治理中应根据实际情况进行优化组合，以取得最佳的生态、经济和社会效益。

（一）植物检疫

1.植物检疫的定义及其重要性

植物检疫又叫法规防治，指一个国家或地区，为防止危险性有害生物随植物及其产品人为的引入和传播，以法律或法规形式，强制控制某些危险性的病虫、杂草等有害生物人为地传入或传出，或者对已经入侵的危险性病虫、杂草等有害生物，采取有效措施，消灭或控制其蔓延的保护性措施。植物检疫是作物病虫害防治的一项基本预防措施，是植物保护的主要手段之一。

一些病虫害分布范围较窄，仅在局部地区造成严重危害。但这些病虫可以随苗木、种子、繁殖材料的调运，进行远距离的传播扩散，扩大其危害范围。植物检疫对保证园林生产及贸易安全具有重要的意义，是植物病虫害综合治理的前提。随着社会的发展，国际、国内地区间的贸易往来与交流日趋频繁，危险性病虫害传播的机会与频率增加，给园林绿化和养护带来了极大的挑战。

因此，应严格贯彻执行我国的检疫法规，在机场、港口和车站等商品进出口的门户抓好苗木病虫的进、出口检疫，保障国际贸易的顺利发展。在国内抓好苗木产地检疫和异地调运检疫，防止危险性病虫杂草的传播蔓延，防患于未然，是控制危险性病虫害扩大蔓延的重要措施。

2.确定植物检疫对象的原则与检疫方法

确定植物检疫对象的三个原则是确立植物检疫对象的主要依据。这三个原则分别是：①对农林生产威胁大，能造成经济上严重损失而又比较难防治者；②主要通过人为传播的危险性病、虫、杂草等；③国内尚未发生或虽有发生但分布不广的危险性有害生物。

植物检疫的实施的方法步骤主要有制定法律、法规，确定检疫对象的名单与划分疫区和保护区，实施检验检疫处理。

疫区是指由官方划定、发现有检疫性病虫等生物危害并由官方控制的地区。保护区是指尚未发现某种检疫性病虫等有害生物，并由官方维持的地区。疫区和保护区主要依据危险性病虫等有害生物的分布和适生区进行划分，并经官方认定，由政府对外宣布。被发现检疫的对象必须经过有效处理后，方可签发产地检疫证书，对于难以处理的，则应停止调运并控制使用或就地销毁。

检疫处理措施主要包括禁止入境、退换货、就地销毁、熏蒸消毒、机械处理等无害化处理，药物熏蒸、浸泡或喷洒化学药剂处理，改变用途如将种用改作饲料等方法加以有效控制。所采用的处理措施必须能够彻底消灭危险性病虫生物和完全阻止危险性病虫生物的传播和蔓延，安全可靠、不污染环境等。

（二）园林栽培管理措施

园林栽培管理措施，又叫园林技术措施，其原理是依据农林生态系统中病原物、寄主植物、环境条件三者之间的关系，结合植物整个生产过程中的一系列耕作栽培管理技术，有目的地改变害虫、病原菌的生存环境条件，使之不利于害虫或病原菌的发生发展而有利于园林植物的生长发育，或直接对病虫种群数量起到持续的抑制作用。

园林栽培管理措施是防治园林植物病、虫、草、鼠等有害生物的根本措施，即利用一系列的栽培管理技术，有目的地改变园林植物生态系统中的某种因子，以达到控制病虫害的发生、保护园林植物生长的目的。

园林栽培管理措施是比较传统的病虫害防治方法，也是病虫害防治的最基本的方法，是植物病虫害综合治理的基础。生产上常用的措施主要有以下几种：

1. 选育和推广抗性良种

在同样条件下，与易感品种相比，抗性品种能不受害或受害较轻。实践证明，在生产中，一个品种如果不抗病虫害，即使具备速生丰产、观赏性高等优良特性，也很难在生产中得以推广。在园林设计中，在取得大致相同的景观效果下，应优先选用相似品种间的抗性品种，可大大减少或避免因病虫危害造成的损失。

2. 选用无病虫繁殖材料

选用健壮无病虫种子、种苗等繁殖材料，用温水或药剂对繁殖材料及用具进行消毒处理，可以减少病虫害的发生，尤其对于植物病害的发生有显著的防治效果。

3. 加强水肥管理措施，改变耕作制度，合理密植

植物本身是病原菌和害虫生存的主要条件，而耕作制度的改变、合理密植等园林技术措施的变动，不仅影响植物的生长发育，而且也影响其他环境条件如田间小气候、天敌的消长等，从而直接或间接地对害虫的消长产生影响。

根据园林植物的生长特点，结合田间日常管理，加强水肥管理，合理密植，适时改变耕作制度，合理轮作、间作，均可在一定程度上减少病虫害的发生。

4. 合理配置和修剪植物

合理配置植物种类，避免种植病虫的中间寄主植物；营造混交林，避免树种单一化，避免因病虫害大面积流行而影响生产或景观效果。

露根栽植落叶树时，栽前必须适度修剪，根部不能暴露时间过长；运送过程中注意避免树体破损创伤，栽植常绿树时，须带土球，土球不能散，不能晾晒时间过长，栽植深浅适度，这些都是防治多种病虫害的关键措施。

5. 冬耕深翻，及时清园，消灭病虫越冬基数

园地的杂草、残枝败叶及土壤中含有大量的病原菌及越冬害虫，对收获后的园地进行冬耕深翻，会恶化土壤中害虫及病原菌的生活环境，使害虫暴露于土表，或被鸟类啄食、晒死等，深耕还可以将浅土中的病菌和害虫卵、蛹等埋入深土层，使其不能正常发育而死亡。

结合修剪，及时清园，如园中的病虫枝、刮除的老翘树皮，残枝败叶、杂草等，集中烧毁或深埋处理，消灭其中的越冬虫源，可以大大降低来年的病虫发生基数。

另外，适时排灌、中耕、除草等也可以在一定程度上减少病虫害的发生。通过上述多种措施，可以使植物生长健壮，抗病虫能力增强，各种天敌昆虫、有益微生物和鸟类等天敌明显增加，从而可提高整个植物系统的抗病虫能力。

（三）物理机械防治

物理机械防治是利用光、热、声、温、湿度或各种物理因子的组合，或应用机械或动力机具，或人工的各种措施直接捕杀害虫个体，达到对害虫种群控制的一种防治方法。物理机械防治的措施简单实用、容易操作、见效快，既包括传统的人工捕杀，又包括近代科技新成就的应用，主要适用于仓储害虫和大田作物害虫的防治，对于一些化学农药难以解决的害虫或发生范围小的病害，往往也是一种有效的防治手段。

1. 人工机械捕杀

结合修剪管理及病虫害预测预报技术，利用人力或简单器械，及时捕杀一些具有群集性、假死性的害虫。

另外，有些害虫的幼虫及蛹含有丰富的蛋白质，营养而又美味，如蚱蝉若虫及马尾松毛虫蛹。可以发动群众人工大量捕捉蚱蝉若虫或搜集马尾松毛虫的蛹，并以一定价格回收，有利于控制此类害虫的大爆发。组织人工集中摘除袋蛾的越冬虫囊，于清晨到苗圃捕捉地老虎以及利用简单器具钩杀天牛幼虫等，都是实践证明的行之有效的措施。

2. 诱杀法

诱杀法是指利用害虫的趋光性、趋化性等习性，设置诱虫器械或配制诱物诱杀害虫，

同时，生产中还利用此法进行害虫的预测预报，以及时掌握害虫的田间消长动态。常见的诱杀方法有以下几种：

（1）灯光诱杀

大多数趋光性昆虫喜好 330 ~ 400nm 的紫外线，在实践生产中，人们利用害虫的趋光性，人为设置黑光灯及灭虫灯来诱杀害虫。目前生产上常用的光源主要是黑光灯，此外还有高压电网灭虫灯。

黑光灯的诱虫原理是黑光灯能够发射一种人眼看不见的、波长在 365nm 左右的紫外线。大多数昆虫对这种紫外线非常敏感，其中鳞翅目和鞘翅目昆虫更为敏感，可借此诱集昆虫以便集中杀灭。

黑光灯对大多数趋光性昆虫具有很强的诱虫作用，能消灭大量虫源。黑光灯还可以用于开展预测预报和科学实验，进行害虫种类、分布和虫口密度的调查，尤其可对大多数鳞翅目和鞘翅目害虫进行田间预测预报，为防治工作提供科学依据。

黑光灯的设置以安全、经济、简便为原则。黑光灯诱虫时间一般在 5 ~ 9 月，适用于鳞翅目害虫及鞘翅目害虫成虫发生期。黑光灯一般设置在空旷处，诱虫时选择在闷热、无风、无雨、无月光的夜晚开灯，开灯时间一般在 2 : 00 ~ 22 : 00，此时诱虫效果最好。

（2）黏虫板诱杀

一些昆虫如弱虫、粉虱等害虫对一定颜色的物体有定性趋性，还有一些昆虫对香甜味源等有较强的趋化性，可以利用这些趋性诱杀害虫。如蚜虫对黄色有趋向性而对灰色有忌避作用，可以用黄色黏虫板诱杀蚜虫或在日光温室用灰色塑料薄膜驱避蚜虫；将香甜味物理性诱粘剂喷在矿泉水瓶等表面，悬挂诱粘实蝇类及果蝇类害虫。采用黏虫板诱杀害虫，方便、经济，诱杀害虫效果较好。

（3）毒饵诱杀

利用昆虫的趋化性在害虫嗜好的糖醋液、炒香的麦麸等中，掺入适当的杀虫药剂，制成各种毒饵诱杀害虫。例如，诱杀时，可用麦麸、谷糠等做饵料，掺入适量辛硫磷等药剂制成毒饵，早晚放置在田间来诱杀。此外，诱杀地老虎、梨小食心虫等鳞翅目成虫时，通常以糖、酒、醋做饵料，以毒死蜱做毒剂来配制。

（4）饵木诱杀

许多钻蛀性害虫，如天牛、象甲、吉丁虫等，喜欢在新伐倒不久的倒木上产卵繁殖。因此，在此类害虫成虫发生期间，可在适当地点设置一些木段，供害虫大量产卵，然后集中收集以消灭其中害虫。据有关报道，在山东泰安岱庙，每年用此法诱杀了大量的双条杉天牛，取得了明显的防治效果。

（5）设置诱集带

设置诱集带，又称作物诱杀，是在田间专门设置一定区域，种植害虫嗜好植物，然后集中防治害虫或诱集捕杀的一种方法。

（6）潜所诱杀

利用昆虫越冬潜伏、白天隐蔽、适当场所化蛹等习性，人工设置相似环境诱杀害虫。例如，有些害虫选择树皮缝、翘皮下等处越冬或产卵，可于害虫越冬前或产卵前在树干上绑草把，引诱害虫并将其集中消灭。此法应注意诱集后及时消灭。

另外，人工直接摘除袋蛾的越冬虫囊，用利器钩杀天牛幼虫，剪除病虫枝条，用果实套袋技术防止蛀果类害虫，用根系培土法阻碍根系浅土表蛹的正常羽化，用树干刷白法阻止害虫产卵及上树为害、下树化蛹或越冬，等等，都是生产管理中常用的方法，均可以在一定程度上取得较好的病虫害防治效果。

（四）生物防治

1. 生物防治的概念与特点

传统的生物防治概念是通过捕食性、寄生性天敌昆虫及病原菌的引入、增殖和释放来压制另一种害虫。随着社会的发展与科技的进步，生物防治的概念不断深化，生物防治的方法也在不断变化，广义的生物防治是指利用生物体或其天然产物来控制有害动植物种群，使其不能造成损失的方法。所以，生物防治法主要是针对害虫、害螨等有害生物的防治。

生物防治法对人、畜和植物安全，不杀伤天敌，对环境友好，不会引起害虫的再猖獗和抗药性增长，对害虫有长期的抑制作用；生物防治的自然资源丰富，如寄生蜂、捕食蛾、赤眼蜂等生物产品，易于开发，且防治成本低，在生产中已经取得较好的防治效果。但是，生物防治的效果比较缓慢，人工繁殖技术较复杂，受自然条件限制较大。害虫的生物防治主要是保护和利用天敌、引进天敌以及进行人工繁殖与释放天敌控制害虫发生。自20世纪70年代以来，随着微生物农药、生化农药以及抗生素类农药等新型生物农药的研制与应用，人们把生物产品的开发与利用也纳入害虫生物防治工作之中。

2. 生物防治的理论依据

植物、害虫（病原菌）、天敌是农田生态系统演替中重要的生物链，是一条联系紧密的食物链，其中，任何一个环节发生变化，必然引起其他环节的变化。在长期的害虫防治实践中，人们也逐渐认识到依靠天敌的自然发生发展来解决害虫问题几乎是不可能的。因此，在农业生态系统中，可分析害虫种群与天敌种群的相互关系，人为地加强天敌数量对害虫种群的控制作用，通过人为干预措施达到将害虫的种群数量控制在不能对植物造成损害的水平之下。这是我们进行生物防治的理论依据。

3. 生物防治利用的常见种类

在自然界中，每种生物的生存环境中都同时存在着许多制约因子，它们之间存在着错综复杂的食物链与食物网关系，其中，寄生性或捕食性天敌是这些复杂关系中的重要制约因子，是我们可以作为生物防治利用的优良天敌资源。害虫的天敌主要有如下几个类群：

（1）天敌昆虫

天敌昆虫在自然界中的资源丰富，利用天敌昆虫防治害虫是生物防治中应用最广泛的一种，主要分为捕食性和寄生性两大类。

捕食性天敌主要有瓢虫、草蛉、食虫虻、蚂蚁、泥蜂、步甲、虎甲、螳螂等。依据其捕食对象的广泛程度一般可以分为多食性、寡食性及单食性几种类群。食性较窄的单食性与寡食性种类与捕食对象的关系较为密切，常被作为天敌引种中的重点对象。

寄生性天敌种类大多属于膜翅目蜂类、双翅目蝇类，即被广泛利用的赤眼蜂、啮小蜂、姬小蜂、绒茧蜂、寄蝇等种类。

我国应用较多的是寄生性天敌昆虫，主要有赤眼蜂、肿腿蜂、姬小蜂、蚜小蜂、寄蝇等，如利用赤眼蜂防治玉米螟，利用椰心叶甲截脉姬小蜂防治椰子的外来入侵害虫椰心叶甲，利用周氏啮小蜂防治美国白蛾，等等；捕食性天敌昆虫利用较少，主要有异色瓢虫等，但因天敌繁育技术不够成熟等，捕食性天敌昆虫尚未步入工厂化生产。在天敌昆虫的利用方面，除人工繁育释放外，在生产中应注意保护自然天敌种类，为天敌的繁殖创造有利条件，从而提高自然界各种天敌昆虫对害虫的自然控制作用。

（2）病原微生物

自然界中病原微生物的种类较多，有细菌、真菌、病毒、立克次体、原生动物、线虫等，随着科学技术的进步与科研能力的提升，越来越多的病原微生物作为新型微生物农药相继被开发出来，用来防治害虫、害螨等有害生物，并取得了较好的防治效果。

目前，常用的微生物杀虫剂主要有属于真菌类的白僵菌、青虫菌等，属于细菌类的苏云金杆菌等，属于病毒的核多角体病毒等原因。我国每年应用白僵菌、青虫菌、苏云金杆菌等防治鳞翅目害虫的面积较大，效果显著。我国已将马尾松毛虫质型多角体病毒、舞毒蛾核型多角体病毒等分别用于防治林业害虫枯叶蛾、毒蛾、刺蛾、袋蛾等，在林业害虫防治中发挥着重要的作用，对此类食叶性害虫的猖獗起到了明显的抑制作用。

生物农药的作用方式独特，防治对象比较单一，用量少，繁殖快，不受园林植物生长期限制，而且持效期较长，对人、畜、环境的潜在危害小，尤其适合园林病虫害的防治。

随着科技的发展，微生物制剂的使用范围不再局限于害虫、害草等有害生物的治理方面，如美国、澳大利亚等国已应用微生物商品制剂防治根癌病和根腐病。为了更好地发挥微生物制剂的防治作用，在今后微生物农药的研制、应用与商品化过程中，需要注意制剂品质与效能的稳定性、害虫的抗药性以及对环境和其他生物的影响。

除了微生物农药外，还有一类属于生化农药。生化农药指经人工合成或从自然界的生物源中分离或派生出来的化合物，如昆虫信息素、昆虫生长调节剂等。此类农药主要包括性外激素、昆虫保幼激素、蜕皮激素、昆虫行为调节剂等。

（3）其他的捕食性动物

这种类群主要有节肢动物中的蛛形纲，如蜘蛛和捕食螨类；有脊椎动物中的两栖类，如蛙和蟾蜍；还有其他的家禽、益鸟、益兽等，这些天敌生物在自然界中广泛存在，对害虫、害螨等有害生物的种群消长起着重要的制约作用。

4. 生物防治的特点

生物防治是利用有益生物把有害生物种群控制在不足以造成经济危害的水平之下，相比于其他防治方法，具有对环境友好、对人畜安全、无残留污染、不产生抗性等优点，同时，天敌生物在自然界中往往能建立起种群的自我繁殖扩散，可以对目标害虫持久而稳定地发挥控制效果。可以引进和利用的天敌资源非常丰富，天敌繁育与释放技术也逐步成熟和产业化，使得生物防治的发展前景十分广阔，生物防治越来越受人们的重视，值得大力提倡。

但是，生物防治的效果比较缓慢，天敌的人工繁殖与释放技术、人工饲料的配制技术尚比较复杂，随着科研与应用的进一步发展，这些技术问题将得以改进和完善，应用前景广阔。

（五）化学防治

化学防治又称"药剂防治"，指利用化学农药的生物活性控制有害生物种群数量的方法。目前，化学农药因杀虫谱广，收效迅速，急救性强，品种、剂型多样，能满足多种害虫的防治需要，仍是减少病虫发生基数和控制园林植物病虫害大发生的主要措施。

长期、连续不合理地用药导致了农药的"3R"问题，即抗药性（resistance）再猖獗（resurgence）和残留（residue）问题。一方面，长期使用同一种化学农药，容易造成病虫产生不同程度的抗药性，影响防治效果；另一方面，使用化学农药，在杀死害虫的同时也杀死了害虫的天敌，使害虫丧失了自然控制因子，一旦繁殖起来，容易发生主要害虫的再猖獗和次要害虫上升为主要害虫的情况。许多害虫如鳞翅目幼虫、蓟马、螨类等对化学农药产生了强烈的抗药性，使得不少药剂陆续失去防治效果，造成一些主要害虫的数量急剧下降后又突然回升，次要害虫在天敌被杀死后突然暴发成灾，给生产造成更大的损失，防治难度大大增加。另外，农药残留期长，严重污染土壤、水体、大气等环境。我国化学防治面积占整个园林植物病虫害防治面积的 70% 左右，在病虫害防治中占有重要的地位。

当地自然天敌昆虫的种类繁多，是各种害虫种群数量的重要控制因素，因此，善于保护和利用天敌生物，正确使用高效低毒农药，适时进行防治，一般可取得良好的实践防治效果。在化学防治方法的实施上应注意以下几点：第一，尽可能选用生物制剂，优先选用高效低毒药剂，尽量少用广谱性药剂，避免杀伤自然界的天敌生物；第二，做好病虫害预测预报，适时适量施药；第三，合理使用农药剂量，采用精确定量配制，不随意增减农药的用量，减少药害及抗性的产生，避免浪费及化学残留；第四，注意交替使用农药，减缓害虫抗药性的产生；第五，合理混用农药，一般来说，酸性与碱性农药不能混配，混用后每种药药效应不变或适当增强，而不会产生拮抗作用、沉淀作用或降低药效。

国内常用的杀虫剂有阿维菌素、吡虫啉、锐劲特、灭幼脲、除虫脲、氯氰菊酯、甲氨基阿维菌素苯甲酸盐等；杀菌剂有百菌清、多菌灵、粉锈宁、甲基托布津、农用链霉素、井冈霉素等。主要施药方法有喷雾、喷粉、熏蒸、拌种、浸种、烟雾、灌根、茎干注药等。

茎干注药法是在茎干周围钻孔注药，使全树体都能吸收到农药的有效成分，不论害虫在什么部位取食，都会中毒死亡。此法操作简便，省工、省药，不污染环境，不杀伤天敌，防治效果好，适合于防治树体高大、难以防除的天牛、椰心叶甲、吉丁虫等蛀干害虫和蚜虫、介壳虫、蓟马、螨类等刺吸式口器的害虫，注药的时间在树木萌芽至落叶前的生长期内均可进行。农药应选用内吸性较强且对树木生长无影响的药剂，应根据不同害虫、树种具体选择适宜的农药。

注药方法：采取先钻孔后注药的方式，用直径 0.8 ~ 1cm 电钻，在距地面 15 ~ 50cm 的树干上，呈 45° 向下斜钻 8 ~ 10cm 深的注药孔，深度以达髓心为度。在树干四周呈螺旋上升钻孔，大树可钻 3 ~ 5 个孔，中树可钻 2 ~ 3 个孔，小树可钻 1 个孔，将孔中的锯末掏净注入药液。注药完毕后，注药孔口要用蜡、泥巴、塑料封闭，注药孔两个月左右即可愈合。

近年来，飞机超低容量喷雾防治技术得到应用，该技术节省了大量人力、物力，降低了防治成本，提高了防治效果。

（六）外科治疗

一些园林树木常受到钻蛀型害虫的危害，尤其对于古树名木等名贵树种，由于树体久经风霜，受到多种病虫害的侵染，常形成大大小小的树洞和创痕，对此类病虫害的防治需要及时进行外科手术治疗，对受损植株采用药剂填补或树洞填充，使树木健康地成长，重新恢复生机，健康成长。

对于轻度的表层损伤，一般损伤面积不大，进行树缝修补填封即可。基本方法是用高分子化合物——聚硫密封剂封闭伤口。在封闭前需要对伤疤进行清洗消毒，常用 30 倍的硫酸铜溶液喷涂两次，晾干后密封，最后用适当油漆等进行外表修饰。

对于树洞的治疗稍显复杂，先对树洞进行清理、消毒，把树洞内积存的杂物、腐烂部分全部刮除，用 30 倍的硫酸铜溶液喷涂树洞消毒。对于一般树洞，树洞边材完好时，采用假填充法修补，在洞口上固定钢板网，其上铺 10 ~ 15cm 厚的水泥砂浆，外层用聚硫密封剂密封，外表稍加修饰；树洞较大时，边材部分损伤，则采用实心填充。

三、植物病虫害的综合治理

（一）害虫综合治理的概念和特点

植物病虫害的防治方法很多，各种方法各有其优点和局限性，单靠一种防治措施并不能达到植物病虫害的持续有效治理，必须注意这几种方法的有机结合运用。

1. 害虫综合治理的概念和特点

害虫综合治理（IPM）是一种害虫管理系统，按照害虫种群的种群动态及相关的环境关系，采取适当的技术和方法，使其尽可能地互不矛盾，保持害虫种群数量处在经济受害水平之下。综合治理是对有害生物进行科学管理的体系，它从农业生态系统总体出发，根据有害生物和环境之间的相互关系，充分发挥自然控制因素的作用，因地制宜地协调应用必要的措施，将有害生物控制在经济受害水平之下，以获得最佳的经济、生态和社会效益。

简而言之，有害生物综合治理就是根据生态学的原理和经济学的原则，选取最优化的技术组配方案，把有害生物种群数量较长时期稳定在经济损害水平之下，以获得最佳的经济、生态和社会效益。

2. 害虫综合治理的概念和特点

结合大量的生产实践，有害生物综合治理不断地得以完善，主要具有以下几个特点：

第一，允许害虫在经济损害水平以下继续存在。IPM 的目标不是消灭害虫，而是控制其种群密度。

第二，以生态系统为单位。害虫是生态系统中的一个重要的组成成分，防治害虫必须全面考虑整个生态系统。人类的一切活动如耕作、栽培技术的运用（包括品种的选择、病虫害的预测预报等）都会对病虫害的防治产生强烈的影响。系统中每一项措施的运用都可能导致目标之外的另一类有害生物的种群变动，而综合治理就是控制生态系统，既要使害虫维持在经济损害水平以下，又要避免破坏生态系统。

第三，充分利用自然控制因素的作用。强调利用自然界环境因子对病虫数量的控制因素，如利用降雨、气温、天敌等的作用达到调控病虫害发生的目的。

第四，强化各种防治措施的优化组合。各种防治措施各有利弊，合理运用各种防治措施，使其相互协调、取长补短，在综合考虑各种因素的基础上，优化组合，以求最佳。

第五，提倡多学科协助。随着社会的进步和科学技术的发展，生态系统的组成与功能也在不断地发生变化，面对复杂多变的生态系统，我们不仅需要农学、气象、遗传与变异等方面的知识，同时，也需要数学、电子、物理、化学、分子等方面的知识，提倡各学科专家积极开展项目合作开发，综合各科技术优势，实行多方位联合防控，共同探究生物病虫害的综合治理技术与应用。

（二）综合治理遵循的原则

植物病虫害综合治理是一个病虫控制的系统工程，即从生态学观点出发，在整个园林植物生产、引种、栽培及养护管理等过程中，都要有计划地应用园林栽培管理技术、物理机械防治等改善生态环境，使自然防治和人为防治手段有机地结合起来，有意识地加强自然防治能力。

在实行综合治理的过程中，主要从以下几个方面出发：

1. 从生态学角度出发

园林植物、病虫、天敌之间有的相互依存，有的相互制约。当它们共同生活在一个环境中时，它们的发生、消长、生存又与这个环境的状态关系极为密切。这些生物与环境共同构成一个生态系统。综合治理就是在育苗、移栽和养护管理过程中，通过有针对性地调节和操纵生态系统里某些组成部分，创造一个有利于植物及病虫天敌生存，而不利于病虫滋生和发展的环境条件，从而预防或减少病虫的发生与危害。

2. 从安全角度出发

根据园林生态系统里各组成成分的运动规律和彼此之间的相互关系，既针对不同对象，又考虑对整个生态系统当时和以后的影响，灵活、协调地选用一种或几种适合园林实际的有效技术和方法。如园林管理技术、病虫天敌的保护和利用、物理机械防治、化学防治等措施。对不同的病虫害，采用不同对策。几项措施取长补短、相辅相成，并注意实施的时间和方法，达到最好的防治效果。同时将对生态系统内外产生的副作用降到最低，既控制了病虫危害，又保护了人、天敌和植物的安全。

3. 从保护环境，恢复和促进生态平衡，有利于自然控制角度出发

植物病虫害综合治理并不排除化学农药的使用，而是要求从病虫、植物、天敌、环境之间的自然关系出发，应科学地选择及合理地使用农药。在城市园林中应特别注意选择高效、无毒或低毒、污染轻、有选择性的农药（如苏云金杆菌乳剂、灭幼脲等），防止对人畜造成毒害，减少对环境的污染，充分保护和利用天敌，逐步加强自然控制的各个因素，不断增强自然控制力。

4. 从经济效益角度出发

防治病虫是为了控制病虫的危害，使其危害程度低到不足以造成经济损失。因而经济允许水平（经济阈值）是综合治理的一个重要概念。人们必须研究病虫的数量发展到何种程度时，才能采取防治措施，以阻止病虫达到造成经济损失的程度，这就是防治指标。病虫危害程度低于防治指标，可不防治；否则，必须掌握有利时机，及时防治。需要指出的是：在以城镇街道、公园绿地、厂矿及企事业单位的园林绿化为主体时，则不完全适合上述经济观点。因该园林模式是以生态及绿化观赏效益为目的，而非经济效益，且不可单纯为了追求经济效益而忽略病虫的防治。

（三）综合治理的策略及定位

植物病虫害防治策略，随着认识水平和科技水平的提高，从以防为主、综合治理、有害生物的综合治理（IPM）、强化生态意识、无公害控制，到目前要求的共同遵循可持续发展的准则，这是在认识上逐步提高的过程。要求我们在理念上调整为：从保护园林植物的个体、局部，转移到保护园林生态系统以及整个地区的生态环境上来。

植物病虫害防治的定位：既要满足当时当地某一植物群落和人们的需要，还要满足今后人与自然的和谐、生物多样性以及保持生态平衡和可持续发展的需要。

病虫害是园林植物生产栽培、育种改良、养护管理过程中遇到的主要问题，几乎每一种园林植物都会因为不良环境影响或病虫侵害而遭受损害。园林植物病虫害的发生常由于绿化带的地理条件复杂、小环境气候多样化、植物品种单一、养护管理不及时、监管不到位、人口密集等原因，园林植物病虫害易流行发生，同时，相对农作物病虫害的防治而言，具有防治难度大、成本高，不宜使用常规的、污染大、异味重的防治方法。

（四）园林植物病虫害防治的特点及其综合治理

随着社会的发展，园林植物在生产生活中的地位越来越重要，园林植物大体上可分为两大类群：一是城镇、景区等露地栽培的各种乔木、灌木、草本植物、藤本植物、地被植物、草坪等；二是主要以保护地（日光温室或各种温棚等）形式种植的盆栽花卉、切花植物及观赏苗木。

1. 园林植物病虫害防治的特点

一方面，园林植物大多位于城镇、公园、广场、景点等人口密集、人类活动频繁的地区，其病虫害的发生特点具有受人类活动影响大，经常修剪，管理粗放，立地环境条件复杂，小环境、小气候变化多样等特点，病虫害的发生、传播及扩散往往受人类活动的影响大，容易遭受外来入侵生物的侵袭。另一方面，园林植物多种植在休闲园区、景区等人员活动频繁的区域，其病虫害的防治要求无异味、无刺激、无污染等。而生产种植的盆栽花卉、切花植物及观赏苗木病虫害的发生则具有植物品种单一、种植密集、环境湿度大，并且多在保护地内栽培、病源及虫源基数均较高、病虫害发生重且易流行、防治难度大等特点。

随着社会的变化和园林事业的不断发展，园林植物的高效养护管理工作尤显重要。

2. 园林植物病虫害的综合治理

近年来，我国的农业可持续发展战略对园林植物病虫害的防治提出了新的要求，必须实施有害生物的可持续控制，减少化学农药的使用，发展以生物资源为主体的技术体系，实现环境与经济的协调发展。人们对园林植物病虫害防治的认识也逐步提升，从预防为主、综合治理、有害生物综合治理（IPM）到有害生物的可持续控制（SPM），强化了生态意识，体现了从保护园林植物个体、局部到保护园林生态系统以及整个地区的生态环境协同治理的策略。

在园林植物病虫害的防治上，应以生态园林为目标，遵循预防为主、综合防治的植保方针，坚持安全、经济、简便、有效的防治原则，以园林技术措施为基础，因地制宜地协调好物理机械防治、化学防治、生物防治等多种防治方法，充分发挥生态因子对害虫种群的控制作用，将病虫种群数量控制在不足以造成危害的水平之下，以获得最佳的经济、生态、社会效益。

总之，园林植物病虫害的防治要在预防为主、综合防治的植保方针指引下，注重安全，尤其在使用化学农药时，要注意对人、环境、天敌及植物的安全，因地制宜地综合多种防治措施，采用既行之有效又安全可靠的方法。

第三节　农药的应用

一、农药的定义及分类

（一）农药的定义

农药是农用药剂的简称，关于农药的定义和范围，我国古代和近代有所不同，不同国家也有所差异。随着农药的发展和应用，人们对农药的认识逐渐完善，迄今普遍认为，农药是指用于预防、消灭或控制危害农林作物及农林产品的病、虫、杂草、鼠和其他有害生物以及有目的地调节植物、昆虫生长的化学合成物质，或者来源于生物、其他天然物质的一种或几种物质的混合物及其制剂。

随着农药毒理学和生态学研究技术的发展，农药的应用范围更加广泛，种类繁多。近年来，随着以虫治虫、以螨治虫（螨）等生物防治技术的发展，又出现了天敌行为调节剂，利用昆虫信息素增强天敌的寄生或捕食效果，从而达到控制病虫害发展的目的，也是用来发展高效农业及园林花卉及苗木生产的优良制剂，都属于农药范畴。

（二）农药的分类

为方便研究和使用，人们根据农药的成分及来源、防治对象和作用方法等对农药进行分类。按农药的成分及来源，农药可分为无机农药、有机农药。按农药的作用方式，农药又可分为胃毒剂、触杀剂、内吸剂、熏蒸剂、驱避剂、引诱剂、拒食剂、不育剂、几丁质抑制剂、昆虫激素类杀虫剂等，但是生产实践中，一种农药药剂的作用方式往往不是单一的，有些品种可能同时兼有胃毒、触杀及内吸性质，多见于杀虫剂类。按照农药的用途与防治对象，农药可分为杀虫剂、杀螨剂、杀线虫剂、杀鼠剂、杀软体动物剂、除草剂、植物生长调节剂等。

下面就生产实践中常用的农药品种，做简要介绍。

1. 杀虫剂

杀虫剂是能够防治农、林、卫生及贮粮等害虫的药剂，这类药剂大多数只能杀虫不能防病，但也有些药剂既能杀虫又能杀螨。杀虫剂是农药中发展最快、用量最大、品种最多的一类药剂。

（1）按杀虫剂的成分及来源分类

①无机杀虫剂

以天然矿物质为原料加工、配制而成的具有杀虫效力的无机化合物为无机杀虫剂，又称矿物源农药，如常见的石灰、硫黄、磷化铝、硫酸铜等。

②有机杀虫剂

有机杀虫剂又可分为植物源农药、矿物源农药、微生物农药及人工化学合成农药。植物源农药如印楝素、除虫菊素、烟碱类等农药，矿物源农药如石油乳剂、煤油乳膏等，微生物农药如苏云金杆菌、白僵菌、青虫菌、农用链霉素等。人工化学合成农药又称化学杀虫剂，按其化学成分可分为有机氯杀虫剂，如林丹、氯丹、滴滴涕、六六六等；有机磷杀虫剂，如毒死蜱、乙酰甲胺磷等；氨基甲酸酯类杀虫剂，如灭多威、叶蝉散、克百威等；有机氮杀虫剂，如杀虫脒、杀螟丹、杀虫双等；拟除虫菊酯类杀虫剂，如灭扫利、高效氯氧菊酯等；特异性杀虫剂，如几丁质抑制剂类灭幼脲、定虫隆等，化学不育剂类如六磷胺等，此外还有拒食胺、性外激素类等。

（2）按杀虫剂的作用方式分类

①胃毒剂

药剂随食物一起经吞食后，在肠液中溶解且被肠壁细胞吸收到致毒部位，引起害虫中毒死亡，这种作用称为胃毒作用。以胃毒作用为主的药剂称为胃毒剂，如虫酰肼、丙溴磷、乙酰甲胺磷等。

②触杀剂

药剂经害虫体表接触进入体内，干扰害虫正常的生理代谢过程或破坏虫体某些组织，引起害虫中毒死亡，这种作用称为触杀作用。以触杀作用为主的药剂称为触杀剂，如氰戊菊酯、烟碱、除虫菊素等。

③熏蒸剂

杀虫剂本身挥发出气体或者杀虫剂与其他药品作用后产生毒气，经害虫呼吸系统进入虫体，引起中毒死亡，这种作用称为熏蒸作用。以熏蒸作用为主的药剂称为熏蒸剂，如磷化铝、溴甲烷等。

④内吸剂

药剂能经植物的吸收作用进入植物体内，并随植物体内汁液传导至植株各个部位，使整个植物体汁液在一定时间内带毒，并对植物无害。当害虫刺吸了含毒的植物汁液后即中毒死亡，这种作用称为内吸作用。以内吸作用为主的药剂称为内吸剂，如克百威、甲胺磷等。

⑤拒食剂

有些农药能影响昆虫的取食，害虫接触药剂后不能再取食或取食量减少，使害虫因饥饿而死。以这种性能为主的药剂称为拒食剂，如抑食肼、印楝素等。

⑥驱避剂

有些药剂本身虽无毒力或毒效很低，但由于具有特殊气味或颜色，施用后可使害虫不再危害，以这种性能为主的药剂称为驱避剂，如驱蚊油（邻苯二甲酸二甲酯）、避蚊胺（N，N-二乙基间甲苯酰胺）、樟脑丸等。

⑦引诱剂

有些药剂本身虽无毒力或毒效很低，但使用后可引诱害虫前来取食或交配，这种作用称为引诱作用，以引诱作用为主的药剂称为引诱剂，如果蝇性诱剂等。引诱剂可结合高压电网、杀虫剂等其他方法来捕杀害虫，往往能收到很好的防治效果。

（3）按杀虫剂的杀虫毒理分类

①神经毒剂

杀虫剂作用于害虫神经系统，阻断神经冲动的传导，干扰其正常的神经传导功能，引起神经麻痹死亡，如氨基甲酸酯类、拟除虫菊酯类等。

②呼吸毒剂

杀虫剂作用于呼吸系统，抑制呼吸酶的活性，阻碍呼吸系统的正常代谢，引起害虫窒息死亡，如鱼藤酮、磷化氢等。

③原生质毒剂

杀虫剂作用于生物细胞内的原生质，如神素剂、重金属等。

④物理性毒剂

通过药剂的摩擦或溶解作用，损伤昆虫表皮，使昆虫失水，或阻塞昆虫的气门，影响呼吸代谢，使其窒息而亡，如惰性粉、矿物油剂等。

2. 杀螨剂

杀螨剂是农业生产中主要用来防治植食性害螨类的农药。根据杀螨剂的化学成分，可分为有机氯、有机磷、有机锡、甲脒类、杂环类、偶氮及脒类及其他杀螨剂，如三氯杀螨醇、三唑锡、双甲脒、氨基甲酸酯、尼索朗、克螨特等。

农业螨类一般个体较小，身体结构与昆虫也有差别，在分类上不属于昆虫。一般来说，常用杀虫剂可以用来杀螨，但常用杀螨剂不一定能够杀虫。

3. 杀菌剂

杀菌剂是一类用来防治植物病害的药剂。凡是对植物的病原微生物（真菌、细菌、病毒、支原体等）能起到毒杀作用或抑制作用，又不伤害植物的药剂都属于杀菌剂。杀菌剂常按作用方式分为保护剂和治疗剂。

①保护剂

在病原菌侵入寄主植物之前在植物表面施药，以达到防病目的，这一类药剂称为保护性杀菌剂，如波尔多液、代森锌、拌种灵等。

②治疗剂

病原菌侵入寄主植物后，在其潜伏期间施用药剂，以抑制其继续在植物体内扩展或消除危害，这一类药剂称为治疗性杀菌剂，如多菌灵、三唑酮、托布津、戊唑醇等。

4. 杀线虫剂

杀线虫剂是一类防治植物病原线虫，避免或减轻危害的药剂。线虫多数生活在土壤中，从植物根部侵入，主要以土壤处理法杀灭线虫。杀线虫剂大都具有熏蒸作用，常用的药剂有二氯异丙醚等，如土线散、克线磷等品种。

5. 除草剂

除草剂是一类专门用来防治农田杂草，而又不影响农作物正常生长和人畜安全的药剂。按除草剂对植物作用的性质可分为以下两种：

①灭生性除草剂（非选择性除草剂）

这类除草剂对植物无选择性，苗草不分，凡是接触此类药剂都能受伤害致死，又称"见绿就杀"。因此不能在作物出苗后的田间直接喷洒，但可以利用土壤中根系深度的不同（位差）或播后苗前（时差）进行合理使用。更适合用于非农耕地，如休闲地、田边、森林防火带等地的除草，如百草枯、草甘膦等。

②选择性除草剂

在一定浓度和剂量范围内杀死或抑制部分植物而对另一些植物安全的药剂，如二甲四氯、盖草能（吡氟氯禾灵）、稳杀得（吡氟禾草灵）等。

6. 杀鼠剂

杀鼠剂是指用于毒杀危害各种农、林、牧业生产和家庭的田鼠、家鼠的药剂。一般具有强大的胃毒作用，鼠类直接吞食药剂或鼠爪粘着药剂舔食入口，均可毒杀致死，如磷化锌、敌鼠、灭鼠灵等。

7. 植物生长调节剂

植物生长调节剂指能够促进或抑制植物生长发育或其他生理机能的药剂。这类药剂不同的品种或不同的使用浓度可以表现出对植物不同的作用。例如可使植物提早发芽，促生根，促生长；提早成熟；防止落花、落果和落叶，形成无籽果实；使植物延迟开花，延迟器官的发育；使植株矮壮或使植物脱叶等。

根据植物生长调节剂的用途，可分为催熟剂如乙烯利等，保鲜剂如抑芽丹、玉米素等，脱叶剂如脱落酸、脱叶灵（噻苯隆）等，生长抑制剂如矮壮素、多效唑、丁酰肼等，生长促进剂如赤霉素、芸苔素内酯（天丰素）等，生根剂如对硝基苯酚甲、吲哚乙酸等。

二、农药的剂型及农药的施用方法

（一）农药的剂型

未经加工的农药称为原药，液体原药为原油，固体原药为原粉。原药除极少数能直接使用外，绝大部分必须加工成不同的剂型，便于采用不同的施药器械，有时为改善农药的理化性质、提高药效，还加入助剂和稳定剂等。

经过加工的农药称为农药制剂。目前，常用的农药剂型有以下几种：

1. 乳油

乳油主要是由农药原药按一定比例溶解在有机溶剂中，加入一定量的乳化剂配制而成的。农药乳油要求外观清晰透明、无颗粒、无絮状物，在正常条件下贮藏不分层、不沉淀，并保持原有的乳化性能和药效。乳油加水稀释后，能自动乳化分散，形成云雾状分散物，并能经时稳定，形成均一的乳状液，可以较好地满足喷雾要求。

乳油是目前农药使用的重要剂型，具有药效高、加工方便、耐贮藏、使用便捷等优点，但乳油使用大量有机溶剂，施用后会增加环境负荷。

2. 粉剂

粉剂是由农药原药与载体填料按一定比例混合，经机械粉碎加工而成的粉状物。常见的粉剂有布氏白僵菌粉剂、1.1% 苦参碱粉剂（康绿功臣）等。粉剂主要用于喷粉、撒粉、拌毒土等，不能用于加水喷雾。

3. 可湿性粉剂

可湿性粉剂是由农药原药、填料、湿润剂和分散剂混合加工而成的粉状物，可湿性粉剂加水稀释成稳定的悬浮液，用于喷雾。

可湿性粉剂具有包装成本低、贮运安全方便、药效比粉剂高的特点，但经贮藏，悬浮率往往下降，尤其经高温悬浮率下降很快，需注意低温保存。

4. 颗粒剂

颗粒剂是由农药原药、载体和助剂等混合加工而成的颗粒状物。颗粒剂用于撒施，主要用于土壤处理或拌种沟施。颗粒剂如 6% 四聚乙醛等，可以控制农药释放速度，减少用药量，具有使用方便、操作安全、应用范围广及药效长等优点。

5. 水剂

水剂主要是由农药原药和水组成，有的还加入少量染色剂等调色。该制剂是以水为溶剂的均相液体制剂，农药原药在水中有较高的溶解度，使用时再加水稀释。水剂如 10% 草甘膦铵盐水剂 > 30.2% 抑芽丹水剂、18% 杀虫双水剂等加工方便、成本低廉，但包装及运输不太方便，有的农药在水中不稳定，长期贮存易分解失效。

6. 悬浮剂

悬浮剂又称胶悬剂，是一种可流动的液体状制剂。它是由固体农药原药和分散剂等助剂均匀地分散于水或油中混合加工而成的悬浊液。悬浮剂使用时兑水喷雾，如20%抑食肼悬浮剂、20%杀铃脲悬浮剂、20%除虫脲悬浮剂等。

7. 水分散性粒剂

水分散粒剂的一般组成是：有效成分50%～90%、细润剂1%～3%、分散剂及黏着剂5%～20%、崩解剂0～5%、填料0～40%。水分散性粒剂以上物质混合，经一定工艺加工成的粒状制剂。水分散粒剂入水后能迅速崩解，分散于水中形成悬浮液。

水分散粒剂兼具可湿性粉剂和浓悬浮剂的悬浮性、分散性、稳定性好的优点，而克服了两者的缺点；与可湿性粉剂相比，它具有流动性好，易于从容器中倒出而无粉尘飞扬等优点；与悬浮剂相比，它具有包装便宜、贮运方便、化学稳定性好等优点。

8. 烟剂

烟剂由农药原药、燃料、氧化剂、消燃剂、引芯制成，有的还可加工成片剂、纹香棒等，燃烧均匀、方便施用。烟剂点燃后成烟率高但没有火焰，农药有效成分因受热而气化，在空气中受冷又凝聚成固体微粒，沉积在植物上，可达到防治病害或虫害的目的。在空气中的烟粒也可通过昆虫呼吸系统进入虫体产生毒效。

烟剂在施用时具有劳动强度低、功效高等特点，但其受自然环境尤其是气流的影响较大，使用时尽量选在无风或风力小的天气，另外，农田中使用也可因"烟云"上浮流失药剂并污染环境。主要适用于防治森林、仓库、温室、卫生等相对郁闭环境内的病虫害。

9. 超低容量喷雾剂

超低容量喷雾剂是一种油状剂，又称为油剂。它是由农药和溶剂混合加工而成的，有的还加入少量助溶剂、稳定剂等。这种制剂专供超低量喷雾机使用，或飞机超低容量喷雾，特点是雾滴直径更细小，单位受药面积上附着量多，用药量少，工效高。

用于配制超低容量喷雾剂的原药一般为高效低毒的农药品种，如25%杀螟松油剂、10%天然除虫菊素等。油剂不含乳化剂，不能兑水使用，使用中不需稀释而直接喷洒。

目前，世界上已有50多种农药剂型，我国已经生产和研制的有30余种。生产中比较重要的农药剂型还有可溶性粉剂、种衣剂、气雾剂、气体发生剂、缓释剂、微胶囊悬浮剂等，在农林病虫害的防治中起到了重要的作用。

（二）农药的施用方法

1. 喷雾

将农药制剂加水稀释或直接利用农药液体制剂，通过喷雾机进行喷雾。喷雾的原理是将药液加压，高压药液流经喷头雾化成雾滴而进行喷雾。适用于这种施药方法的剂型有乳油、可湿性粉剂、可溶性粉剂、悬浮剂、微乳剂、水乳剂、水剂及油剂等。

2. 喷粉

喷粉是用喷粉器械所产生的风力将药粉吹出，均匀地散布于防治对象体表的一种施药方法。喷粉法施药比常量喷雾法施药工效高，作业不受水源限制，但粉尘飘移对环境污染严重。

3. 灌根

在土壤表层或耕作层，配制一定浓度的药液进行灌注，药剂在土壤中渗透和扩散，以防治土壤病原菌、线虫及地下害虫的施药方法。

4. 毒饵撒施

将农药制剂与细土或饵料混合后，用手撒或撒粒机进行撒施。水田施药多采用此种施药形式。毒饵撒施或撒颗粒剂用法简单，工效高，减少了飘移污染，多用于防治地下害虫或生活在土壤中的病原菌及害虫。

5. 拌种

用拌种器将药剂与种子混拌均匀，使种子外面包上一层药粉或药膜，再播种，以防种子带菌和土壤带菌侵染种子，以及防治地下害虫的施药方法。拌种法分干拌法和湿拌法两种。干拌法可直接利用药粉；湿拌法则需要确定药量后加少量水。拌种药剂量一般为种子重量的 0.2% ~ 0.5%。

6. 浸苗或浸种

为预防种子带菌、地下害虫危害以及作物苗期病虫害而对种子及种苗进行药剂处理的方法。

7. 包衣

包衣是近年来迅速兴起、不断推广的一种使用技术，集杀虫、杀菌功能为一体，在种子外包覆一层药膜，使药剂缓慢释放出来，达到治虫、抗病的作用，常见于种子包衣处理。

8. 熏蒸

使用熏蒸剂，使农药挥发成气体状态，以毒气防治病虫害的施药方法。熏蒸法主要适用于防治仓库害虫、地下害虫、温室病虫害、病虫害检验检疫处理等。

9. 烟熏

烟熏是将烟剂点燃或用烟雾器械产生含有有效成分的烟雾，通过烟雾在空气中的飘浮、扩散来防治害虫和病原菌的方法。该法适合于温室、土壤处理及郁闭环境中的植物病虫害防治。

10. 茎干打孔注射法

利用电钻或注射器在树干基部倾斜 45° 钻孔，将一定量内吸性药液直接注入植物体内，利用植物疏导组织的传输将药剂运送到植株受害部位的施药方法。适用于防治白蚁、小蠹虫、叶蝉等钻蛀性及刺吸式危害的害虫。

第六章　园林水景工程施工

第一节　人工湖工程施工

一、人工湖的分类

（一）按构成分类

1. 简易湖

简易湖指由人工挖掘的，池底、池壁只经过简单夯实加固的自然式湖体，这种湖一般建设在地下水位较低之处。在施工过程中，根据图纸要求进行定点放线，按图纸的要求进行开挖，当水池的基本轮廓挖掘完成后进行池底和池壁的处理。池底施工通常采取素土夯实或 3∶7 灰土夯实的方法防渗，若当地土质条件为黏土，则防渗效果更为理想；湖壁的施工也采取素土夯实的办法（一般采用植物作为护坡材料），根据图纸要求的湖壁坡度进行分层夯实加固；最后根据图纸要求做好进水口、排水口和溢水口的施工。这种简易湖虽施工简便、冻胀对它的破坏较小，但池壁不够坚固，经过波浪的反复冲刷易发生局部坍塌，池底虽做夯实处理但仍会有少量水渗漏，所以要经常补水。

2. 硬质驳岸湖

驳岸指在园林水体边缘与陆地交界处，为稳定岸壁，保护湖岸不被冲刷或水淹所设置的构筑物。硬质驳岸湖指驳岸由石材砌筑而成的湖，中国古典园林中的水池多为石砌驳岸湖。石砌驳岸湖的施工是先根据图纸挖出水池轮廓，再根据图纸要求制作池底，一般为素土夯实或 3∶7 灰土夯实。驳岸采用石材砌筑，在常水位及以上部分采用自然山石材料加以装饰，来创造自然的野趣。在施工过程中要注意驳岸的墙身位置尽量不透水，施工时在墙体石缝间灌入水泥砂浆，并用水泥勾缝。但要注意，露在常水位以上的自然山石不要勾缝，以免破坏自然效果。

3. 混凝土湖

混凝土湖指人工湖的湖底和湖壁均由水泥浇筑，这种湖一般较小，多以规则形式出现。

（二）按人工湖平面形状分类

在园林造景中建造人工湖，最重要的是做好水体平面形状的设计，人工湖的平面形状直接影响水景形象表现及其景观效果。根据曲线岸边的不同围合情况，水面可设计为多种形状，如肾形、葫芦形、兽皮形、钥匙形、菜刀形、聚合形等。设计这类水体形状应注意的是：水面形状宜大致与所在地块的形状保持一致，仅在具体的岸线处理给予曲折变化。设计成的水面要尽量减少对称、整齐的因素。

二、人工湖的布置要点

根据园林的现有水体或利用低地，挖土成湖，要充分体现湖的水光特色。

①要注意湖岸线的水滨设计，注意湖岸线的"线形艺术"，以自然曲线为主，讲究自然流畅，开合相映。②要注意湖体水位设计，选择合适的排水设施，如水闸、溢流孔（槽）、排水孔等，最好能够有一定的汇水面，或人工创造汇水面，通过自然降水（雨、雪）的汇入补充湖水。③要注意人工湖的基址选择，应选择壤土、土质细密、土层厚实之地，不宜选择过于黏质或渗透性大的土质为湖址。如果渗透力较大，必须采取工程措施设置防漏层。

三、湖的工程设计

（一）水源选择

①蓄积天然降水（雨水或雪水）；②引天然河湖水；③池塘本身的底部有泉；④打井取水；⑤引入城市用水。

蓄积天然降水、引天然河湖水为园林中最为理想的水源，通过引入自然湖、河水或汇集的天然降水补充园林景观用水和植物养护用水，既节约资源，也节约能量。选择水源时应根据用水的需要考虑地质、卫生、经济上的要求，并充分考虑节约用水。

（二）人工湖基址对土壤的要求

人工湖平面设计完成后，要对拟挖湖所及的区域进行土壤探测，为施工技术设计做准备。

①黏土、砂质黏土、壤土，土质细密、土层深厚或渗透力小的黏土夹层是最适合挖湖的土壤类型。②以砾石为主，黏土夹层结构密实的地段，也适宜挖湖。③砂土、卵石等容易漏水，应尽量避免在其上挖湖。如漏水不严重，要探明下面透水层的位置深浅，采用相应的截水墙或用人工铺垫隔水层等工程措施。④基土为淤泥或草煤层等松软层，必须全部挖出。⑤湖岸立基的土壤必须坚实。黏土虽透水性小，但在湖水到达低水位时，容易开裂，湿时又会形成松软的土层、泥浆，故单纯黏土不能作为湖的驳岸。为实际测

量漏水情况，在挖湖前需对拟挖湖的基础进行钻探，要求钻孔之间的最大距离不得超过100m，待土质情况探明后，再决定这一区域是否适合挖湖，或施工时应采取的工程措施。

（三）水面蒸发量的测定和估算

对于较大的人工湖，湖面的蒸发量是非常大的，为了合理设计人工湖的补水量，测定湖面水分蒸发量是很有必要的。水量损失主要是由于风吹、蒸发、溢流、排污和渗漏等原因造成的损失。

根据湖面蒸发水的总量及渗漏水的总量可计算出湖水体积的总减少量，依此可计算最低水位；结合雨季进入湖中雨水的总量，可计算出最高水位；结合湖中给水量，可计算出常水位，这些都是进行人工湖的驳岸设计必不可少的数据。

第二节　水池工程施工

一、水池的分类

（一）刚性结构水池

刚性结构水池也称钢筋混凝土水池，特点是池底池壁均配钢筋，寿命长、防漏性好，适用于大部分水池。

（二）柔性结构水池

随着建筑材料的不断革新，出现了各种各样的柔性衬垫薄膜材料，改变了以往只靠加厚混凝土和加粗加密钢筋网防水的做法。例如，北方地区水池的渗透冻害，开始选用柔性不渗水材料做防水层。其特点是寿命长，施工方便且自重轻，不漏水，特别适用于小型水池和屋顶花园水池。在水池工程中常用的柔性材料有玻璃布沥青席、三元乙丙橡胶（EPDM）薄膜、聚氯乙烯（PVC）衬垫薄膜、膨润土防水毯等。

（三）临时简易水池

此类水池结构简单、安装方便，使用完毕能随时拆除，甚至还能反复利用。一般适用于节日、庆典、小型展览等水池的施工。

临时水池的结构形式不一。对于铺设在硬质地面上的水池，一般可采用角钢焊接、红砖砌筑或用泡沫塑料制成池壁，再用吹塑纸、塑料布等分层将池底和池壁铺垫，并将塑料布反卷包住池壁外侧，用素土或其他重物固定。内侧池壁可用树桩做成驳岸，或用盆花遮挡，池底可视需要再铺设砂石或点缀少量卵石；也可用挖水池基坑的方法建造，先按设计要求挖好基坑并夯实，再铺上塑料布，塑料布应至少留15cm在池缘，并用天然石块压紧，池周按设计要求种上草坪或铺上苔藓，一个临时水池便可完成。

二、水池设计

水池设计包括平面设计、立面设计、剖面结构设计、管线设计等。

（一）平面设计

水池的平面设计显示水池在地面以上的平面位置和尺寸。水池平面可以标注各部分的高程，标注进水口、溢水口、泄水口、喷头、集水坑、种植池等的平面位置以及所取剖面的位置等内容。

（二）立面设计

水池的立面设计反映主要朝向立面的高度及变化，水池的深度一般根据水池的景观要求和功能要求而定。水池池壁顶面与周围的环境要有合适的高程关系，一般以最大限度地满足游人的亲水性要求为原则。池壁顶除了使用天然材料，表现其天然特性外，还可用规整的形式，加工成平顶或挑伸，或中间折拱或曲拱，或向水池一面倾斜等多种形式。

（三）剖面结构设计

水池的剖面设计应从地基至池壁顶注明各层的材料和施工要求。剖面应有足够的代表性，如一个剖面不足以反映时可增加剖面。

（四）管线设计

水池中的基本管线包括给水管、补水管、泄水管、溢水管等。有时给水与补水管道使用同一根管子。给水管、补水管和泄水管为可控制的管道，以便更有效地控制水的进出。溢水管为自由管道，不加闸阀等控制设备以保证其畅通。对于循环用水的溪流、跌水、瀑布等还包括循环水的管道。对配有喷泉、水下灯光的水池还存在供电系统设计问题。

水池设置溢水管，以维持一定的水位和进行表面排污，保持水面清洁。溢水口应设格栅或格网，以防止较大漂浮物堵塞管道。

水池应设泄水口，以便于清扫、检修和防止停用时水质腐败或结冰，池底都应有不小于 1% 的坡度，坡向泄水口或集水坑。水池一般采用重力泄水，也可利用水泵的吸水口兼作泄水。

三、水池的基本结构

园林中常用的刚性结构水池的基本结构主要由压顶、池壁、池底、防水层、基础、施工缝和变形缝等组成。

（一）压顶

压顶属池壁顶端装饰部位，作用是保护池壁，防止污水泥沙流入池内。下沉式水池压顶至少要高出地面 5 ~ 10cm，且压顶距水池常水位为 200 ~ 300 mm。其材料一般采用花岗岩等石材或混凝土，厚 10 ~ 15cm。常见的压顶形式有两种，一种是有沿口的压顶，它可以减少水花向上溅溢，并能使波动的水面快速平静下来，形成镜面倒影；另一种为无沿口的压顶，会使浪花四溅，有强烈的动感。

（二）池壁

池壁是水池竖向部分，承受池水的水平压力。一般采用混凝土、钢筋混凝土或砖块。钢筋混凝土池壁厚度一般不超过 300mm，常用 150 ~ 200mm，宜配直径 8mm、12mm 钢筋，中心距 200mm，C20 混凝土现浇。同时，为加强防渗效果，混凝土中需加入适量防水粉，一般占混凝土的 3% ~ 5%，过多会降低混凝土的强度。

（三）池底

池底直接承受水的竖向压力，要求坚固耐久。多用现浇钢筋混凝土池底，厚度应大于 20cm，如果水池容积大，需配双层双向钢筋网。池底设计需有一个排水坡度，一般不小于 1%，坡向向泄水口。

（四）防水层

水池工程中，好的防水层是保持水池质量的关键。目前，水池防水材料种类较多，有防水卷材、防水涂料、防水嵌缝油膏等。一般水池用普通防水材料即可，钢筋混凝土水池防水层可以采用抹 5 层防水砂浆做法，层厚 30 ~ 40mm；还可用防水涂料，如沥青、聚氨酯、聚苯酯等。

（五）基础

基础是水池的承重部分，一般由灰土或砾石三合土组成，要求较高的水池可用级配碎石。一般灰土层厚 15 ~ 30cm，C10 混凝土层厚 10 ~ 15cm。

（六）施工缝

水池池底与池壁混凝土一般分开浇筑，为使池底与池壁紧密连接，池底与池壁连接处的施工缝可设置在基础上方 20cm 处。施工缝可留成台阶形，也可加金属止水片或遇水膨胀胶带。

（七）变形缝（沉降缝）

长度在 25m 以上水池要设变形缝，以缓解局部受力。变形缝间距不大于 20cm，要求从池壁到池底结构完全断开，用止水带或浇灌沥青做防水处理。

第三节 溪涧工程施工

一、溪涧的一般形式

溪涧讲究分合、收放、曲折。多为曲折狭长的带状水面，有强烈的宽窄对比，溪中常分布汀步、小桥、滩地、点石等，并有随流水走向若隐若现的小路。溪涧一般多设计于瀑布与湖池之间。溪涧设计讲究师法自然，平面上蜿蜒曲折，立面上有缓有陡，富于节奏感。

布置溪涧最好选择有一定坡度的基址，依流势而设计，急流处为3%左右，缓流处为0.5%～1%。普通的溪涧，其坡势多为0.5%左右。溪涧宽度1～2m，水深5～10cm。而大型溪涧其长约1km，宽2～4m，水深30～50cm，河床坡度却为0.05%，相当平缓。其平均流量为0.5m^3/s，流速为0.2m/s。一般溪涧的坡势应根据建设用地的地势及排水条件等决定。

二、溪涧设计

溪涧设计要点：①明确溪涧的功能，如观赏、嬉水、养殖昆虫与植物等。依照功能进行溪涧水底、防护堤细部、水量、水质、流速设计调整。②对游人可能涉入的溪涧，其水深应设计在30cm以下，以防儿童溺水。同时，水底应做防滑处理。另外，对不仅用于儿童嬉水、还可游泳的溪涧，应安装过滤装置（一般可将瀑布、溪涧、水池的循环、过滤装置集中设置）。③为使庭园更显开阔，可适当加大自然式溪涧的宽度，增加曲折，甚至可以采取夸张设计。④对溪底，可选用大卵石、砾石、水洗砾石、瓷砖、石料等铺砌处理，以美化景观。大卵石、砾石溪底尽管不便清扫，但如适当加入砂石、种植苔藻，会更展现其自然风格，也可减少清扫次数。⑤栽种菖蒲、芦苇等水生植物处的水势会有所减弱，应设置尖桩压实植土。⑥水底与防护堤都应设防水层，防止溪涧渗漏。

三、施工工作

（一）施工前的准备工作

1.资料确认

溪涧是蜿蜒曲折、高差逐渐变化的连续带状水体。根据此特点，在施工之前要认真阅读图纸，详细了解溪涧的走向、水面宽度、高差变化等特点，为后期施工打下良好的基础。

2. 现场勘察

在施工前要做详细的现场勘察。认真勘察溪涧沿途的地貌特征、地质特点、原地形标高等项目，为制作施工计划和施工方案做好第一手资料准备。

3. 施工人员、工具、材料的准备

在溪涧施工前，对施工人员进行溪涧施工特点、相关施工工艺的培训，并由专人对其进行技术交底和任务分配，以保证施工的质量和效率。根据施工组织方案的要求，准备相关施工工具，保证施工工具在施工前进场。按图纸要求采购溪涧施工的相关材料，先将所选材料样品报送甲方或监理，待验收合格后方可采购。

(二) 溪槽放线和溪槽挖掘

1. 溪槽放线

溪涧蜿蜒曲折、时宽时窄，所以放线时为保证精确度可采用方格网法。操作步骤：将图纸上的方格网按要求测放在施工场地内，用石灰粉、黄沙等在地面上勾画出溪涧的轮廓，同时注意给水管线的走向，在溪涧的转弯点和宽窄变化较多处应加密桩点，以确保曲线位置的准确。溪涧的河床标高有连续的变化，所以在进行竖向放线时，各桩点所在位置的设计高程要清晰地标注在木桩上；若遇变坡点要做特殊标记，以提醒施工人员注意。

2. 溪槽挖掘

溪槽按设计要求挖掘，最好选择人工挖掘的方法。溪槽的开挖要保证有足够的宽度和深度，以便安装装饰用石。在挖掘过程中注意木桩上标记的设计标高，开槽时挖出的表土可作为溪涧两侧的种植土使用。若溪涧较长可采取分段同时施工的方法，并在施工过程中注意相邻的施工段在槽底标高和槽宽方面的衔接。溪槽夯实结束后，应对槽底进行细致的检查，对于不符合标高要求的部位进行人工修整。

(三) 溪底施工

在素土夯实的基槽上，用6%水泥石粉做100mm厚垫层，垫层制作过程中应保证垫层的均匀度，夯实后应对垫层标高进行检查，以符合设计标高要求。水泥石粉垫层之上做100mm厚C25钢筋混凝土垫层，溪底配筋严格按施工要求制作，混凝土按要求比例混合并搅拌均匀，浇筑前应提交样品送检，检验合格后方可浇筑。混凝土制作过程中随做随压平、打光，为后期防水施工做准工，并检查标高是否符合要求。

溪底面层鹅卵石的施工工艺流程：在基层上先刷洗（1∶0.4）~（1∶0.5）的素水泥浆结合层，一边刷一边抹找平层，其上抹20mm厚的1∶3干硬性水泥浆，并用铁抹子搓平，再把鹅卵石铺嵌在上面，用木抹子压实、压平后撒上干水泥，用喷雾器进行喷水洗刷，保持接缝平直、宽窄均匀、颜色一致。施工后第二天应采用保护膜盖上并充分浇水保养。嵌卵石时要注意卵石之间应紧密，不要留过大的间隙，以保证最佳的效果。

当用防水卷材做防水层时，应注意所铺防水卷材的宽度应略宽于溪涧的垫层，并用石块压紧，以防止漏水。若溪涧进行分段施工时，应在相邻两端衔接的位置处做搭接处理，注意每层都要搭接，尤其是防水层。

（四）溪壁施工

溪壁为毛石砌体，在施工过程中要注意溪壁的防水处理，材料与溪底相同即可，施工时保证溪底与溪壁的防水层有一定的搭接。在毛石砌体的表面用 20mm 厚的 1：3 水泥砂浆粘贴湖石作为装饰，粘贴前应先对湖石进行预摆，以选择最佳的石材摆放角度及最佳的摆放位置，湖石安装时注意水泥砂浆尽可能不暴露在外。如果溪涧的环境开朗，水面宽且水浅，可用平整的草坪做护坡，并沿驳岸线点缀卵石封边，以起到驳岸的作用。

（五）管线安装

溪涧的出水口及管线应进行隐藏，对于提前预埋的管线应注意质量的严格检验，并埋藏于相应的位置和恰当的深度。后期安装的管线和设备要遵循有关施工规程，管线安装后要进行密封，并注意防水施工时不能有遗漏。

（六）收尾及试水

溪涧主体施工结束后，根据图纸要求对施工现场进行整理，尤其是溪壁位置放置的湖石或卵石尽可能自然，并做好配景植物的种植。根据现场情况可在河床上放置卵石，以使水面产生轻柔的涟漪，更富于自然情趣。根据设计要求，对水池的给排水设备检验，查看其是否通畅，电气设备是否正常。检查水池的防水效果是否达到设计要求，有无渗水现象的发生。

第四节　瀑布工程施工

一、瀑布工程

（一）瀑布的构成和分类

1.瀑布的构成

瀑布一般由背景、上游积聚的水源、落水口、瀑身、承水潭及下流的溪水组成。人工瀑布常以山体上的山石、树木组成浓郁的背景，上游积聚的水（或水泵动力提水）汇至落水口，落水口也称瀑布口，其形状和光滑程度影响到瀑布水态，其水流量是瀑布设计的关键。瀑身是观赏的主体，落水后形成深潭经小溪流出。

2.瀑布的分类

瀑布的设计形式种类比较多，在园林中就有布瀑、跌瀑、线瀑、直瀑、射瀑、泻瀑、分瀑、双瀑、偏瀑、侧瀑等十几种。瀑布种类的划分依据，一是可从流水的跌落方式来划分；二是可从瀑布口的设计形式来划分。

（1）按瀑布跌落方式

按瀑布跌落方式，分瀑布有直瀑、分瀑、跌瀑和滑瀑4种。

①直瀑：直瀑即直落瀑布。这种瀑布的水流是不间断地从高处直接落入其下的池、潭水面或石面。若落在石面上，就会产生飞溅的水花四散洒落。直瀑的落水能够造成声响喧哗，可为园林环境增添动态水声。②分瀑：分瀑实际上是瀑布的分流形式，因此又称为分流瀑布。它是由一道瀑布在跌落过程中受到中间物阻挡一分为二，再分成两道水流继续跌落。这种瀑布的水声效果也比较好。③跌瀑：跌瀑也称跌落瀑布，是由很高的瀑布分为几跌，一跌一跌地向下落。跌瀑适宜布置在比较高的陡坡坡地，其水形变化较直瀑、分瀑都大一些，水景效果的变化也多一些，但水声要稍弱一点。④滑瀑：滑瀑就是滑落瀑布。其水流顺着一个很陡的倾斜坡面向下滑落。斜坡表面所使用的材料质地情况决定着滑瀑的水景形象。斜坡是光滑表面，则滑瀑如一层薄薄的透明纸，在阳光照射下显示出湿润感和水光的闪耀。坡面若是凸起点（或凹陷点）密布的表面，水层在滑落过程中就会激起许多水花，当阳光照射时，就像一面镶满银色珍珠的挂毯。斜坡面上的凸起点（或凹陷点）若做成有规律排列的图形纹样，则所激起的水花也可以形成相应的图形纹样。

（2）按瀑布口的设计形式

按瀑布口的设计形式，瀑布有布瀑、带瀑和线瀑3种。

①布瀑：瀑布的水像一片又宽又平的布一样飞落而下。瀑布口的形状设计为一条水平直线。②带瀑：从瀑布口落下的水流，组成一排水带整齐地落下。瀑布口设计为宽齿状，齿排列为直线，齿间的间距全部相等。齿间的小水口宽窄一致，相互都在一条水平线上。③线瀑：排线状的瀑布水流如同垂落的丝帘，这是线瀑的水景特色。线瀑的瀑布口形状，是设计为尖齿状的。尖齿排列成一条直线，齿间的小水口呈尖底状。从一排尖底状小水口上落下的水，即呈细线形。随着瀑布水量的增大，水线也会相应变粗。

二、瀑布设计

（一）瀑布的设计要点

①筑造瀑布景观,应师法自然,以自然的瀑布作为造景砌石的参考,来体现自然情趣。②设计前需先行勘查现场地形，以决定大小、比例及形式，并依此绘制平面图。③瀑布设计有多种形式，筑造时要考虑水源的大小、景观主题，并依照岩石组合形式的不同进行合理的创新和变化。④庭园属于平坦地形时，瀑布不要设计得过高，以免看起来不

自然。⑤为节约用水，减少瀑布流水的损失，可装置循环水流系统的水泵，平时只需补充一些因蒸散而损失的水量即可。⑥应以岩石及植物隐蔽出水口，切忌露出塑胶水管，否则将破坏景观的自然。⑦岩石间的固定除用石与石互相咬合外，目前常以水泥强化其安全性，但应尽量以植栽掩饰，以免破坏自然山水的意境。

（二）瀑布的营建

1. 顶部蓄水池的设计

蓄水池的容积要根据瀑布的流量来确定，要形成较壮观的景象，就要求其容积大；相反，如果要求瀑布薄如轻纱，就没有必要太深、太大。

2. 堰口处理

所谓堰口就是使瀑布的水流改变方向的山石部位。其出水口应模仿自然，并以树木及岩石加以隐蔽或装饰，当瀑布的水膜很薄时，能表现出极其生动的水态。

3. 瀑身设计

瀑布水幕的形态也就是瀑身，它是由堰口及堰口以下山石的堆叠形式确定的。例如，堰口处的整形石呈连续的直线，堰口以下的山石在侧面图上的水平长度不超出堰口，则这时形成的水幕整齐、平滑，非常壮丽。堰口处的山石虽然在一个水平面上，但水际线伸出、缩进，可以使瀑布形成的景观有层次感。若堰口以下的山石，在水平方向上堰口突出较多，可形成两重或多重瀑布，这样瀑布就更加活泼而有节奏感。

瀑身设计是表现瀑布的各种水态的性格。在城市景观构造中，注重瀑身的变化，可创造多姿多彩的水态。天然瀑布的水态是很丰富的，设计时应根据瀑布所在环境的具体情况、空间气氛，确定设计瀑布的性格。设计师应根据环境需要灵活运用。

4. 潭（受水池）

天然瀑布落水口下面多为一个深潭。在做瀑布设计时，也应在落水口下面做一个受水池。为了防止落水时水花四溅，一般的经验是使受水池的宽度不小于瀑身高度的2/3。

5. 与音响、灯光的结合

利用音响效果渲染气氛，增强水声如波涛翻滚的意境，也可以把彩色的灯光安装在瀑布的对面，晚上就可以呈现出彩色瀑布的奇异景观。

第五节　喷泉工程施工

一、喷泉的布置形式

喷泉有很多种类和形式，大体上可分为以下几类：①普通装饰性喷泉。它是由各种普通的水花图案组成的固定喷水型喷泉。②与雕塑结合的喷泉。各种喷水花与雕塑、观赏柱等共同组成景观。③水雕塑。用人工或机械塑造出各种大型水柱的姿态。④自控喷泉。一般用各种电子技术，按设计程序来控制水、光、音、色，形成多变奇异的景观。

二、喷泉布置要点

在选择喷泉位置，布置喷水池周围的环境时，首先要考虑喷泉的主题、形式，要与环境相协调，把喷泉和环境统一考虑，用环境渲染和烘托喷泉，并达到美化环境的目的，或借助喷泉的艺术联想，创造意境。

喷水池的形式有自然式和整形式两种。喷水的位置可以居于水池中心，组成图案，也可以偏于一侧或自由地布置；其次要根据喷泉所在地的空间尺度来确定喷水的形式、规模及喷水池的大小比例。

三、喷头与喷泉造型

（一）常用的喷头种类

喷头是喷泉的主要组成部分，它的作用是把具有一定压力的水变成各种预想的、绚丽的水花，喷射在水池的上空。因此，喷头的形式、制造的质量和外观等，都对整个喷泉的艺术效果有重要的影响。

喷头因受水流的摩擦，一般多用耐磨性好、不易锈蚀，又具有一定强度的黄铜或青铜制成。为了节省铜材，近年来也使用铸造尼龙制造喷头，这种喷头具有耐磨、自润滑性好、加工容易、轻便、成本低等优点。但存在易老化、使用寿命短、零件尺寸不易严格控制等问题。目前，国内外经常使用的喷头式样可以归结为以下几种类型：①单射流喷头。这是喷泉中应用最广的一种喷头，又称直流喷头。②喷雾喷头。这种喷头内部装有一个螺旋状导流板，使水流做圆周运动，水喷出后，形成细细的弥漫的雾状水流。③环形喷头。这种喷头的出水口为环形断面，即外实内空，使水形成集中而不分散的环形水柱。它以雄伟、粗犷的气势跃出水面，带给人们奋发向上的气氛。④旋转喷头。它利用压力水由喷嘴喷出时的反作用力或其他动力带动回转器转动，使喷嘴不断地旋转运动，从而丰富了喷水造型，喷出的水花或欢快旋转或飘逸荡漾，形成各种扭曲线形，婀娜多姿。⑤扇形喷头。这种喷头的外形很像扁扁的鸭嘴。它能喷出扇形的水膜或像孔雀开屏一样美丽的水花。⑥孔喷头。这种喷头可以由多个单射流喷嘴组成一个大喷头；也可以由平面、曲面或半球形的带有很多细小孔眼的壳体构成喷头，它们能呈现出造型各异的盛开的水花。⑦变形喷头。它通过喷头形状的变化使水花形成多种花式。变形喷头的种类很多，它们共同的特点是在出水口的前面有一个可以调节的、形状各异的反射器，水流通过反射器使水花造型，从而形成各式各样的、均匀的水膜，如牵牛花形、半球形、扶桑花形等。⑧蒲公英形喷头。这种喷头是在圆球形壳体上，装有很多同心放射状喷管，并在每个管头上装有一个半球形变形喷头。因此，它能喷出像蒲公英一样美丽的球形或半球形水花。它可单独使用，也可以几个喷头高低错落地布置，显得格外新颖、典雅。⑨吸力喷头。此种喷头是利用压力水喷出时，在喷嘴的喷口附近形成负压区。由于压差的作用，它能把空气和水吸入喷嘴外的环套内，与喷嘴内喷出的水混合后一并喷出。此时水柱的体积膨大，同时因为混入大量细小的空气泡，形成白色不透明的水柱。它能充分地反射阳光，因此光彩艳丽。夜晚如有彩色灯光照明则更为光彩夺目。吸力喷头又可分为喷水喷头、加气喷头和吸水加气喷头。⑩组合式喷头。它由两种或两种以上形体各异的喷嘴，根据水花造型的需要，组合成一个大喷头，称为组合式喷头，它能够形成较复杂的花形。

（二）喷泉的水形设计

喷泉水形是由喷头的种类、组合方式及俯仰角度等几方面因素共同造成的。喷泉水形的基本构成要素，就是由不同形式喷头喷水所产生的不同水形，即水柱、水带、水线、水幕、水膜、水雾、水花、水泡等。由这些水形按照设计构思进行不同的组合，就可以创造出千变万化的水形设计。

水形的组合造型也有很多方式，既可以采用水柱、水线的平行直射、斜射、仰射、俯射，也可以使水线交叉喷射、相对喷射、辐状喷射、旋转喷射，还可以用水线穿过水幕、水膜，用水雾掩藏喷头、用水花点击水面等。

四、喷泉的给排水系统

喷泉的水源应为无色、无味、无有害杂质的清洁水。因此，喷泉除用城市自来水作为水源外，也可用地下水；其他像冷却设备和空调系统的废水也可作为喷泉的水源。

（一）喷泉的给水方式

1. 直流式供水（自来水供水）

流量在 2 ~ 3L/s 以内的小型喷泉，可直接由城市自来水供水，使用后的水排入雨水管网。

2. 离心泵循环供水

为了确保水具有必要的、稳定的压力，同时节约用水，减少开支，对于大型喷泉，一般采用循环供水。循环供水的方式可以设水泵房。

3. 潜水泵循环供水

将潜水泵直接放置于喷水池中较隐蔽处或低处，直接抽取池水向喷水管及喷头循环供水。这种供水方式较为常见，一般多用于小型喷泉。

4. 高位水体供水

在有条件的地方，可以利用高位的天然水塘、河渠、水库等作为水源向喷泉供水，水用过后排放掉。为了确保喷水池的卫生，大型喷泉还可设专用水泵，以供喷水池水的循环，使水池的水不断流动；并在循环管线中设过滤器和消毒设备，以消除水中的杂物、藻类和病菌。

喷水池的水应定期更换。在园林或其他公共绿地中，喷水池的废水可以和绿地喷灌或地面洒水等结合使用，做水的二次使用处理。

（二）喷泉管线的布置

大型水景工程的管道可布置在专用或共用管沟内，一般水景工程的管道可直接敷设在水池内。为保持各喷头的水压一致，宜采用环状配管或对称配管，并尽量减少水头损失。每个喷头或每组喷头前宜设置调节水压的阀门。对于高射程喷头，喷头前应尽量保持较长的直线管段或设整流器。

喷泉给排水管网主要由进水管、配水管、补充水管、溢流管和泄水管等组成。其布置要点如下：①由于喷水池中水的蒸发及在喷射过程中有部分水被风吹走等，造成喷水池内水量的损失，因此，在水池中应设补充水管。补充水管和城市给水管相连接，并在管上设浮球阀或液位继电器，随时补充池内水量的损失，以保持水位稳定。②为了防止因降雨使池水上涨而设的溢水管，应直接接通雨水管网，并应有不小于3%的坡度；溢水口的设置应尽量隐蔽，在溢水口外应设拦污栅。③泄水管直通雨水管道系统，或与园林湖池、沟渠等连接起来，使喷泉水泄出后作为园林其他水体的补给水，也可供绿地喷灌或地面洒水用，但需另行设计。④在寒冷地区，为防冻害，所有管道均应有一定坡度，一般不小于2%，以便冬季将管道内的水全部排空。⑤连接喷头的水管不能有急剧变化，如有变化，必须使管径逐渐由大变小，另外，在喷头前必须有一段适当长度的直管，管长一般不小于喷头直径的 20 ～ 30 倍，以保持射流稳定。

五、喷泉构筑物

（一）喷水池

喷水池是喷泉的重要组成部分。其本身不仅能独立成景，起点缀、装饰、渲染环境的作用，而且能维持正常的水位以保证喷水。因此可以说喷水池是集审美功能与实用功能于一体的人工水景。

喷水池的形状、大小应根据周围环境和设计需要而定。形状可以灵活设计，但要求富有时代感；水池大小要考虑喷高，喷水越高，水池越大，一般水池半径为最大喷高的 1 ~ 1.3 倍，平均池宽可为喷高的 3 倍。实践中，如用潜水泵供水，吸水池的有效容积不得小于最大一台水泵 3min 的出水量。水池水深应根据潜水泵、喷头、水下灯具等的安装要求确定，其深度不能超过 0.7m，否则，必须设置保护措施。

（二）泵房

泵房是指安装水泵等提水设备的常用构筑物。在喷泉工程中，凡采用清水离心泵循环供水的都要设置泵房。泵房按照泵房与地面的关系分为地上式泵房、地下式泵房和半地下式泵房 3 种。

地上式泵房的特点是泵房建于地面上，多采用砖混结构，其结构简单、造价低、管理方便，但有时会影响喷泉环境景观，实际中最好和管理用房配合使用，适用于中小型喷泉。地下式泵房建于地面之下，园林用得较多，一般采用砖混结构或钢筋混凝土结构，特点是需做特殊的防水处理，有时排水困难，会因此提高造价，但不影响喷泉景观。

泵房内安装有电动机、离心泵、供电、电气控制设备及管线系统等。水泵相连的管道有吸水管和出水管。出水管即喷水池与水泵间的管道，其作用是连接水泵至分水器之间的管道，设置闸阀。为了防止喷水池中的水倒流，需在出水管安装单向阀。分水器的作用是将出水管的压力水合成多个支路再由供水管送到喷水池中供喷水用。为了调节供水的水量和水压，应在每条供水管上安装闸阀。北方地区，为了防止管道受冻坏，当喷泉停止运行时，必须将供水管内存的水排空。方法是在泵房内供水管最低处设置回水管，接入房内下水池中排除，以截止阀控制。

泵房内应设置地漏，特别注意防止房内地面积水。泵房用电要注意安全。开关箱和控制板的安装要符合规定。泵房内应配备灭火器等灭火设备。

（三）阀门井

有时在给水管道上要设置给水阀门井，根据给水需要可随时开启和关闭，便于操作。给水阀门井内安装截止阀控制。

1. 给水阀门井

一般为砖砌圆形结构，由井底、井身和井盖组成。井底一般采用 C10 混凝土垫层，井底内径不小于 1.2m，井壁应逐渐向上收拢，且一侧应为直壁，便于设置铁爬梯。井口圆形，直径 600mm 或 700mm。井盖采用成品铸铁井盖。

2. 排水阀门井

用于泄水管和溢水管的交接，并通过排水阀门进入下水管网。泄水管道要安装闸阀，溢水管接于阀后，确保溢水管排水畅通。

第六节　驳岸工程施工

一、驳岸工程施工相关知识

（一）破坏驳岸的主要因素

驳岸可分为湖底以下基础部分、常水位以下部分、常水位与最高水位之间的部分和不淹没的部分，不同部分其破坏因素不同。湖底以下驳岸基础部分的破坏原因如下：①由于池底地基强度和岸顶荷载不一而造成不均匀的沉陷，使驳岸出现纵向裂缝甚至局部塌陷。②在寒冷地区水深不大的情况下，可能由于冰胀而引起基础变形。③木桩做的桩基则因受腐蚀或水底一些动物的破坏而朽烂。④在地下水位很高的地区会产生浮托力影响基础的稳定。

常水位以下的部分常年被水淹没，其主要破坏因素是水浸渗。在我国北方寒冷地区则因水渗入驳岸内再冻胀后会使驳岸胀裂，有时会造成驳岸倾斜或位移。常水位以下的岸壁又是排水管道的出口，如安排不当也会影响驳岸的稳固。常水位至最高水位这一部分经受周期性的淹没。如果水位变化频繁则对驳岸形成冲刷腐蚀的破坏。最高水位以上不淹没的部分主要是浪激、日晒和风化剥蚀。驳岸顶部则可能因超重荷载和地面水的冲刷受到破坏。另外，由于驳岸下部的破坏也会引起这一部分受到破坏。了解破坏驳岸的主要因素以后，可以结合具体情况采取防止和减少破坏的措施。

（二）驳岸平面位置和岸顶高层的确定

与城市河湖接壤的驳岸，应按照城市规划河道系统规定的平面位置建造。园林内部驳岸则根据设计图纸确定平面位置。技术设计图上应该以常水位线显示水面位置。整形驳岸，岸顶宽度一般为 30 ～ 50cm。如驳岸有所倾斜则根据倾斜度和岸顶高程向外推求。

岸顶高程应比最高水位高出一段距离，一般是高出 0.25 ～ 1m。一般的情况下驳岸以贴近水面为好。在水面积大、地下水位高、岸边地形平坦的情况下，对于人流稀少的地带可以考虑短时间被洪水淹没以降低由大面积垫土或增高驳岸的造价。

驳岸的纵向坡度应根据原有地形条件和设计要求安排，不必强求平整，可随地形有缓和的起伏，起伏过大的地方甚至可做成纵向阶梯状。

二、园林驳岸的结构形式

根据驳岸的造型，可以将驳岸划分为规则式驳岸、自然式驳岸和混合式驳岸 3 种。

（一）规则式驳岸

规则式驳岸指用砖、石、混凝土砌筑的比较规整的驳岸，如常见的重力式驳岸、半重力式驳岸和扶壁式驳岸等，园林中常用的驳岸以重力式驳岸为主，但重力式驳岸要求有较好的砌筑材料和施工技术。这类驳岸简洁明快，耐冲刷，但缺少变化。

（二）自然式驳岸

自然式驳岸指外观无固定形状或规格的岸坡处理，如常见的假山石驳岸、卵石驳岸、仿树桩驳岸等。这种驳岸自然亲切，景观效果好。

（三）混合式驳岸

这种驳岸结合了规则式驳岸和自然式驳岸的特点，一般用毛石砌墙、自然山石封顶，园林工程中也较为常用。

三、园林中常见的驳岸构造

（一）砌石驳岸

砌石驳岸是园林工程中最主要的护岸形式。它主要依靠墙身自重来保证岸壁的稳定，抵抗墙后土壤的压力。园林驳岸的常见结构由基础、墙身和压顶三部分组成。

基础是驳岸承重部分，上部质量经基础传给地基。因此，要求基础坚固，埋入湖底深度不得小于 50cm，基础宽度要求在驳岸高度的 0.6 ~ 0.8 倍；如果土质轻松，必须做基础处理。

墙身是基础与压顶之间的主体部分，多用混凝土、毛石、砖砌筑。墙身承受压力最大，主要来自垂直压力、水的水平压力及墙后土壤侧压力，为此，墙身要确保一定厚度。墙体高度根据最高水位和水面浪高来确定。考虑到墙后土压力和地基沉降不均匀变化等，应设置沉降缝。为避免因温差变化而引起墙体破裂，一般每隔 10 ~ 25m 设伸缩缝一道，缝宽 20 ~ 30mm。岸顶以贴近水面为好，便于游人接近水面，并显得蓄水丰盈饱满。

压顶为驳岸最上部分，作用是增强驳岸稳定，阻止墙后土壤流失，美化水岸线。压顶用混凝土或大块石做成，宽度为 30 ~ 50cm。如果水体水位变化大，即雨季水位很高，平时水位低，这时可将岸壁迎水面做成台阶状，以适应水位的升降。

（二）桩基驳岸

桩基是常用的一种水工地基处理手法。基础桩的主要作用是增强驳岸的稳定，防止驳岸的滑移或倒塌，同时可加强土基的承载力。其特点是：基岩或坚实土层位于松土层，桩尖打下去，通过桩尖将上部荷载传给下面的基础或坚实土层；若桩打不到基岩，则利用摩擦，借木桩表面与泥土间的摩擦力将荷载传到周围的土层中，以达到控制沉陷的目的。

桩基驳岸由桩基、碎填料、盖桩石、混凝土基础、墙身和压顶等部分组成。卡当石是桩间填充的石块，主要是保持木桩的稳定。盖桩石为桩顶浆砌的条石，作用是找平桩顶以便浇灌混凝土基础。碎填料多用石块，填于桩间，主要是保持木桩的稳定。基础以上部分与砌石驳岸相同。

桩基的材料，有木桩、石桩、灰土桩和混凝土桩、竹桩、板桩等。木桩要求耐腐、耐湿、坚固，如柏木、松木、橡树、榆树、杉木等。桩木的规格取决于驳岸的要求和地基的土质情况，一般直径 10 ~ 15cm，长 1 ~ 2m，弯曲度（d/l）小于 1%。桩木的排列常布置成梅花桩、品字桩或马牙桩。梅花桩一般 5 个桩 /m^2。

灰土桩是先打孔后填灰土的桩基做法，常配合混凝土用，适用于岸坡水淹频繁而木桩又容易腐蚀的地方。混凝土桩坚固耐久，但投资较大。

竹桩、板桩驳岸是另一种类型的桩基驳岸。驳岸打桩后，基础上部临水面墙身由竹篱（片）或板片镶嵌而成，适用于临时性驳岸。竹篱驳岸造价低廉，取材容易，施工简单，工期短，能使用一定年限，凡盛产竹子（如毛竹、大头竹、勒竹、撑篙竹）的地方均可采用。施工时，竹篱要涂上一层柏油防腐。竹桩顶端由竹节处截断以防雨水积聚，竹片镶嵌要直顺、紧密、牢固。

驳岸施工前必须放干湖水，或分段堵截围堰逐一排空。现以砌石驳岸说明其施工要点。砌石驳岸施工流程为：放线→挖槽→夯实地基→浇筑混凝土基础→砌筑岸墙→砌筑压顶。

第七章　园林给排水工程施工

第一节　园林给水工程施工

一、园林给水概述

（一）园林给水类型与特点

1. 园林给水类型

（1）生活用水

生活用水指人们日常生活用水，如餐厅、内部食堂、茶室、小卖部、消毒饮水器及卫生设备等用水和特殊用水（如游泳池等）。生活用水对水质要求很高，直接关系到人身健康，其水质标准应符合《生活饮用水卫生标准》的要求。

（2）养护用水

养护用水包括植物灌溉、动物笼舍的冲洗及夏季广场和园路的喷洒用水等。这类用水对水质的要求不高，但用水量大，应满足用水需要。

（3）造景用水

造景用水指园林中各种水体（溪涧、湖泊、池沼、瀑布、跌水、喷泉等）的用水。其对水质要求不高，人工造景的水体一般采用循环用水，以补充减少的水量。

（4）消防用水

消防用水指扑灭火灾所需要的用水。对水质没有特殊要求，一般将消防用水与生活用水综合考虑。在园林古建筑及重要设施附近都应设置消火栓。

2. 园林给水特点

①园林用水遍布全园或整个风景区，用水点较分散。②由于用水点分布于地面高低起伏的地形上，高程变化大。③根据用水对象不同，水质可以分别处理。④各用水点的用水高峰时间可以相互交错和合理调节。

（二）给水水源

1. 水源的类型

园林中的给水水源有地表水、地下水和城市自来水。

（1）地表水

地表水包括江、河、湖和水库中的水，这些水由于长期暴露在地面上，容易受到污染。个别水源甚至受到各种污染源的污染，水质较差，必须经过净化和严格消毒，才可作为生活用水。

（2）地下水

地下水包括泉水，以及从深井中取用的水。由于其水源不易受污染，水质较好，这部分水取用时，一般情况下除进行必要的消毒外，不必再净化。

（3）城市自来水

城市自来水从城市给水管网直接引入作为生活用水。

2. 水源的选择

园林中的生活用水要优先选用城市给水系统提供的水源，其次选择地下水（包括泉水）；造景用水和植物栽培养护用水等，应优先选择河流、湖泊中符合《地面水环境质量标准》（GB 3838—88）的要求。

园林用水的水质要求，可因其用途不同分别进行处理。养护用水只要无害于动、植物，不污染环境即可。但生活用水（特别是饮用水）则必须经过严格净化消毒，水质必须符合国家颁布的卫生标准。

（三）给水工程的组成

给水工程由取水工程、净水工程和输配水工程 3 个部分组成，并用水泵联系，组成一个供水系统。

1. 取水工程

取水工程包括选择水源和取水地点，建造适宜的取水构筑物，其主要任务是保证园林用水量。另外园林用水也可以从城市给水管网中直接取用。

2. 净水工程

净水工程建造给水处理构筑物，对天然水质进行处理，提高水质要求。

3. 输配水工程

输配水工程将足够的水量输送和分配到各用水地点，并保证水压和水质的要求，一般由加压泵站或水塔、输水管和配水管网组成。

二、给水管网的布置

(一) 管网的布置形式

1. 树枝状管网

树枝状管网是从引水点到用水点的管线布置成树枝状，如同树干分枝分杈。这种布置方式较简单，省管材，适合于用水点较分散的情况，对分期发展的公园有利。但树枝状管网供水的保证率较差，一旦管网出现问题或需维修时，影响用水面较大。

2. 环状管网

环状管网是给水管线纵横相互接近，闭合成环。管网供水能互相调剂，即使管网中的某一管段出现故障，也不致影响供水，从而提高了供水的可靠性。但这种布置形式较费管材，投资较大。

(二) 管网的布置原则

①按照总体规划布局的要求布置管网，在大型公园或风景区建设时，可以考虑管网的分步建设。②干管布置方向应按供水主要流向延伸，而供水流向取决于最大的用水点和用水调节设施（如水塔和高位水池）位置，即管网中干管输水距它们距离最近。③管网布置必须保证供水安全可靠，干管一般按主要道路布置，宜布置成环状，但应尽量避免在园路和铺装场地下敷设。④力求以最短距离敷设管线，以降低管网造价和供水能量费用。⑤在保证管线安全不受破坏的情况下，干管宜随地形敷设，避开复杂地形和难于施工的地段，以减少土方工程量。在地形高差较大时，可以考虑分压供水或局部加压，不仅能节约能量，还能避免地形较低处的管网承受较高压力。⑥为保证消火栓处有足够的水压和水量，应将消火栓与干管相连接。消火栓的布置应先考虑主要建筑。

三、给水管网的水力计算

(一) 与水力计算相关的概念

1. 用水量标准

用水量标准是根据我国各地区、城镇的性质、生活水平与习惯、气候、建筑卫生设备不同而制定的，其是给水工程设计时的一项基本数据。我国地域辽阔，不同地区用水量标准也不同。

2. 日变化系数和时变化系数

将一年中用水量最多的一天的用水量称为最高日用水量。最高日用水量与平均日用水量的比值，称为日变化系数，用 Kd 表示。

$$日变化系数 Kd = 最高日用量 / 平均日用量$$

在园林中，Kd 一般取 2～3。

同样，将最高日用水量那天中用水最多的一小时的用水量称为最高时用水量。最高时用水量与平均时用水量的比值，称为时变化系数，用 Kh 表示。

$$时变化系数 Kh = 最高时用量 / 平均时用量$$

在园林中 Kh，一般取 4 ~ 6。

最高时用水量即是给水管网的设计流量，其单位换算为 L/s 时称为设计秒流量。设计时用此流量，可保证用水高峰时水的正常供应。

3. 流量与流速

流量是指单位时间内水流流过某管道的量，单位用 L/s 或 m3/h 表示。

$$Q = w \times v$$

式中：Q 流量，L/s 或 m^3/h；

w——管道断面积，dm^2 或 m^2；

V——流速，m/s。

给水管网中的管径是根据流量和流速来确定的，由于 $\omega = \pi \times \dfrac{D^2}{4}$，所以，管径（单位为 mm）可由下式求得：

$$D = \sqrt{\frac{4Q}{\pi v}}$$

从上式可知，管径与流量成正比，与流速成反比。在实际工程中，选择多大管径为最适宜，这是个经济问题。管径大，流速小，水头损失小，但管径大投资也大；管径小，节省管材投资，但流速加大，水头损失也增大，甚至造成管道远端水压不足。将确定的流速既不浪费管材、增大投资，又不致使水头损失过大，称为经济流速。经济流速可采用经验数值确定。

小管径：DN=100 ~ 400mm，v 取 0.6 ~ 1.0m/s；

大管径：DN ＞ 400mm，v 取 1.0 ~ 1.4m/s。

4. 水压力与水头损失

管道内水的压力通常用 kg/cm^2 表示。也可用"水柱高度"表示。水力学上又将水柱高度称为"水头"。10m 水头（10 mH2O）所产生的压力等于 $1kg/cm^2$。

水头损失是指水在管中流动时，因管壁、管件等产生的摩擦阻力而使水压降低的现象。其分为沿程水头损失和局部水头损失。前者可由查铸铁管或其他材料"水力计算表"求得；后者通常依据管网性质按相应沿程水头损失的百分比估算：生活用水管网取 25% ~ 30%；生产用水管网取 20%；消防用水管网取 10%。

（二）构枝状管网的水力计算

1. 收集有关图纸、资料

分析公园的设计图纸和说明书，了解各用水点的用水要求和标高等，再根据公园周边城市给水管网布置情况，提出其位置、管径、水压及引用水的可能性。

2. 布置管网

根据用水点分布情况，在公园设计平面图上，定出给水干管的位置、走向，并对节点进行编号，量出节点间的距离。干管应尽量靠近主要用水点。

3. 求公园中各用水点的用水量

最高日用水量 Q_d：

$$Q_d = q \times N \left(\mathrm{L/d} \text{ 或 } \mathrm{m^3/d} \right)$$

式中：Q_d—某一用水点的最高日用水量，L/d 或 $\mathrm{m^3}$/d；

q—最高日用水量标准，L/d；

N—服务对象数目或用水设施的数目。

最高时用水量 Q_h：

$$Q_\lambda = Q_d / 24 \times K_h \left(\mathrm{L/h} \text{或} \mathrm{m^3/h} \right)$$

设计秒流量 q_0：

$$q_0 = Q_h / 3600 (\mathrm{L/s})$$

四、给水管材与附属设施

（一）给水管材

1. 铸铁管

铸铁管有灰铸铁管和球墨铸铁管两种。灰铸铁管具有经久耐用、耐腐蚀性强，使用寿命长的优点，但质地较脆，不耐振动和弯折；球墨铸铁管具有较好的抗压、抗震性，用材省的优点，现已广泛运用。

2. 钢管

钢管有焊接钢管和无缝钢管两种，焊接钢管又分为镀锌钢管和非镀锌钢管。钢管有较好的机械强度，耐高压、振动，质轻，管长，接口方便等优点，但耐腐蚀性差，防腐造价高。镀锌钢管有防腐、防锈、水质不易变坏，并能延长使用寿命的特点，是生活用水的主要管材。

3. 钢筋混凝土管

钢筋混凝土管有防腐能力强和较好的抗渗性与耐久性，但水管重量大、质地脆，装卸和搬运不便。现多使用预应力钢筒混凝土管（PCCP 管），其是利用钢管和预应力钢筋混凝土管复合而成，具有抗震性好、使用寿命长、不易腐蚀、抗渗漏的特点，是较理想的大水量输水管材。

4. 玻璃钢管

玻璃钢管也称玻璃纤维缠绕夹砂管（RPM 管），以其独具的强耐腐蚀性能、内表面光滑、输送能耗低、使用寿命长、运输安装方便等特点，在城市给排水中得到广泛应用。

5. 管件

管件种类很多，不同的管材，管件略有不同，主要有接头、弯头、三通、四通、管堵和活性接头等。

6. 阀门

园林给水工程中常用的阀门按阀体结构和功能可分为截止阀、闸阀、蝶阀、球阀、电磁阀等。按驱动动力分为手动、电动、液动和气动四种，按承受压力分为高压、中压、低压三类，园林中使用的大多为中低压阀门，而以手动为主。

（二）附属设施

1. 阀门井

阀门放在阀门井内，用来调节管线中的流量和水压，位于主管和支管交接处的阀门常设在支管上。一般阀门井内径在 1000 ~ 2800mm（管径 DV 为 75 ~ 1000mm），井口设为 600 ~ 800mm，井深由水管埋深决定。

2. 排气阀井和排水阀井

排气阀装在管线的高起部位，用以排出管内空气。排水阀设在管线最低处，用以排除管道中沉淀物和检修时放空存水。

3. 消火栓

消火栓可设在地上和地下，设在地上，易于寻找，使用方便，但易碰坏。地下一般安装在阀门井内，适于较冷地区。在城市，室外消火栓间距在 120 m 以内，公园或风景区可根据建筑情况而定。消火栓距建筑物在 5m 以上，距离车行道不大于 2m，便于消防车的连接。

第二节　园林喷灌工程施工

一、喷灌系统的组成

一个完整的绿地喷灌系统一般由水源、首部枢纽、管网和喷头等组成。

（一）水源

绿地喷灌系统的水源有多种形式，一般多用城市供水系统作为喷灌水源。另外，井泉、湖泊、水库、河流也可作为水源。无论采用哪种水源，应满足喷灌系统对水质和水量标准的要求。

（二）首部枢纽

首部枢纽一般包括动力设备（电动机、柴油机、汽油机等）、水泵（离心泵、潜水泵等）和控制设备（减压阀、逆止阀、泄水阀等）。其作用是从水源取水，并对水进行加压和系统控制。首部设备的设置，可视系统类型、水源条件及用户要求有所增减。当城市供水系统的压力满足不了喷灌工作压力的要求时，可建专用水泵站、加压水泵室等，有时可在自来水管路上加装一台管道泵。

（三）管网

喷灌系统的管网是由不同管径的管道（干管、分干管、支管等），通过各种相应的管件、阀门等设备将其连接而成的供水系统。其作用是将压力水输送并分配到所需喷灌的绿地种植区域。喷灌系统管网所需管材多采用施工方便，水力学性能良好且不会锈蚀的塑料管为主要材料，如 UPVC 管、PE 管、PPR 管等，这些塑料管道已成为现代喷灌工程的主要管材。另外，在管网安装时应根据需要在管网中安装必要的安全装置，如进排气阀、限压阀、泄水阀等。

（四）喷头

喷头是喷灌系统的专用设备，其作用是将有压力的集中水流，通过喷头孔嘴喷洒出去，将水分散成细小水滴，如同降雨一般均匀地喷洒在绿地种植区域。

二、喷灌系统的类型

（一）固定式喷灌系统

固定式喷灌系统由水源、水泵、管道系统和喷头组成。该喷灌系统有固定的泵站，供水的干管、支管均埋于地下，喷头固定于竖管上，也可按轮灌顺序临时安装。另有一种较先进的固定喷头，喷头不工作时，缩入套管或检查井内，使用时打开阀门，利用水压，把喷头顶升到一定高度进行喷洒。喷灌完毕，关上阀门，喷头便自动缩入套管或检查井内。这种喷头便于管理，不妨碍地面活动，不影响景观效果，如高尔夫球场多采用。

固定式喷灌系统的设备费用较高，投资较大，但操作方便，节约劳力，便于实现自动化和遥控操作，适用于经常灌溉及灌溉期较长的草坪、大型花坛、花圃、庭院绿地等。

（二）移动式喷灌系统

移动式喷灌系统动力（电动机或汽油发动机）、水泵、管道和喷头等是可以移动的，由于管道等设备不必埋入地下，所以投资较省，机动性强，但移动不方便，易损坏苗木，工作劳动强度大。该喷灌系统适用于有池塘、河流等天然水源地区的园林绿地、苗圃和花圃灌溉。

（三）半固定式喷灌系统

半固定式喷灌系统的泵站和干管固定或埋于地下，通过连接干管、分干管伸出地面的给水栓向支管供水，支管、竖管及喷头可移动。其设备利用率较高，运行管理比较方便，多用于大型花圃、苗圃及公园的树林区。

三、管材与管件

（一）硬聚氯乙烯（UPVC）管

1. 管材

硬聚氯乙烯管材是以聚氯乙烯树脂为主要原料，加入无毒专用助剂，经混合、塑化、挤出或注射成型而成。其具有抗冲击强度高，表面光滑，流体阻力小，耐腐蚀，质地轻，导热系数小，便于运输、贮存、安装和使用寿命长等特点。

2. 管件

绿地喷灌系统使用的管件主要是给水系列的一次成型管件，有胶合承插型、弹性密封圈承插型和法兰连接型三种类型。

（二）聚乙烯（PE）管

1. 管材

聚乙烯管材是以聚乙烯树脂为主要原料，配一定量的助剂，经挤出成型加工而成。其具有质轻、耐腐蚀、无毒、易弯曲、施工方便等特点。

聚乙烯管材有高密度聚乙烯（HDPE）和低密度聚乙烯（LDPE）两种。前者由于价格较贵，在喷灌系统中很少采用；后者质地较软，适合在较复杂的地形敷设，在绿地喷灌系统中常被使用。

2. 管件

低密度聚乙烯（LDPE）管材可采用注塑成型的组合式管件连接。当管径较大时，一般用金属加工制成的法兰盘代替锁紧螺母进行连接。

（三）聚丙烯（PPR、PPC）管

1. 管材

聚丙烯管材是以聚丙烯树脂为主要原料，加入适当的稳定剂，经挤出成型加工而成。其具有质轻、耐腐蚀、耐热性较高、施工方便等特点。由于管材耐热性好，在太阳直射下，可长时间暴露在外并正常使用，故多用于移动式或半固定式喷灌系统。

2. 管件

聚丙烯树脂是一种高结晶聚合物，其管件在加工温度为 160℃～170℃时，采用甘油浴方式加工而成。

四、喷头类型与布置形式

（一）喷头类型

1. 固定式喷头

固定式喷头工作时喷出的水流可以是一束、多束或呈扇形。常见的形式有全圆形、3/4 圆弧形、2/3 圆弧形、半圆形、1/3 圆弧形和 1/4 圆弧形，特殊形式也有带状的。其工作压力较低，为 100～200kPa，工作半径一般为 1.5～7m。适于庭院、小规模绿化喷灌和四周有障碍物阻挡时使用。

2. 旋转式喷头

旋转式喷头都有一个或两个喷嘴，其喷洒角度一般从 20°～240° 可调，很多还可以做全园喷洒。同固定式喷头比较，旋转式喷头工作压力较高，大多数喷头工作压力在 150～700kPa，射程范围较大，小的在 6m，大的可达 30m 以上。适用于大面积园林绿地和运动场草坪喷灌。

（二）布置形式

固定式喷灌系统引水路径是：从水源引水至泵房，通过水泵加压再输送给干管，干管输给（分干管至）支管，支管上竖立管再接喷嘴，在分干管或支管上设阀门控制喷嘴数量和喷洒面积。

喷头布置形式也称喷头的组合形式，是指各喷头的相对位置安排。在布置喷头时，应充分考虑当地的地形条件、绿化种植和园林设施对喷洒效果的影响，力求做到科学合理。在喷头射程相同的情况下，不同的布置形式，其支管和喷头的间距也不同。

喷头布置形式确定后，可根据喷嘴的射程，再确定喷头的间距和支管间距。同时还

要考虑风力大小的影响。

第三节　园林排水工程施工

一、园林排水种类与特点

（一）园林排水种类

1. 降水

降水主要指地面上径流的雨水和冰雪融化水。特点是降水比较集中，径流量比较大。降水一部分渗入土壤，另一部分进入园林水体和城市排水系统。

2. 生活污水

在园林中主要指从小卖部、餐厅、茶室、公厕等排出的水。生活污水中多含酸、碱、病菌等有害物质，需经过处理后方能排放到水体和用于园林绿地灌溉等。

3. 生产废水

生产废水主要指绿地植物浇灌时淌出的水，养鱼池、喷泉水池等小型水景池中排放的废水。这类废水可直接排放园林水体，一般不做净化处理。

（二）园林排水特点

①主要是排除雨水和少量污水。②园林中为满足造景需要，利用地形起伏特点，可将雨水直接排入水体之中，形成山水相依的格局。③园林排水有多种方式，可以根据不同地段具体情况采用适当的排水方式。④排水设施应尽量结合造景。⑤园林植物需要大量水分，排水的同时还要考虑土壤能吸收到足够的水分，以利植物生长，干旱地区更应注意保水。

二、园林排水方式

（一）地面排水

地面排水主要指排除降水。它是利用园林中的地形条件，将雨水汇集，再通过谷、涧、沟、园路等加以组织引导，就近排入水体或城市雨水管道。地面排水适用于公园绿地。

（二）管渠排水

1. 明沟排水

明沟排水主要是将地表水通过各种明沟有组织地排放。根据不同地段，可以选择土质、砌砖、砖石或混凝土明沟。

2. 盲沟排水

盲沟排水是一种地下排水渠道，用以排除地下水，降低地下水位。适用于一些要求排水良好的活动场地，如运动场、草坪、高尔夫球场等以及某些不耐水的园林植物生长区。

（1）盲沟的布置形式

盲沟的布置形式取决于地形和地下水的流动方向。树枝式，适用于周边高中间低的园林地形（洼地）；鱼骨式，适用于谷地积水较多处；铁耙式，适用于一面坡的地形；平面式，适用于高地下水位的体育场。

（2）盲沟的埋深与间距

盲沟的埋深主要受植物对地下水位的要求、冰冻深度、土壤质地和地面荷载情况等因素的影响，从不同土壤质地上看，通常在 1.2 ~ 1.7m；支管间距主要取决于土壤类型、排水量及排水速度等因素，一般在 8 ~ 24m。对于排水要求较高的场地，适当多设支管。

（3）盲沟沟底纵坡

沟底纵坡坡度不少于 5%，只要地形条件许可，坡度应尽可能取大些，以利于地下水的排出。

3. 管道排水

在园林中的某些地方，如广场、主要建筑周围，当不方便使用明沟排水时，可以利用敷设专用管道排水。管道排水费用较高，但不妨碍地面活动，而且既卫生又美观，排水率也高。

三、雨水处理工程

（一）防止地表役流工程措施

1. 设置挡水石

地表径流在山谷及较大沟坡汇水线上，易形成大流速流，为防止其对地表的冲刷，可在汇水区布置一些山石，借此降低流速，减缓水流冲力，起到保护地表的作用。如溪涧的分水石、道路旁及陡坡处设的挡水石。

2. 出水口处理

园林中利用地面或明渠排水，在排入园内水体时，为保持岸坡结构稳定并结合造景，将出水口进行各种消能处理，形成一种敞口排水槽，称"水簸箕"。"水簸箕"的槽身加固可采用三合土、浆砌砖石或混凝土。

（二）管集水工程

1. 雨水管渠布置

（1）管道的最小覆土深度

最小覆土深度应根据雨水井连接管的坡度、冰冻深度和外部荷载情况而定，雨水管的最小覆土深度一般在 0.5 ~ 0.7m。

（2）最小坡度

雨水管道只有保持一定的纵坡坡度，才能使雨水靠自身重力向前流动。一般土质明渠最小坡度不小于 2‰，砌筑梯形明渠的最小坡度不小于 0.2‰。

（3）流速的确定

流速过小，不仅直接影响排水速度，水中杂质也易于沉淀淤积。各种管道在自流条件下的最小容许流速不得小于 0.75m/s，各种明渠不得小于 0.4m/s。流速过大，会对管壁有磨损，降低管道的使用寿命。金属管道的最大设计流速为 10m/s，非金属管道为 5m/s。

（4）最小管径及沟槽尺寸

一般雨水口连接管最小管径为 200mm，最小坡度为 1%。公园绿地的径流中挟带泥沙及枯枝落叶较多，容易堵塞管道，故最小管径限值可适当放大，采用 300mm。梯形明渠为了便于维修和排水通畅，渠底宽度不得小于 30cm。梯形明渠的边坡，用砖石或混凝土块铺砌的一般采用 1 ：0.75 ~ 1 ：1。

2. 排水管材

常用的室外排水管材有如下几种：

（1）陶土管

陶土管具有内壁光滑，水流阻力小，无透水性好，耐磨、耐腐蚀等优点，但质脆易碎、抗弯、抗压强度低，节短，施工不便，不易敷设于松土或埋深较大之处。

（2）混凝土管与钢筋混凝土管

混凝土管多用普通地段的自流管段，钢筋混凝土管多用于深埋或土质条件不良地段及有压管段。二者具有取材制造方便、强度高、应用广泛等优点，但具有抗酸碱腐蚀性及抗渗性较差、管节短、节点多、搬运施工不便等缺点。

（3）塑料管

塑料管内壁光滑、水流阻力小、抗腐蚀性好、节长接头少，抗压力较低，多用于建筑排水。

3. 附属构筑物

附属构筑物是雨水管道系统的组成部分，一般雨水管道系统由雨水口、连接管、检查井、干管和出水口五部分构成。

（1）检查井

检查井的功能是便于管道检查和清理，同时也起连接管段的作用。检查井通常设置在管道交汇、坡度和管径改变的地方。为了作业方便，相邻检查井之间管段应成一直线。井之间的最大间距在管径小于 500mm 时为 50m。检查井主要由井基、井底、井身、井盖座和井盖组成。

（2）跌水井

跌水井是设有消能设施的检查井。跌水井一般不设在管道转弯处，常在地形较陡处设置，以保证管道有足够覆土深度。当管底标高落差不大于 1m 时，可将检查井底部做成斜坡衔接两排水管即可，不必采用跌水措施。

（3）雨水口

雨水口是雨水排水管道上收集地面径流的构筑物，其通常设置在道路边沟或地势低洼处。雨水口的间距一般控制在 30 ~ 80m，它与干管常用 200mm 的连接管，其长度不得超过 25m。雨水口由进水管、井筒、连接管、雨算子组成。

（4）出水口

出水口是排水管道向水体排放污水及雨水的构筑物，其设置位置和形式应根据水位、水流方向、驳岸形式而定。雨水管道出水口不要淹没于水中，管底标高应在水体常水位以上，以免引起水体倒灌。在出水口与水体岸边连接处，可做护坡或挡土墙，以保护河岸及固定出水管道。

第八章　园林假山工程施工

第一节　假山工程施工

一、假山的概念和分类

（一）假山的概念

假山是指用人工方法堆叠起来的山，是仿自然山水经艺术加工而制成的。一般意义上的假山实际上包括假山和置石两部分。

1. 假山

假山是以造景、游览为主要目的，充分地结合其他多方面的功能作用，以土、石等为材料，以自然山水为蓝本并加以艺术的提炼和夸张，用人工再造山水景物的统称。假山一般体量比较大，可观可游，使人置身于自然山林之感。

2. 置石

置石是以山石为材料做独立性造景和做附属性的配置造景布置，主要表现山石的个体美或局部组合，不具备完整的山形。置石体量一般较小而分散，主要以观赏为主。

（二）假山的分类

根据使用的土、石料的不同，假山可分为：①完全用土堆成的土山；②土多石少的山石用于山脚或山道两侧，主要是固土并加强山势，也兼造景作用；③土少石多的山土形四周和山洞用石堆叠，山顶和山后则有较厚土层；④完全用石堆成的石山。

二、假山的材料

（一）太湖石（南太湖石）

太湖石是一种石灰岩的石块，因主产于太湖而得名。其中以洞庭湖西山消夏湾太湖石一带出产的湖石最著名。好的湖石有大小不同、变化丰富的窝或洞，有时窝洞相套，疏密相通，石面上还形成沟缝坳坎，纹理纵横。湖石在水中和土中皆有所产，尤其是水中所产者，经浪雕水刻，形成玲珑剔透、瘦骨突兀、纤巧秀润的风姿，常被用作特置石峰以体现秀奇险怪之势。

（二）房山石（北太湖石）

房山石属砾岩，因产于北京房山区而得名。又因其某些方面像太湖石，因此也称北太湖石。这种石块的表面多有蜂窝状的大小不等的环洞，质地坚硬，有韧性，多产于土中，色为淡黄或略带粉红色。它虽不像南太湖石那样玲珑剔透，但端庄深厚典雅，别有一番风采。年久的石块，在空气中经风吹日晒，变为深灰色后更有俊逸、清幽之感。

（三）黄石与青石

黄石与青石皆墩状，形体顽夯，见棱见角，节理面近乎垂直。色橙黄者称黄石，色青灰者称青石，系砂岩或变质岩等。与湖石相比，黄石堆成的假山浑厚挺括、雄奇壮观、棱角分明、粗犷而富有力感。

（四）青云片

青云片是一种灰色的变质岩，具有片状或极薄的层状构造。在园林假山工程中，横纹使用时称青云片。多用于表现流云式叠山，变质岩还可以竖纹使用如作剑石，假山工程中有青剑、慧剑等。

（五）象皮石

象皮石属石灰岩，在我国南北广为分布。石块青灰色，常夹杂着白色细纹，表面有细细的粗糙皱纹，很像大象的皮肤，因而得名。橡皮石一般没有什么透、漏、环窝，但整体有变化。

（六）灵璧石

灵璧石又名磐石，产于安徽灵璧县磐山，石产于土中，被赤泥渍满。用铁刀刮洗方显本色。石中灰色，清润，叩之铿锵有声，石面有坳坎变化。可顿置几案，也可掇成小景。灵璧石掇成的山石小品，峙岩透空，多有婉转之势。

（七）英德石

英德石属石灰岩，产于广东英德市含光、真阳两地，因此得名。粤北、桂西南也有。英德石一般为青灰色，称灰英。也有白英、黑英、浅绿英等数种，但均罕见。英德石形状瘦骨铮铮，嶙峋剔透，多皱褶的棱角，清奇俏丽。石体多皴皱，少窝洞，质稍润，坚而脆，叩之有声。

（八）石笋和剑石

这类山石产地颇广，主要以沉积岩为主，采出后宜直立使用形成山石小景。园林中常见的有：①子母剑或白果笋：这是一种角砾岩。在青色的细砂岩中，沉积了一些白色的角砾石，因此称子母石。在园林中作剑石用称"子母剑"。又因此石沉积的白色角砾岩很像白果（银杏的果），因此也称白果笋。②慧剑：色黑如炭或青灰色、片状形似宝剑，称"慧剑"。③钟乳石笋：将石灰岩经熔融形成的钟乳石用作石笋以点缀园景。

（九）木化石

地质学上称硅化木。木化石是古代树木的化石。亿万年前，被火山灰包埋，因隔绝空气，未及燃烧而整株、整段地保留下来。再由含有硅质、钙质的地下水淋滤、渗透，矿物取代了植物体内的有机物，木头变成了石头。

以上是古典园林中常用的石品。另外还有黄蜡石、石蛋、石珊瑚等，也用于园林山石小品。总之，我国的山石资源是极其丰富的。

三、假山布置

（一）山石材料的选用

1.选石的步骤

①需要选到主峰或孤立小山峰的峰顶石、悬崖崖头石、山洞洞口石，选到后分别做上记号，以备使用。②要接着选留假山山体向前凸出部位的用石和山前山旁显著位置上的用石以及土山坡上的石景用石等。③应将一些重要的结构用石选好，如长而弯曲的洞顶梁用石，拱券式结构所用的券石、洞柱用石、峰底承重用石、斜立式小峰用石等。④其他部位的用石，则在叠石造山中随用随选，用一块选一块。

总之，山石选择的步骤应是：先头部后底部、先表面后里面、先正面后背面、先大处后细部、先特征点后一般区域、先洞口后洞中、先竖立部分后平放部分。

2.山石尺度选择

在同一批运到的山石材料中，石块有大有小、有长有短、有宽有窄，在叠山选石中要分别对待。对于主山前面比较显眼位置上的小山峰，要根据设计高度选用适宜的山石，一般应尽量选用大石，以削弱山石拼合峰体时的琐碎感。在山体上的凸出部位或是容易引起视觉注意的部位，也最好选用大石。而假山山体内部以及山洞洞墙所选用的山石，则可小一些。

大块的山石中，敦实、平稳、坚韧的可用做山脚的底石，而石形变异大、石面皴纹丰富的山石则可以用于山顶，做压顶的石头。较小的、形状比较平淡而皴纹较好的山石，一般应该用在假山山体中段。山洞的盖顶石，平顶悬崖的压顶石，应采用宽而稍薄的山石。层叠式洞顶的用石或石柱垫脚石，可选矮墩状山石；竖立式洞柱、竖立式结构的山体表面用石，最好选用长条石，特别是需要做山体表面竖向沟槽和棱柱线条时，更要选用长条状山石。

3. 石形的选择

除了做石景用的单峰石外，并不是每块山石都要具有独立而完整的形态。在选择山石的形状中，挑选的根据应是山石在结构方面的作用和石形对山形样貌的影响情况。从假山自下而上的构造来分，可以分为底层、中腰和收顶三部分，这三部分在选择石形方面有不同的要求。

假山的底层山石位于基础之上，若有桩基则在桩基盖顶石之上。这一层山石对石形的要求主要应为顽夯、敦实的形状。选一些块大而形状高低不一的山石，具有粗犷的形态和简括的皴纹，可以适应在山底承重和满足山脚造型的需要。

中腰层山石在视线以下者，即地面上 1.5m 高度以内的，其单个山石的形状也不必特别好，只要能够用来与其他山石组合刻造出粗犷的沟槽线条即可。石块体量也不需很大，一般的中小山石互相搭配使用就可以。

在假山 1.5m 以上高度的山腰部分，应选形状有些变异、石面有一定褶皱和孔洞的山石，因为这种部位比较能引起人的注意，所以山石要选用形状较好的。

假山的上部和山顶部分、山洞口的上部，以及其他比较凸出的部位，应选形状变异较大，石面皴纹较美，孔洞较多的山石，以加强山景的自然特征。形态特别好且体量较大的，具有独立观赏形态的奇石，可用以"特置"为单峰石，作为园林内的重要石景使用。

4. 山石皴纹选择

石面皴纹、皱褶、孔洞比较丰富的山石，应当选在假山表面使用。石形规则、石面形状平淡无奇的山石，选作假山下部、假山内部的用石。

作为假山的山石和作为普通建筑材料的石材，最大的区别就在于是否有可供观赏的天然石面及其皴纹。"石贵有皮"就是说，假山石若具有天然"石皮"，即有天然石面及天然皴纹，就是可贵的，是制作假山的好材料。

在假山选石中，要求同一座假山的山石皴纹最好是同一种类，如采用了折带皴类山石的，则以后所选用的其他山石也要是相同折带皴类山石的；选了斧劈皴的假山，一般就不要再选用非斧劈皴的山石。只有统一采用一种皴纹的山石，假山整体上才能显得协调完整，可以在很大程度上减少杂乱感，增加整体感。

5. 石态的选择

在山石的形态中，形是外观的形象，而态却是内在的形象。形与态是一种事物无法分开的两个方面。山石的一定形状，总是要表现出一定的精神态势。瘦长形状的山石，能够给人有力的感觉；矮墩状的山石，给人安稳、坚实的印象；石形、皴纹倾斜的山石，让人感到运动；石形、皴纹平行垂立的山石，则能够让人感到宁静、安详、平和。为了提高假山造景的内在形象表现，在选择石形的同时，还应当注意到其态势、精神的表现。

6. 石质的选择

质地的主要因素是山石的密度和强度。如作为梁柱式山洞石梁、石柱和山峰下垫脚石的山石，必须有足够的强度和较大的密度。而强度稍差的片状石，则不能选用在这些地方，可用来做石级或铺地。外观形状及皱纹好的山石，有的是风化过度的，其在受力方面就很差，有这样石质的山石就不要选用在假山的受力部位。

7. 山石颜色选择

叠石造山也要讲究山石颜色的搭配。不同类的山石色泽不一，而同一类的山石也有色泽的差异。"物以类聚"是一条自然法则，在假山选石中也要遵循。原则上的要求是，要将颜色相同或相近的山石尽量选用在一处，以保证假山在整体的颜色效果上协调统一。在假山的凸出部位，可以选用石色稍浅的山石，而在凹陷部位则应选用颜色稍深的山石。在假山下部的山石，可选颜色稍深的，而假山上部的用石则要选色泽稍浅的。

（二）山体局部理法

叠山重视山体局部景观创造。虽然叠山有定法而无定式，然而在局部山景的创造上（如崖、洞、涧、谷、崖下山道等）都逐步形成了一些优秀的程式。

1. 峰

掇山为取得远观的山势以及加强山顶环境的山林气氛，而有峰峦的创作。人工堆叠的山除大山以建筑来突出加强高峻之势（如北海白塔、颐和园佛香阁）外，一般多以叠石来表现山峰的挺拔险峻之势。山峰有主次之分，主峰居于显著的位置，次峰无论在高度、体积或姿态等方面均次于主峰。峰石可由单块石块形成，也可多块叠掇而成。

峰石的选用和堆叠必须和整个山形相协调，大小比例恰当。巍峨而陡峭的山形，峰态应尖削，具峻拔之势。以石横纹参差层叠而成的假山，石峰均横向堆叠，有如山水画的卷云皱，这样立峰有如祥云冉冉升起，能取得较好的审美效果。

2. 崖、岩

叠山而理岩崖，为的是体现陡险峭拔之美，而且石壁的立面上是题诗刻字的最佳处所。诗词石刻为绝壁增添了锦绣，为环境增添了诗情。如崖壁上再有枯松倒挂，更给人以奇情险趣的美感。

3. 洞府

洞，深邃幽暗，具有神秘感或奇异感。岩洞在园林中不仅可以吸引游人探奇、寻幽，还具有打破空间的闭锁、产生虚实变化、丰富园林景色、联系景点、延长游览路线、改变游览情趣、扩大游览空间等作用。

山洞的构筑最能体现传统假山合理的山体结构与高超的施工技术。山洞的结构一般有梁柱式和叠梁式两种，发展到清代，出现了戈裕良创造的拱券式山洞，使用钩带法，使山洞顶壁浑然一体，如真山洞壑一般，而且结构合理。洞的结构有多种形式，有单梁式、挑梁式、拱券式等。

精湛的叠山技艺、创造了多种山洞形式结构，有单洞和复洞之分，有水平洞、爬山洞之分，有单层洞、多层洞之分，有岸洞、水洞之分等。

4. 谷

山谷是掇山中创作深幽意境的重要手法之一。山谷的创作，使山势宛转曲折，峰回路转，更加引人入胜。大多数的谷，两崖夹峙，中间是山道或流水，平面呈曲折的窄长形。凡规模较大的叠石假山，不仅从外部看具有咫尺山林的野趣，而且内部也是谷洞相连，不仅平面上看极尽迂回曲折，而且高程上力求回环错落，从而造成迂回不尽和扑朔迷离的幻觉。

5. 山坡、石矶

山坡是指假山与陆地或水体相接壤的地带，具平坦旷远之美。叠石山山坡一般山石与植被相组合，山石大小错落，呈出入起伏的形状，并适当地间以泥土，种植花木，看似随意的淡、野之美，实则颇具匠心。

石矶一般指水边突出的平缓的岩石。多数与水池相结合的叠石山都有石矶，使崖壁自然过渡到水面，给人以亲和感。

6. 山道

登山之路称山道。山道是山体的一部分，随谷而曲折，随崖而高下，虽刻意而为，却与崖壁、山谷融为一体，创造假山可游、可居之意境。

（三）假山的基础设计

假山基础必须能够承受假山的重压，才能保证假山稳固。不同规模和不同重量的假山，对基础的抗压强度要求是不相同的。而不同类型的基础，其抗压强度也不相同。

1. 基础类型

（1）混凝土基础

它是用混凝土浇筑而成的基础。这种基础材料易得、施工方便、抗压强度大。由于其材料是水硬性的，因而能够在潮湿的环境中使用，且能适应多种土地环境。目前，这种基础在规模较大的石假山中应用最广泛。

（2）浆砌块石基础

它是用水泥砂浆或石灰砂浆砌筑块石而成的基础。这种基础抗压强度较大，能适应水湿环境及其他多种环境，也是应用比较普遍的假山基础。

（3）灰土基础

它是用石灰与泥土混合而做成的基础。其抗压强度不大，但工程造价较低。在地下水位高的地方，灰土的凝固条件不好，应用有困难。

（4）桩基础

它是用混凝土桩或木桩打入地基做成的基础。桩基础主要用在土质疏松的地方。在古代，假山下多用木桩基础，混凝土桩基础则是现代假山工程中偶尔应用的基础形式。

（5）灰桩基础

它是在地面上均匀地打孔，再用石灰填满孔洞并压实而构成的一种假山基础形式。桩孔里的石灰吸潮后膨胀凝固，从而使地面变得坚实。这种基础造价低廉、施工简便，但抗压强度不大，一般用作小体量假山的简易基础。

（6）石钉夯土基础

它是用尖锐的石块密集打入地面，再在其上铺一层灰土夯实而成。这种基础造价很低，但抗压强度不大，一般用来作为低矮假山的基础。

2. 基础设计

假山基础的设计要根据假山的大小而定。低矮的小石山一般不需要基础，山体直接在地面上堆砌。高度在 3m 以上的大石山，需要设置适宜的基础。通常，沉重、高大的大型石山，应选用混凝土基础或块石浆砌基础；重量和高度适中的石山，可用灰土基础或桩基础。

四种假山基础的设计要点：

（1）混凝土基础设计

最底下是夯实的素土地基，素土夯实层之上，可做成 30 ～ 70mm 厚的砂石垫层，砂石垫层上即为混凝土基础层。在陆地上，混凝土层的厚度可设计为 100 ～ 200mm，其强度等级可采用 C10、C15。在水下，混凝土层的厚度则应设计为 500 mm 左右，强度等级应采用 C20。

（2）浆砌块石基础设计

地基应做素土夯实处理，夯实的地基上可铺 30mm 厚粗砂做找平层，找平层上用 1 ：2.5 或 1 ：3 水泥砂浆砌一层块石，厚度为 300 ～ 500mm，水下则应用 1 ：2 水泥砂浆砌筑。

（3）灰土基础设计

灰土是用石灰和素土按 3 ：7 的比例混合而成。每铺一层厚度为 30cm 的灰土，并夯实到 15cm 厚时，则称为一步灰土。设计灰土基础时，要根据假山高度和体量大小来确定采用几步灰土。一般高度在 2m 以下的假山，其灰土基础可按一步素土加一步灰土设计；2m 以上的假山，则应设计为一步素土加两步灰土。

（4）桩基础设计

在古代，常用直径为 10 ～ 15cm，长为 1 ～ 2m 的杉木桩或柏木桩做桩基础，木桩下端为尖头状。当代假山已基本不用木桩基础，只在地基土质松软时偶尔采用混凝土桩基础。做混凝土桩基础，先要设计并预制混凝土桩，其下端也为尖头状。

（四）山体内部结构设计

1. 结构形式与结构设计

山体内部的结构形式主要有四种，即环透式结构、层叠式结构、竖立式结构和填充式结构。

（1）环透式结构

环透式结构的假山石材多为太湖石，在叠山手法上，为了突出太湖石玲珑剔透的特征，一般多采用拱、斗、卡、安、搭、连、飘等手法。所以，采用环透式结构的假山，其山体孔洞密布，显得玲珑剔透。

（2）层叠式结构

层叠式结构的假山石材一般用片状的山石，一层层山石叠砌为山体，山形朝横向伸展，常有"云山千叠"般的飞动感。所以，假山结构若采用层叠式，假山立面的形象就具有丰富的层次感。

（3）竖立式结构

竖立式结构的假山石材，一般多是条状或长片状的山石，山石全都采用立式砌叠。这种结构形式可以形成假山挺拔、雄伟、高大的艺术形象，但要注意山体在高度方向上的起伏变化和在平面上的前后错落变化。

（4）填充式结构

填充式结构的假山的山体内部是由泥土、废砖石或混凝土材料填充起来的，因此，其结构上的最大特点就是填充的做法。带土石山和个别石山，或者在假山的某一局部山体中，都可以采用这种结构形式。

2. 结构设施及其应用

为了保证假山结构的安全稳定，有时需要设置一些起辅助固定作用的内部结构设施，常见的假山内部结构设施有平稳垫片、铁吊架、铁扁担、铁爬钉、银锭扣等。

（1）平稳垫片

平稳垫片就是指质地坚硬、一边薄一边厚的石片，用它垫假山石底部，可起到固定山石、保持山石平稳的作用。它是假山结构中不可缺少的重要结构设施，是在每一座石假山的施工中都要用到的。

（2）铁吊架

铁吊架是用扁铁条打制的铁件设施，主要用来吊挂坚硬的山石。

（3）铁扁担

铁扁担可以用扁铁条、角钢、螺纹钢条来制作，其长度应根据实际需要确定，这种铁件主要用在假山的悬挑部位和作为假山洞石梁下面的垫梁，以加固洞顶的结构。

（4）铁爬钉

铁爬钉可用熟铁制成，也可用粗钢筋打制成两端翘起为尖头的铁爬钉，专用来连接质地较软的山石材料。

（5）银锭扣

银锭扣由熟铁铸成，其两端成燕尾状，故又称为燕尾扣。银锭扣有大、中、小三种规格，主要用来连接边缘比较平直的硬质山石。

（五）山洞结构设计

1. 假山山洞的形式

（1）单口洞

单口洞即只有一个洞口的洞室，一般做成某种具有实用功能的石室。

（2）单洞与复洞

单洞是只有一条洞道和两个洞口的假山洞。小型假山一般做成单洞。复洞是有两条并行洞道，或者还有岔洞和两个以上洞口的山洞。大型假山可设计为复洞，也可设计为单、复洞时分时合的形式。

（3）单层洞与多层洞

洞道没有分为上下两层的称为单层洞。洞道从下至上分为两层以上的称为多层洞，即洞上有洞，下层洞与上层洞之间由石梯相连。

（4）平洞与爬山洞

平洞是洞底道路基本为平路的山洞。爬山洞则是洞内道路有上坡和下坡，并且坡度较陡的山洞。

（5）旱洞与水洞旱

洞是洞内无水的假山洞。水洞是洞内有泉池、溪流的山洞。

（6）采光洞和换气洞

采光洞和换气洞是假山山洞内附属的两种小洞，主要是用来采光和通气。

（7）通天洞

假山内上下相通的竖向山洞称为通天洞。

2. 假山山洞的布置

（1）洞口的布置

洞口布置最忌造成山洞直通透亮和从山前一直看到山后，因此，洞口的位置应相互错开。洞口的外形要有变化，特别是黄石做的洞口，其形状容易显得方正呆板，不太自然。所以要注意使洞口形状多一点圆弧线条的变化。

（2）洞道的布叠

洞道布置在平面上要有曲折变化，其曲折程度应比一般的园路大许多；同时，洞道也应有宽窄变化。洞顶不得太矮且要有许多高低变化。

（3）洞内景观的处理

洞内景观应尽量设置得丰富些，如洞内有采光洞，且设有石桌、石凳、石床、石枕，布置得如同居室一般。为了提高观赏性，洞内还可设置一些趣味小品，如石灯、石笋、泉眼、溪涧等。

3.洞壁与洞底设计

洞壁是假山洞的承重结构部分，对山洞以及整座假山的安全性具有重要影响。

（1）洞壁的结构形式

洞壁的结构形式有两种，即墙式洞壁和墙柱式洞壁。墙式洞壁是以山石墙体为基本承重构件的。山石墙体是用假山石砌筑的不规则山石墙。墙柱式洞壁是由洞柱和柱间墙体构成的洞壁，在这种洞壁中，洞柱是主要的承重构件，而洞墙只承担少量的洞顶荷载。

（2）洞壁的设计

墙式洞壁的设计要根据假山山体所采用的结构形式来进行。例如，如果假山山体是采用层叠式结构的，那么洞壁石墙也应采用这种结构。要用山石一层一层不规则地层叠砌筑，直到设计的洞顶高度，这就做成了墙式洞壁。

墙柱式洞壁的设计关系着洞柱和柱间墙两种结构部分。

①洞柱设计

洞柱可分为直立石柱和层叠石柱两种。直立石柱是用长条形山石直立起来作为洞柱，柱底应有固定柱脚的座石，柱顶应有起联系作用的压顶石。层叠石柱是用块状山石错落地层叠砌筑而成，柱脚、柱顶也应有垫脚座石和压顶石。

②柱间墙设计

由于柱间墙只承担少量的洞顶荷载。因此柱间墙的布置比较灵活、方便，而且可以用较小的山石砌筑成薄墙，同时可加强洞壁的凹凸变化，使洞内形象更加自然。

（3）洞底设计

洞底路面可铺设不规则石片，在上坡和下坡处则设置块石阶梯。洞内路面宜有起伏，并应随着山洞的弯曲而弯曲。

4.山洞洞顶设计

（1）盖梁式洞顶

盖梁式就是石梁的两端直接放在山洞两侧的洞柱上，呈盖顶状。这种洞顶整体性强，结构比较简单，也很稳定，因此盖梁式是造山中最常用的结构形式之一。但是，由于受石梁长度的限制，采用盖梁式洞顶的山洞不能做得太宽，而且洞顶的形状往往太平整。为使洞顶自然，应尽量选用不规则的条形石材做洞顶石梁。

（2）挑梁式洞顶

挑梁式洞顶是用山石从两侧洞壁、洞柱向洞中央相对悬挑伸出并合拢而做成洞顶的。

挑石的悬出长度，应为石长的 1/2 ~ 3/5，挑石的头部应略为向上仰，其后端则一定要用重石压实。洞顶的山石之间，可用 1 ∶ 2.5 水泥砂浆做黏合材料，使洞顶山石结合成为整体。

（3）拱券式洞顶

拱券式洞顶是用块状山石作为券石，以水泥砂浆作为黏合剂，顺序起拱而做成拱形洞顶。这种结构形式多用于较大跨度的洞顶。

（六）山顶结构设计

山顶是假山立面最突出、最能集中视线的部位，对其进行精心设计很有必要。根据山顶常见的形象特征，假山顶部的基本造型可分为峰顶、峦顶、崖顶和平山顶四种类型。

1. 峰顶设计

常见的假山山峰收顶形式有分峰式、合峰式、斧立式、剑立式、斜立式和流云式。

（1）分峰式峰顶

分峰式峰顶就是在一座山体上用两个以上的峰头收顶。在处理分峰时，主峰头要突出，其他峰头应有高有低，有宽有窄。

（2）合峰式峰顶

合峰式峰顶实际上是两个以上的峰顶合并为一个大峰顶，次峰、小峰的顶部融合在主峰的边坡中，成为主峰的肩部。在设计时，要避免主峰的左右肩部成为一样高一样宽的对称形状。

（3）斧立式峰顶

斧立式峰顶的峰石上大下小，犹如斧立，是直立状态的单峰峰顶。

（4）剑立式峰顶

剑立式峰顶的峰石上小下大，单峰直立，峰顶不分峰。剑立式收顶形式主要用于假山山体为竖立式结构的峰顶。

（5）斜立式峰顶

这种收顶形式峰石斜立，势如奔趋，具有明显的倾向性和动态感，最适宜山体结构，也采用斜立式的假山。

（6）流云式峰顶

这种收顶形式峰顶横向延伸，如层云横飞。采用流云式收顶的假山，其山体结构形式必为层叠式结构，不然峰顶与山体将极不协调。

2. 峦顶设计

峦顶的假山顶部设计成不规则的圆丘状隆起，像低山丘陵景象。这种山顶的观赏性较差，一般不在主山和比较重要的客山上设计这种山顶，只在假山中的个别小山山顶偶尔采用。

3. 崖顶设计

崖顶石向前悬出并有所下垂，致使崖壁下部向里凹进，这种山崖的收顶方式称悬垂式，也称悬崖式。悬崖顶部的悬出，在结构上常见的是出挑与立石相结合的做法。

为保证结构稳定，在做悬崖时应做到"前悬后压"，使悬崖的后部坚实稳定，即在悬挑山石的后端砌筑重石施加重压，使崖顶在力学上保持平衡。

4. 平山顶设计

平顶的假山在中国古代园林中很常见。庭园假山之下如做有盖梁式山洞洞顶，其洞顶之上就多是平顶。在现代园林中，为了使假山可游、可憩，有时也做平顶的假山。常见的平山顶有平台式山顶和亭台式山顶两种。

（1）平台式山顶

平台式山顶就是将山顶设计成平台状，平台上可设置石桌、石凳，便于休息、观景。平台边缘则多用小块山石砌筑成高度为 30 ～ 70cm 的矮石墙，以此来代替栏杆。

（2）亭台式山顶

亭台式山顶就是在平台式山顶上面设置亭子，这种山顶是用来造景、休息和观景的。设计时要注意使亭柱不要落在下方悬空之处，应落在其下面的洞柱上。

第二节　塑山工程施工

一、人工塑造山石的概念及特点

（一）人工塑造山石的概念

这是除了运用各种自然山石材料堆掇外的另一种施工工艺，这种工艺是在继承发扬岭南庭园的山石景园艺术和灰塑传统工艺的基础上发展起来的，具有用真石搬山、置石同样的功能。

（二）人工塑造山石的特点

1. 优点

①好的塑山无论在色彩上，还是在质感上都能取得逼真的石山效果，可以塑造较理想的艺术形象，雄伟、磅礴、富有力感的山石景，特别是能塑造难以采运和填叠的原型奇石；②人工塑造山石所用的砖、石、水泥等材料来源广泛，取用方便，可就地解决，无须采石、运石之烦，故在非产石地区非常适用此法建造假山石；③人工塑造山石工艺在造型上不受石材大小和形态的限制，可以完全按照设计意图进行造型，并且施工灵活方便，不受地形、地物限制，在重量很大巨型山石不宜进入的地方，如室内花园、屋顶

花园等，仍可塑造出壳体结构的、自重较轻的巨型山石；④人工塑造山石采用的施工工艺简单、操作方便，所以塑山工程的施工工期短、见效快；⑤可以预留位置栽培植物，进行绿化等。

2.缺点

①由于山的造型、皴纹等细部处理主要依靠施工人员的手工制作，因此对于塑山施工人员的个人艺术修养及制作手法、技巧要求很高；②人工塑造的山石表面易发生破裂，影响整体刚度及表面仿石质感的观赏性；③面层容易褪色，需要经常维护，不利于长期保存，使用年限较短。

二、人工塑造山石的分类

人工塑造山石根据其结构骨架材料的不同可分为钢筋结构骨架塑山和砖石结构骨架塑山两种。

（一）钢筋结构骨架塑山

以钢材、铁丝网作为塑山的结构骨架，适用于大型假山的雕塑、屋顶花园塑山等。

先按照设计的造型进行骨架的制作，常采用直径为 10 ~ 12mm 的钢筋进行焊接和绑扎，然后用细目的铁丝网罩在钢骨架的外面，并用绑线捆扎牢固。做好骨架后，用 1：2 水泥砂浆进行内外抹面，一般抹 2 ~ 3 遍，使塑造的山石壳体厚度达到 4 ~ 6cm 即可，然后在其外表面进行面层的雕刻、着色等处理。

（二）砖石结构骨架塑山

以砖石作为塑山的结构骨架，适用于小型塑山石。

施工时首先在拟塑山石土体外缘清除杂草和松散的土体，按设计要求修饰土体，沿土体外，开沟做基础，其宽度和深度视基地土质和塑山高度而定，接着沿土体向上砌砖，砌筑要求与挡土墙相仿，但砌筑时应根据山体造型的需要变化，如表现山岩的断层、节理和岩石表面的凹凸变化等。再在表面抹水泥砂浆，修饰面层，最后着色。其塑形、塑面、设色等操作工艺与钢骨架塑山基本相同。

实践中，人工塑造山石骨架的应用比较灵活，可根据山形、荷载大小、骨架高度和环境的不同而灵活运用，如钢筋结构骨架、砖石结构骨架混合使用，钢骨架、砖石骨架与钢筋混凝土并用等形式。

第三节 置石工程施工

一、置石工程

（一）山石种类和选石的要点

在长期的造园实践中，置石常用的石种大致如下：

1. 湖石

石材线条浑圆流畅，洞穴通空灵巧，适宜特置或叠石。

2. 石笋

变质岩类，产于浙赣交界的常山、玉山一带。颜色有灰绿、褐红、土黄等，宜做点景、对景用。

3. 英石

英石产于广东英德市。成分为碳酸钙，该石材千姿百态，意趣天然，为园林造景的理想用石。

4. 黄石

黄石主要产于常熟虞山。其石形体顽憨，棱角分明，雄浑沉实。

5. 化石

化石是由于地壳运动或火山爆发而形成的动、植物化石。

6. 人工塑石

利用混凝土、玻璃钢、有机树脂、GRC 假山材料进行塑石，其优点为造型随意；体量可大可小，特别适用于施工条件受限制或屋顶花园结构条件受限制的地方。

置石的选石要点：要选择具有原始意味的石材。例如，未经切割，被河流、海洋强烈冲击或侵蚀、生有锈迹或苔藓的岩石。这类石头能显示出平实、沉着的感觉。具有动物等象形的石头或具有特殊纹理的石头最为珍贵。造景选石时无论石材的质量高低，石种必须统一，不然会使局部与整体不协调，导致总体效果不伦不类、杂乱不堪。造景选石无贵贱之分，应该"是石堪堆"。就地取材，随类赋型，最有地方特色的石材也最为可取。置石造景不应沽名钓誉或用名贵的奇石生拼硬凑，而应以自然观察之理组合山石成景才富有自然活力。

总之，在选石过程中，应首先熟知石性、石形、石色等石材特性。其次要准确把握置石的环境，如建筑物的体量、外部装饰、绿化等因素，在现代园林设计中必须从整体出发，以少胜多，这样才能使置石与环境相融洽，形成自然和谐之美。

（二）园林置石常用的方法及特点

一般置石的布局要点有：造景目的明确、格局谨严、手法洗练、寓浓于淡、有聚有散、有断有续、主次分明、高低起伏、顾盼呼应、疏密有致、虚实相间、层次丰富、以少胜多、以简胜繁、小中见大、比例合宜、假中见真、片石多致、寸石生情。常用的几种置石方法及其特点如下：

1. 特置

特置山石又称孤置山石、孤赏山石，也有称其为峰石的。特置山石大多由单块山石布置成独立性的石景，常在环境中做局部主题。特置常在园林中做入口的障景和对景，或置于视线集中的廊间、天井中间、漏窗后面、水边、路口或园路转折的地方。此外，还可与壁山、花台、草坪、广场、水池、花架、景门、岛屿、驳岸等结合起来使用。

特置山石作为视线焦点或局部构图中心，应与环境比例合宜，本身应具有比较完整的构图关系。古典园林中的特置山石常刻题咏和命名。特置在我国园林史上也是运用得比较早的一种置石形式。例如，现存杭州的绉云峰，上海豫园的玉玲珑，苏州的瑞云峰、冠云峰，北京颐和园的青芝岫等都是特置石中的名品。这些特置石都有各自的观赏特征，绉云峰因有深的皱纹而得名；玉玲珑以千穴百孔、玲珑剔透而出众；瑞云峰以体量特大姿态不凡且遍布窝、洞而著称；冠云峰兼备透、漏、瘦于一石，亭亭玉立，高矗入云而名噪江南。可见特置山石必须具备独特的观赏价值，并不是什么山石都可以作为特置用的。

特置选石宜体量大，轮廓线突出，姿态多变，色彩突出，具有独特的观赏价值。石最好具有透、瘦、漏、皱、清、丑、顽、拙等特点。

特置山石为突出主景并与环境相协调，使山石最富变化的那一面朝向主要观赏方向，并利用植物或其他方法弥补山石的缺陷，使特置山石在环境中犹如一幅生动的画面。特置山石还可以结合台景布置。台景也是一种传统的布置手法，利用山石或其他建筑材料做成整形的台，台内盛上土壤，底部有排水设施，然后在台上布置山石和植物，或仿作大盆景布置，让人欣赏这种有组合的整体美。

2. 对置

把山石沿某一轴线或在门庭、路口、桥头、道路和建筑物入口两侧做对应的布置称为对置。对置由于布局比较规整，给人严肃的感觉，常在规则式园林或入口处多用。对置并非对称布置，作为对置的山石在数量、体量以及形态上无须对等，可挺可卧，可坐可偃，可仰可俯，只求在构图上的均衡和在形态上的呼应，这样既给人以稳定感，也有情的感染。

3. 散置

散置即所谓的"攒三聚五、散漫理之，有常理而无定势"的做法。常用奇数三、五、七、九、十一、十三来散置，最基本的单元是由三块山石构成的，每一组都有一个"3"

在内。散置对石材的要求相对比特置低一些，但要组合得好。常用于园门两侧、廊间、粉墙前、竹林中、山坡上、小岛上、草坪和花坛边缘或其中、路侧、阶边、建筑角隅、水边、树下、池中、高速公路护坡、驳岸或与其他景物结合造景。它的布置特点在于有聚有散、有断有续、主次分明、高低起伏、顾盼呼应、一脉既毕、余脉又起、层次丰富、比例合宜、以少胜多、以简胜繁、小中见大。此外，散置布置时要注意石组的平面形式与立面变化。在处理两块或三块石头的平面组合时，应注意石组连线总不能平行或垂直于视线方向，三块以上的石组排列不能呈等腰、等边三角形和直线排列。立面组合要力求石块组合多样化，不要把石块放置在同一高度，组合成同一形态或并排堆放，要赋予石块自然特性的自由。

4. 群置

应用多数山石互相搭配布置称为群置，或称聚点、大散点。群置常布置在山顶、山麓、池畔、路边、交叉路口以及大树下、水草旁，还可与特置山石结合造景。群置配石要有主有从、主次分明，组景时要求石之大小不等、高低不等、石的间距远近不等。群置有墩配、剑配和卧配三种方式，不论采用何种配置方式，均要注意主次分明、层次清晰、疏密有致、虚实相间。

群置的关键手法在于一个"活"字。布置时应有主宾之分，搭配自然和谐，同时根据"三不等"原则（石之大小不等、石之高低不等、石之间距不等）进行配置。北京北海琼华岛南山西路山坡上有用房山石做的群置，处理得比较成功，不仅起到护坡的作用，同时也增添了山势。

5. 山石器设

用山石作室内外的家具或器设是我国园林中的传统做法。山石几案不仅有实用价值，又可与造景密切结合，特别是用于有起伏地形的自然式布置地段，很容易和周围环境取得协调。山石器设一般布置在林间空地或有树庇荫的地方，为游人提供休憩场所。

山石器设在选材方面与一般假山用材不相矛盾，应力求形态质量。一般接近平板或方墩状的石材在假山堆叠中可能不算良材，但作为山石几案却非常合适。只要有一面稍平即可，不必进行仔细加工，顺其自然以体现其自然的外形。选用材料体量应大一些，使之与外界空间相称，作为室内的山石器设则可适当小一些。

山石器设可以随意独立布置，在室外可结合挡土墙、花台、水池、驳岸等统一安排，在室内可以用山石叠成柱子作为装饰。

二、山石与园林建筑、植物相结合的布置

（一）山石踏跺和蹲配

山石踏跺和蹲配是中国传统园林的一种装饰美化手法，用于丰富建筑立面，强调建筑出入口。中国传统的建筑多建于台基之上，出入口的部位就需要有台阶作为室内外

上下的衔接部分。这种台阶可以做成整形的石级，而园林建筑常用自然山石做成踏跺，不仅具有台阶的功能，而且有助于处理从人工建筑到自然环境之间的过渡。石材宜选择扁平状的，以各种角度的梯形甚至是不等边的三角形，则会更富于自然的外观。每级在10 ~ 30cm，有的还可以更高一些。每级的高度和宽度不一定完全一样，应随形就式，灵活多变。山石每一级都向下坡方向有2%的倾斜坡度以便排水。石级断面要上挑下收，以免人们上台阶时脚尖碰到石级上沿。同时石级表面不能有"兜脚"。用小块山石拼合的石级，拼缝要上下交错，以上石压下缝。踏跺有石级规则排列的，也有相互错开排列的，有径直而上的，也有偏斜而入的。

蹲配常和踏跺配合使用。高者为"蹲"，低者为"配"，一般蹲配在建筑轴线两旁有均衡的构图关系。从实用功能上来分析，它兼备垂带和门口对置的石狮、石鼓之类装饰品的作用。蹲配在空间造型上则可利用山石的形态极尽自然变化。

（二）抱角、镶隅和粉壁置石

建筑的墙面多成直角转折，这些拐角的外角和内角的线条都比较单调、平滞，故常以山石来美化这些墙角。对于外墙角，山石成环抱之势紧抱基角墙面，称为抱角。对于墙内角则以山石填镶其中，称为镶隅。经过这样处理，本来是在建筑外面包了一些山石，却又似建筑坐落在自然的山岩上。山石抱角和镶隅的体量均须与墙体所在的空间取得协调。

一般园林建筑体量不大，所以无须做过于臃肿的抱角。当然，也可以用以小衬大的手法用小巧的山石衬托宏伟、精致的园林建筑。山石抱角的选材应考虑如何使石与墙接触的部位，特别是可见的部位能吻合起来。

粉壁置石即以墙作为背景，在面对建筑的墙面、建筑山墙或相当于建筑墙面前基础种植的部位做石景或山景布置，因此也有称"壁山""粉壁理石"。

（三）廊间山石小品

园林中，为了争取空间的变化、使游人从不同角度去观赏景色，廊的平面设计往往做成曲折回环的半壁廊。在廊与墙之间形成一些大小不一、形体各异的小天井空隙地，可以发挥山石小品"补白"的作用，使之在很小的空间里也有层次和深度的变化。同时诱导游人按设计的游览顺序入游，丰富沿途的景色，使建筑空间小中见大，活泼无拘。

（四）门窗漏景

门窗漏景又称为"尺幅窗"和"无心画"，为了使室内外景色互相渗透常用漏窗透石景。这种手法是清代李渔首创的。他把内墙上原来挂山水画的位置开成漏窗，然后在窗外布置山石小品之类，使真景入画，较之画幅生动百倍。

（五）山石花台

1. 山石花台的作用

山石花台是用自然山石堆叠挡土墙，形成花台，其内种植花草树木。其主要作用有三：①降低地下水位，使土壤排水通畅，为植物生长创造良好的条件；②可以将花草树木的位置提高到合适的高度，以免太矮不便观赏；③山石花台的形体可随机应变，小可占角，大可成山，花台之间的铺装地面即是自然形式的路面。这样，庭院中的游览路线就可以运用山石花台来组合。山石花台布置的要领和山石驳岸有共通的道理，不同的只是花台是从外向内包，驳岸则多是从内向外包，如为水中岛屿的石驳岸则更接近花台的做法。

2. 特置山石布置特点

①特置选石宜体量大，轮廓线突出，姿态多变，色彩突出，具有独特的观赏价值。石最好具有透、瘦、漏、皱的特点。②特置山石为突出主景并与环境相谐调，利用植物或其他方法弥补山石的缺陷，使特置山石在环境中犹如一幅生动的画面。③特置山石作为视线焦点或局部构图中心，应与环境比例合宜。

应用范围：特置山石大多由单块山石布置成为独立性的石景，常在园林中用作入门的障景和对景，或置视线集中的廊间、天井中间、漏窗后面、水边、路口或园路转折的地方，也可以和壁山、花台、岛屿、驳岸等结合使用。新型园林多结合花台、水池或草坪、花架来布置。

参考文献

[1] 袁惠燕，王波，刘婷．园林植物栽培养护 [M].苏州：苏州大学出版社，2019：11.

[2] 刘秀杰主编．园林植物栽培养护 [M].兰州：甘肃文化出版社，2016：02.

[3] 尚雁鸿主编．园林植物栽培养护 [M].银川：宁夏人民教育出版社，2020：08.

[4] 成海钟主编．园林植物栽培养护 [M].北京：高等教育出版社，2021：03.

[5] 祝遵凌，王瑞辉主编．园林植物栽培养护 [M].北京：中国林业出版社，2020：08.

[6] 朱加平主编．园林植物栽培养护 [M].北京：中国农业出版社，2021：08.

[7] 杜迎刚．园林植物栽培与养护 [M].北京：北京工业大学出版社，2019：11.

[8] 余乐，黎建文,蓝志福主编.园林植物栽培与养护[M].天津: 天津科学技术出版社，2017：02.

[9] 罗镪，秦琴主编；邹永翠，林伟，马金贵副主编．园林植物栽培与养护第 3 版 [M].重庆：重庆大学出版社，2016：07.

[10] 韩旭，王庆云，宋开艳．园林植物栽培养护及病虫害防治技术研究 [M].中国原子能出版社，2019：11.

[11] 袁惠燕，王波，刘婷．园林植物栽培养护 [M].苏州：苏州大学出版社，2019：11.

[12] 杜迎刚．园林植物栽培与养护 [M].北京：北京工业大学出版社，2019：11.

[13] 韩旭，王庆云，宋开艳．园林植物栽培养护及病虫害防治技术研究 [M].中国原子能出版社，2019：11.

[14] 钱军主编．园林植物栽培与养护 [M].北京：中国建筑工业出版社，2019：01.

[15] 杨杰峰，蔡绍平，何利华主编．园林植物栽培与养护 [M].武汉：华中科技大学出版社，2019：05.

[16] 黎海利主编．园林植物栽培与养护 [M].延吉：延边大学出版社，2019：08.

[17] 吴小青编者．园林植物栽培与养护管理 [M].北京：中国建筑工业出版社，2019：07.

[18] 园林植物栽培养护及病虫害防治与园林工程施工应用 [M].长春：吉林科学技术出版社，2019：10.

[19] 佘远国编.高等职业教育园林工程技术专业规划教材园林植物栽培与养护管理:第 2 版 [M].北京：机械工业出版社，2019：11.

[20] 唐岱，熊运海主编.园林植物造景 [M].北京：中国农业大学出版社，2019：01.

[21] 李本鑫，史春凤，杨杰峰主编.园林工程施工技术：第 3 版 [M].重庆：重庆大学出版社，2021：07.

[22] 潘天阳编.园林工程施工组织与设计 [M].北京：中国纺织出版社，2021：06.

[23] 白巧丽编.园林工程从新手到高手园林种植设计与施工 [M].北京：机械工业出版社，2021：07.

[24] 魏立群，李海宾编.高等职业教育十四五规划教材园林工程施工 [M].北京：中国农业大学出版社，2021：09.

[25] 陈绍宽，唐晓棠.高等职业教育园林类专业系列教材园林工程施工技术 [M].北京：中国林业出版社，2021：01.

[26] 中国风景园林学会编.园林绿化工程施工与管理标准汇编 [M].北京：中国建筑工业出版社，2021：06.

[27] 何艳艳.园林工程从新手到高手假山水景景观小品工程 [M].北京：机械工业出版社，2021：05.

[28] 孙玲玲主编.园林工程从新手到高手园林基础工程 [M].北京：机械工业出版社，2021：04.

[29] 陈晓刚编.高等院校风景园林专业规划教材园林植物景观设计 [M].北京：中国建材工业出版社，2021：03.

[30] 徐景文编.高等院校十四五园林景观艺术设计精品系列教材计算机辅助园林景观设计 Auto CAD 篇 [M].武汉：武汉理工大学出版社，2021：04.

[31] 孙海龙主编.园林工程施工 [M].哈尔滨：黑龙江科学技术出版社，2020：08.

[32] 上海市绿化和市容管理局主编.园林绿化工程施工质量验收标准 [M].上海：同济大学出版社，2020：08.

[33] 张学礼.园林景观施工技术及团队管理 [M].北京：中国纺织出版社，2020：01.

[34]《筑苑》理事会编.科学技术奖（园林工程子奖项）金奖项目集 [M].北京：中国建材工业出版社，2020：06.

[35] 张志伟，李莎主编.园林景观施工图设计 [M].重庆：重庆大学出版社，2020：08.

[36] 卢红杰主编.园林工程质量管控图解 [M].南京：江苏凤凰科学技术出版社，2020：04.

[37] 陆娟，赖茜编 . 景观设计与园林规划 [M]. 延吉：延边大学出版社，2020：04.

[38] 上海市建设安全协会主编 . 文明施工标准 [M]. 上海：同济大学出版社，2020：03.

[39] 于宝峰主编 . 建设工程监理方案指南 [M]. 天津：天津科学技术出版社，2020：04.

[40] 宁夏回族自治区住房和城乡建设厅编 . 混凝土、砂浆配合比及施工机械台班定额 [M]. 银川：宁夏人民出版社，2020：04.